LES AVENTURE DE MAS'KéG MIKE

Jeannette Bédard

FriesenPress

Suite 300 - 990 Fort St
Victoria, BC, Canada, V8V 3K2
www.friesenpress.com

The Author and publisher assumes no responsibility for mistakes,
exclusion of all interpretation of subject matter in this book.

The events and recommendation in this book are not to be taken as professional
medical or any recognized therapeutic direction. All readers are advised to seek
the services of competent professionals that have experience in the treatment
and rehabilitation of an acquired brain injury. Thank you for reading it.

ISBN
978-1-4602-6458-4 (Paperback)
978-1-4602-6459-1 (eBook)

1. Biography & Autobiography

Distributed to the trade by The Ingram Book Company

CONTENTS

LES AVENTURE DE MÂS'KÉG MIKE

Chemin Du Cœur Spirituel

EN MEMOIR

PAR MICHAEL OUELLETTE

Mon beau-pere Ernest Coucroche.2004

DÉDICACE

A COOKIE

Un homme d'une grande sagesse et le patriotis-
des Anciens combattants – Passer et a Présent

Vétéran Autochtone, Ce travail ici est en l'honneur de vous.

Vos actes héroïques ne seront jamais oubliés.

"Dieu et le soldat nous adorons aussi bien, en cas de danger pas avant!
Le danger passé et tous les conflits redressés,
Dieu est oublié le soldat est méprisé!"

Par Rudyard Kipling et Pour toutes nos familles.

Un grand merci à FriesenPress pour publication

Vieillir pas plus jeune, j'ai fait quelques rencontres à un site en ligne qui a attiré mon cœur maintenant aller sur dix années, c'était Cherry Blossom où j'ai rencontré ma femme aimante après un an de commu-niqué avec elle de voler à mi-chemin dans le monde aux Philippines de l'épouser. Mon amour et sa famille près de Mindanao pour un bon moment génial pour faire un clip ensemble pour montrer à mes parents à son arrivée au Canada avec un sac de pop-corn et une bouteille de champagne. Mon épouse aimante a voyage d'un océan à l'autre au Canada, avec la possibilité de rencontrer des nombreuses bonnes gens que j'ai travaillé dans le Grand Nord. Grâce à cette expérience les aventures de MÂS'KÉG MIKE elle-même comme nous avons passé deux bonnes années à Yellowknife NT. Son premier hiver j'ai eu pour l'aider à construire un bonhomme de neige avec rencontre de nombreux autres Filipinos qui vivaient dans le nord ainsi. Avec un proche cousin a épousé aussi une dame Filipino dans la grande ville de Toronto nous sommes arrêtés au cours de leur rendre visite dans cette plus grande ville du Canada. Comme mon ami de longue date Skinny Ace qui a également quitté le Yukon avec sa femme et deux garçons Filipinos je suis arrivé à voir grandir jusqu'à présent dans le sud de l'Ontario. Merci à mon amie d'une fille aux yeux brun, tandis que dans la récupération comme maintenant survivant après une près de cette expérience de la mort, nous continuons avec la prière de notre Seigneur. Être autour de la famille proche des régions du Nord avec une chance d'apprécier la vie ensemble du processus légalité du Canada a mis ma volonté en place pour les générations à venir. La population vieillissante du Canada sera faillite de notre régime de retraite, nous devons garder la porte ouverte à de bonnes gens de descente de toutes les régions du monde, tout comme les Américains. L'immigration au Canada a été autour pendant un certain temps à venir et en profiter comme nous le faisons, en!

Vous recherchez un après l'autre dans le processus judiciaire du Canada, de notre côté, bien sûr avec l'aide de FriesenPress enfin de publier ce livre passe quinze années en arrière,

D'un rêve devenu réalité.

INTRODUCTION

"Il n'y a pas plus grande agonie que porte une histoire inédite en vous." — Maya Angelou

Survivant d'une expérience proche de la mort dans mes début de mes cinquantaine, sur la Journée des Marmotte 2011, je me suis battue de retour d'une blessure traumatique du cerveau à la plume ce mémoire spirituelle avec l'aide de quelques-uns.

J'e avais depuis longtemps envie d'écrire l'histoire de ma vie, mais sans arrière-plan par écrit, il ne cessait de tomber à travers les mailles du filet. Jusqu'à ce qu'un jour, un ami très cher de la famille, la fin Juin Ursula Kuehl, qui je aime à être appelé "Junie Prunie", m'a encouragé à les mettre histoires amusantes dans l'écriture. Elle m'a dit un jour que mes histoires toujours amusaient et parfois presque fait faire un pipi dans ce pantalon. Il était le petit coup de pouce dont je avais besoin qui m'a envoyé creuser pour de vieilles photographies et de commencer à tisser des histoires et des idées ensemble pour commencer mon livre. Avec quelques images recueillies par la famille et les amis, j'ai commencé à griffonner et ensuite mettre plus tard en bon usage des compétences de frappe et de l'informatique que j'avais commencé à apprendre en 1999 avec l'Academy of Learning à Yellowknife NT. «Je ai commencé mon livre" e-mail- avec la communication en ligne pour Junie Prunie qui venait de commencer à apprendre un PC elle-même. «Je te connais depuis que vous étiez neuf ans, continué à écrire," répondit-elle. Je avais d'autres amis proches qui avaient écrit livre et avoir personnellement rencontré quelques autres bons écrivains, il stimulé ma confiance que je pouvais certainement donner écrire un essai.

La vie est incertaine, nous le savons tous. Ici aujourd'hui, allé demain. Donc, avant que mon cerveau oublie et les souvenirs disparaissent comme ils ne ont jamais eu lieu, je vais vous dire quelques histoires courtes où je ai été. Comme l'écrit Frank P. Thomas, "Votre vie est importante. Il est aussi unique que vos empreintes digitales. C'est un précieux morceau de temps qui ne devrait pas être oublié. Il n'y a eu une vie vécue comme la vôtre dans cette vie ".

J'ai grandi dans le pays sur une petite ferme sur l'autoroute 17 Est, et ma famille a eu un accès limité au monde extérieur, mais l'accès illimité à notre belle nature canadienne. Je exagère peut-être à propos de la première partie, mais laissez-moi vous donner un exemple. Bois de chauffage utilisé sur la nuit ou un jour d'orage, la radio d'un hiver froid, et la télévision ont été les rares sources de médias de divertissement, si on peut appeler ça comme ça. Pour amortir nos esprits d'autant plus de ne pas être en mesure de jouer à l'extérieur en raison du mauvais temps, nous avons dû se contenter d'un ou deux canaux à la télévision. Nouvelles de la CBC, grands sports temps "Hockey Night in Canada», feuilletons, et du "Jubilé de Don Messer." Sur notre chaîne française qui a été très apprécié, l'événement d'actualité, un savon appelé "Les Belles Histoire des Pays d'en Haut." Spectacle pour enfants préférés était «Bobino». Mais si nous étions chanceux et papa souligné les oreilles de lapin de la bonne façon, un troisième canal était certainement un bonus agréable week-end pour nous avec notre mère aimante pour attraper un film. La plupart du temps, plutôt que de supporter le drone du dialogue provenant des feuilletons, nous serait allé à l'extérieur lorsque le temps le permet. Nous avons eu des acres et des acres de terre pour notre arrière-cour. Nous vivions de la terre dans un style contemporain des années soixante d'une eau fraîche sur-back bien, et une croissance de la culture, avec des animaux de ferme pour démarrer. Visite ou ayant des parents nous rendre visite à la maison avec un bon jeu de cartes était l'un des passe-temps favoris dans le pays, à part jouer au baseball et de soccer pour les enfants avec des cousins. Pêche et chasse quand le temps le permettait était une autre saison préférée de famille, fait en toute sécurité. Les jours paresseux terminés avec la famille et amis se sont réunis pour le thé ou un froid, et bien sûr une bourse narration. Au fil des ans entendu beaucoup d'entre eux, je ai apprécié les histoires que quelque part mérite d'être transmis, si je faisais la conversation ou à la réception de celui-ci. Beaucoup d'histoires que je ai entendues de parents étrangers ou parfois touché une corde sensible en moi, et empreintes qui ont servi plus tard comme des leçons de vie de plus en plus en haut à gauche. Ce livre est pour les nombreuses personnes et les lieux qui m'ont formé à qui et où je suis aujourd'hui. Donc ici, je voudrais partager avec impatience la plupart des souvenirs que j'ai recueillies à ce jour.

Dans votre main se trouve un élément de ce que j'appellerais une de mes plus grandes réalisations et certainement en haut de ma liste de seau. Avec Dieu, tout est possible. Mon expérience de mort imminente a été le point tournant où je ai réalisé combien vulnérables je suis, et que la vie peut être facilement arraché à vous lorsque vous y attendez le moins. La vie est trop courte pour être égoïste et de vivre dans la mélancolie. Si, avec ce livre, je peux rendre le monde un peu plus heureux et inspiré, page après page, pourquoi pas? Je vous invite à trek le long avec moi et laissez-moi vous prends à ces endroits qui ont fourni le kaléidoscope de mon livre. NOTE: Certaines histoires peuvent avoir un anneau familier, ou peut-être pas, mais un ou deux peuvent être sur vous! Les noms, les lieux et les événements dans ce livre sont faits, cependant, certains noms de personnages ont été modifiés pour protéger leurs véritables identités.

Ces jours, je suis surtout vivre dans l'instant sans aucun regret sur les voyages les sentiers en zigzag d'un océan à l'autre. Je n'ai certainement un peu vrai en hurlant du Nord sur le Ring of Fire de gravure avec un peu panoramique de l'or et des diamants. En ces jours, j'ai eu une flèche morale humour erratique tenue et ils investirent dans le stock et les parts de marché d'aujourd'hui.

~ ~ Mike

REMERCIEMENTS

Merci à ce radiodiffuseur talentueux et chercheur, M. David Miller qui influencent l'opinion publique pour les plus de 25 ans, l'appréciation de la préservation du patrimoine à Yellowknife NT. Permission de mentionner son nom dans la confirmation à nos 2015 e-mails dans le chat de ma publication. David a fait une interview en direct avec MÂS'KÉG MIKE à la radio de Radio-Canada en 1992, comme il a volé plus tard dans le futur site de la mine isolée à parler à toute l'équipe de l'exploitation minière au lac du Sauvage 195 miles au nord de Yellowknife NT. Equipe de tournage a volé avec les Dénés de Yellowknife NT locale de faire partie d'un documentaire d'une heure sur le travail d'une longue journée montrant le processus de ce site de la mine, est maintenant.

Un grand merci à Junie Prunie pour dessiner une image mentale de mon livre et de croire que je pourrais écrire. Avec la permission de son fils et des amis, j'ai un des poèmes de Junie comme un hommage à elle, un écrivain et un artiste dans sa propre manière unique qui m'a donné des conseils ainsi que le dîner et une tasse de thé. Je vais neuf ans lorsque nous avons rencontré, elle est d'origine allemande sa mère fils et moi du même âge ont eu à porter le Lederhosen, nous avons rejoint plus tard, les D'Armee Canadien.

Ron Cudney, un de mes plus proches amis qui m'ont inspiré pour écrire à partir de zéro et est l'auteur de - "Skinny" et "Comme une Question de Fait". Nous nous connaissons depuis les jours dans les «Yellowknife et Whitehorse Yukon MÂS'KÉG MIKE l'homme des buisson. Ron m'a aidé avec des idées, en ligne et à des visites depuis 1982. Nous sommes les maris de deux belles dames des Philippines.

Nous avons Cathy Chiasson, un harceleur passionné des aurores boréales de Yellowknife, NT à remercier pour capturer la beauté et le mystère des aurores boréales comme on le voit sur la couverture de mon livre. En tant que Commissionnaire de sécurité travaillant au siège de Yellowknife elle a partagé quelques-unes de ses photos avec ma femme et moi, un en particulier est l'arrière-plan sur la couverture de ce livre.

Mes remerciements et sa gratitude à l'Alliance Métisse North Slave pour soutenir mon cours des affaires à l'Academy of Learning à Yellowknife, NT, où mes frappes et les compétences informatiques ont été affinées. J'ai été bénévole pour le Gum Boot Rallye et Polar Bear Swim faisant partie de l'Association pour l'intégration communautaire de Yellowknife NT que j'avais travaillé pendant trois ans.

L'adhésion à l'Association L'franco-culturelle de Yellowknife m'a rappelé mes racines autochtones / français à travers les arts et la culture. Un des articles qu'ils ont écrits dans leur journal appelé L'Aquilon environ un jour de ma vie dans les affaires de taxi et l'exploitation minière a été la motivation. Travail et de vie de la terre dans la société d'aujourd'hui, mon nom MÂS'KÉG MIKE est mentionné dans 1993. Encore une fois aider à construire un tipi en acier sur des tiges de forage minier dans la vieille ville de Yellowknife NT. St Jean le Baptiste événement plein été, nous avons construit le plus grand incendie jamais YK, 24 heures de soleil.

Je serai toujours reconnaissant à l'équipe médicale: Pour PT / OT dans nos hôpitaux locaux, d'une part à Yellowknife pour les trois premiers mois 2011, puis North- Bay ON tandis que dans la reprise 2012.

L'art de Taoïste, Maître Moy Lin-Shin culture esprit et le corps. Tai Chi des 108 mouvements impressionnants, des classes à North-Bay le Canada avec toutes les autorisations de notre docteur.

Marche Des Dix Sous de l'Ontario, avec Le programme LIFE (OWL) séances de groupe et le soutien de natation.

Brain Injury Association de North Bay aussi connue (Bianba) rassemblements d'information mensuelles avec une infirmière pour les personnes ayant une lésion cérébrale acquise à partager avec d'autres survivants.

North Bay qui est cœur de l'Ontario et la Fondation des maladies, monter en bésicles surnommer le Big Bike, nom d'équipe "Rebel Riders."

Les Chevaliers de Columb Counseil qui, m'a aidé en tant par membre, à se replier sur l'implication communautaire en encourageant la participation aux possibilités locales telles que le bénévolat dans les soupes populaires, aidant à préparer des repas à notre église, et scouts et de l'Ontario. Notre eglise du Dimanche à Saint Nom de Jésus paroisse où tout a lieu.

Pour ma famille et des amis proches, avec vous à l'esprit, voici en espérant que vous trouverez plaisir à lire ce livre comme je vous prends bas Memory Lane. Mes remerciements à vous tous, surtout belle femme aux yeux brun de complaisance.

De douze pilules par jour maintenant seulement six par choix tout bien par nos médecins. Nous aimons la vie un peu plus lente que par le passé: avec de nombreuses années dans le milieu de travail du Canada sous ma ceinture: dans mon milieu des années cinquante maintenant tirer pendant cent ans. Epilepsy, fait partis de ma vie pour le vrais.

North Bay, le personnel de la bibliothèque, de l'Ontario Généalogique Society pour aider à obtenir ma lignée en place.

La Société historique de Saint-Boniface, MB., Merci pour mon livre de généalogie de mes quinze générations sur les quatre côtés effectuées en 2006.

Merci à notre chef Algonquin, il ya bien sûr le petit-fils M. Lalonde pour l'autorisation d'afficher Makwa Kolts et construit à la main écorce de bouleau le canot de MÂS'KÉG MIKE par le Musée de Mattawa, puis plus tard au Théâtre de la capitale de North Bay, ON. Dédicace à deux écrivains Gertrude Bernard "Anahareo" et Archie Stansfeld "Grey Owl" livret de l'histoire de la vie et de la généalogie. Assister le 100e anniversaire de sa naissance en 2006.

2006 mémorable rassemblement Anahareo de son 100e anniversaire de sa naissance à Mattawa, en Ontario, Makawa Kolt et MÂS'KÉG MIKE assisté avec beaucoup d'autres. Nous avions notre pagaie de canoë signé à l'affichage de notre construite tipi et le bouleau canot d'écorce de la main avec le tour propose pour les enfants. Une présence de nombreux aînés autochtones bien connu William Commanda.

de Maniwaki QB. Qui a jouer son grand rôle dans le film Grey Owl, l'actrice Annie Gallipeau était là aussi.

PRIÈRE

Par Iris et Michael

Mon Dieu,

Je suis une personne forte et en bonne santé avec un esprit
clair dans la croyance de votre être omniscient.

Dit d'être mécène pour pratiquement toutes les
causes ou d'intérêt particulier de ma vie.

Avec l'expérience de mort imminente, pour me rappeler que personne ne vit éternellement.

Heureux avec le soutien généreux de la famille et les amis,

Je renouvelle chaque jour avec une perspective positive.

Même si je marche dans l'obscurité de ne pas connaître l'avenir,

Je ne crains pas car tu es avec moi comme
vous avez promis, mon rocher.

Vous marchez avec moi dans des lieux inconnus et
votre présence réconfortante est mon bouclier.

Guide mon chemin à la justice, bénissez-
moi avec un esprit sain et me guérir

Que mes jours soient plus et ma meilleure santé.

Encourager mon esprit tombant.

Conduis-moi quand je m'égare.

Courage aux mes pas quand je chancelle.

Délivre-moi de mes transgressions.

Justice sera mon bouclier.

Pour vous, je rends grâce et gloire et d'honneur pour toujours!

Heart & Stroke Foundation Big Bike 2012, Rebel Riders

Mon histoire en continuent la vie apres

CHAPITRE 1
Lesion Cebral Acquise
Mon Epreuve Avec Des Lesions Cerebrales Acquises

Lac de Gras, Territoires du Nord-Ouest, Fevrier 2011

C'était un -30 ° en bas de zero à l'extérieur froid au site de la mine isolée travail de mes douze heures passé sur un tronçon de deux semaines. Ayant été absent de la profession minière pendant quelques années, maintenant pour un meilleur dollar j'ai soudainement senti nostalgique traiter avec des gens de différentes nationalités. En tant que responsable durant mon travaille de sécurité avec les Commissionnaires du Canada à Yellowknife juste l'année précédente, j'avais émis quelques billets de stationnement une hiver faisant partie de ma marche assuré le stationnement public. Engagee par la Force Opérationnelle Interarmées du Nord, le bureau principal de casse tête faisait partie de traiter avec des groupes de tous âges dans le cadre de mon travail, ou maintenant travaille à un site de la mine cela rendrait encore plus facile, ou alors j'ai pensé.

J'etais un Commissionaire a Yellowknife, NT, 2007-09

Emplacement d'Opérations Avancé, site FOL a Yellowknife, NT, 2008

Force Opérationnelle Interarmées du Nord (FOIN) siège Yellowknife, NT

C'était mon deuxième tronçon de deux semaines en tant que stagiaire à l'usine de broyage où le minerai diamantifère est écrasé pour séparer les diamants et autres minéraux lourds de la roche des déchets. Tout d'un coup, dans la salle du café pendant une pause, un collègue a fait une remarque très discriminatoire à mes amis autochtones de longue date. Ils étaient les Premières nations des régions Arctiques arboricoles au Nord du Canada et maintenant étaient des travailleurs à temps plein de cette mine, en essayant de faire un salaire décent tout comme le reste d'entre nous. Dans leur défense, je suis entré dans et verbalement rappelé le boursier que les injures ne répondrait pas à sa demande de quota autoritaire. Se préparer à retourner au travail, il avait souri et dit: «Allez, vient ici mes Indiens paresseux.»

J'étais, un employé de travaille a Yellowknife dans la fonction publique depuis plus de 25 années; moi-même, un membre inscrit de l'Alliance des Métis du Nord de Yellowknife NT. Algonquin actuelle ma carte de statut de Mattawa -North Bay, Ontario, Canada des Premières Nations. J'étais né et a grandi Français de l'Ontario au Canada et était maintenant marié à une belle dame des philippine. Je n'accept pas pour le racisme absurde du tout. J'ai rappelé que irritant racistes méprisables qui vient de l'hiver avant, sur une soirée froide alors qu'il était à Yellowknife INN hotel, avait lui-même été un passager de taxi dans mon auto.

Ce même homme était à l'extérieur et leur échelonnement vacillant tellement que j'avais sortis dehors de mon auto-taxi au bord des passager pour l'aider ce qui est le cadre de notre service public sûr à tous les passagers; il devrait y avoir aucun doute, nous étions à raconter l'expédition d'appeler la Police Monte militaire immédiatement, que j'ai presque appelé nous l'avions dit de le faire par eux meme pendant de nombreuses années. Je lui ai demandé s'il se souvenait du moment triste de cette soirée. En tant que secouriste mon prénom inscrit à notre bureau de taxi, j'avais assisté cet homme sur le côté passager de mon taxi, demandant à ses copains sur les marches de l'hôtel s'il avait besoin d'aller à l'hôpital.

"Ah non, il ya rien.

Il a bu quelques verres s'il vous plaît amené le juste à l'adresse qu'il a dans sa poche de manteau avec vingt dollars. Ce n'est pas loin. Gardez la monnaie, "on m'a dit.

J'ai appelé l'expédition de leur faire savoir ce client a été dit d'être en état d'ébriété; assurer sentait mauvais de quelque chose. Après avoir conduit un taxi depuis de nombreuses années mon odeur nasale est de haute qualité. Je les conduis à l'adresse qui était à la maison d'une famille autochtone que je connaissais. Son bras sur mon épaule, je lui aider à marcher, frappant à la porte, puis l'a porté tout le chemin vers le canapé comme il était encore pratiquement inconscient. Dispatché on m'avait envoyé vers un autre appel à l'hôtel YK INN nouveau mais comme je suis arrivé concurrents aidait une autre qui bouette en marchand a leur taxi, un local bien connu.

Ayant maintenant raconté mon histoire à notre site de la mine patron, plutôt que d'entrer dans un morceau de quelque chose aussi stupide que c'est facile d'éviter, dans le cadre de notre «Arrête et Prendre 5" pour garder en toute sécurité sur la piste tous les jours. Le style de l'équipe faisait partie de notre formation en milieu de travail, que nous partagions avec actuellement de nombreuses nationalités, j'avais bien mentionné remarque discriminatoire de mon ennemi sur les Autochtones à mon superviseur, lui ma carte Première Nation Algonquine montrant. Comme une sanction pour avoir causé une commotion, moi-même et l'auteur de la remarque narquoise immoral et nous étions tous deux mis sur le devoir de garde d'incendie, une montée d'escaliers exigeant psychiquement pour notre journée de travail. L'usine de concasseur était partiellement en réparation et les alarmes incendie coïncidence a été dit de ne pas opérer du tout. Ainsi, plutôt que d'un poing pour poignets pour le hors-rafale d'un sujet préliminaire à une semaine de travail, aller ici maintenant sur ma deuxième semaines-d 'entre et de le faire de manière adéquate, il valait mieux simplement de lever le pied.

Habillé en conséquence dans un environnement végétal très poussiéreuse en obéissant à tous les détails de travail habituellement fait par le son et système d'alerte de la lumière, dit-on dans la réparation a été étant maintenant fait à l'œil avec un escalier exigeant physiquement monter vers le bas, ce qui équivaut à une durée de six étages bâtiment. Nous cherchions des étincelles, des pièces cassées ayant un œil aiguisé pour les roches volantes. Haut de la liste était un contrôle général de sécurité pour une larme ou un déplacement impair de ceintures, de roches instables qui pourraient avoir été coincés en dessous, comme ils se sont écrasés en particules plus petites d'une couche de ceinture à l'autre, ou quoi que ce soit qui aurait pu être d'un risque d'incendie.

Arrêtez, Prend Cinq, Utiliser mon bloc-notes, était le protocole de sécurité de précision, avec contact radio immédiate dans la main si des risques ont été reconnus. Matin contrôle radio comme un contact, appuyez sur le bouton pour vous assurer qu'il fonctionne. En attente d'une réponse à donner ma position en danger ou à revenir à pied au bureau tant que de besoin. Eh bien voici maintenant le dernier jour de la semaine de deux tronçon, je reçois un appel a radio pour une classe de formation de l'après-midi sur le point d'avoir lieu dans l'heure, laver et se préparer pour une course d'attente van-il. Bien reçu, en réponse à l'appel. Roger, Roger, copiez ça! Ce que sera une pause agréable nécessaires. En bas des escaliers, je vais utiliser les toilettes à proximité, enlever mes protections auditives couvre-chef et laver la poussière! Quand je me suis réveillé aux soins intensifs d'un coma après trois jours, c'était comme si tous venait simplement de m'arriver ce jour-là au travail. Plus de détails de mon expérience de mort imminente!

Sur l'après-midi de ce jour fatiguant, j'ai reçu un appel à ma radio. C'était mon superviseur qui nous rappelle que nous avons eu la formation en classe en trente minutes. À ma descente de l'escalier en acier-chemin à l'usine de concassage, je me dirigeais vers l'installation ferme des toilettes à l'arrivée pour abaisser lentement mon masque à poussière sous le menton puis décoller mes bouchons d'oreilles et cache-oreilles. Semblait que je étais seul alors que dans cette salle de bain, le nettoyage de la poussière épaisse visage externe à l'évier, en mettant ensuite l'utilisation de la facilité de décrochage miction debout que je ai entendu un roi d'un son de pulvérisation. Soudain, j'ai senti une sorte de douce odeur bizarre d'un gaz fort comme la fumée d'être rapidement remplissant l'air.

J'ai commencé à tousser, une sensation de vertige et bizarrement maladie comme si prêt à vomir, tout en se tenant au décrochage de finir mon besoin personnel. Tournant lentement autour, j'ai eu une vue d'un tiré dans la série de bottes à une porte fermée sur l'un des étals loin de gamme, j'avais hâte a rattrapé mon équipement de quitter la salle de bain pour l'air frais à l'extérieur, et cogné aux portes de décrochage sur mon chemin sur à celle de l'air frais si nécessaire. Soudain, une perte d'équilibre m'a fait tomber sur le sol. On m'a dit plus tard, dans un rapport de la CSPAAT, que j'avais fait au bureau de mon superviseur cinquante mètres. Où je me sentais légère et étourdi jusqu'à ce que mes lumières viennent de sortir. Février 01, 2011, suivit du Jour de la Marmotte! Dieu merci pour le code de sécurité du Canada pour notre équipe médicale. J'ai été arrosé un peu partout et suis réveillé trois jours plus tard. Peu de temps après mon évasion tentatives sur mon troisième jour j'ai été heureusement sanglé tout en réanimation pour les deux prochains jours, puis transféré à une chambre d'hôpital partagé pendant vingt-trois jours de plus. Moi-même dit à etre un sur un million, a coter de moi un collègue récupérer également d'un grave accident vasculaire cérébral était à la chambre partagée j'ai été transféré après, comme il avait été là pendant plus de trois mois, ses fils lui ont rendu visite souvent. Voici maintenant que je me suis réveillé en réanimation après mon troisième jour, mon amour d'épouse aimante était là dès le début, que cette belle dame avec un sourire éclatant assis juste à côté de mon lit en réanimation, La Garde Malade Enregistre m'a posé quelques questions de cinq W à répondre qui n'ont pas tombé dans mon esprit du tous. Quand on lui demande qui est cette belle dame secoue ma tête tout court, je ne connais pas son nom. Bien contente qu'il y avait quelqu'un le long de mon côté, plus que jamais. Quand on m'a dit qu'elle est ma femme aimante, fiducie de conjoint est tombée droit en place.

Louange à notre Seigneur! Les 28 jours passés à l'hôpital m'avait mis de deux jours de court de l'exigence de trente jours pour se qualifier a l'invalidité de longue durée, dit que je serais probablement rentré à travailler courant de cette année. Perte de ma licence a chauffé pour dit un an. Aide marcheur handicaper et bâtons de ski pour 3 mois des problèmes d'équilibre tout en prenant une poignée de médicaments chaque jour. Amis de longue date mon aider avec des promenades le transport sur ces mois d'hiver très froids. En passant sur mon histoire d'un près d'une expérience de mort en milieu de travail du Canada, pour que cela ne se reproduise jamais à d'autres encore. Mes vingt-cinq ans dans la communauté minière de Yellowknife parlent. Comme je l'ai récupéré lentement à travers Physio thérapie et en ergothérapie avec perte de mémoire étrange, forte douleur à la poitrine de moment de vide, de baver sur le côté droit bouché problèmes nasaux. Plusieur autre mal bizzare dans le ventre et misere a respirer.

Reconnaissants à tous l'équipe médicale en tout temps pour mon rétablissement, tandis que sur les lots de médicaments que je ne voulais pas particulièrement prendre du tout comme il était tres difficile sur mon système. Mon épouse aimante et moi sommes allés en lisant tous les rapports écrits de ce qui m'était arrivé, sa patience pour m'aider à faire était bien appréciée avec sa signature en ma couverture. Médicaments tous les jours m'a ralenti dans tous ces efforts. Lors de mon premier mois pendant six pilules a lentement augmenté à douze dans tout ce que fait mon corps à ce mal-fonction extrêmement écrasante. Le manque d'attention ou de l'équilibre tout en écoutant bruit était terrible, a suivi avec sonnerie forte sourd de l'oreille, un peu de bave avec peine dans les toilettes sur les deux extrémités. Tou lacher ca et finit par le moi de Juin de 2011 où nous sommes retournés en vol à l'Ontario et j'avais sevré tout ce médicament avec la permission d'un professionnel et du docteur.

Avec une lettre que j'ai déclaré la totalité de ceux-ci avec des échantillons de cheveux à la Commission de la sécurité et de l'assurance en milieu de travail (CSPAAT), la Gendarmerie Royale du Canada (GRC), du Développement ministère des Mines, et d'autres organization j'espérais aider à mettre le morceau de ce case tète ensemble. Si un produit chimique a causé mon expérience proche de la mort, des échantillons de la cellule soit au moins vérifiés. Un rapport final de la Compensation d'ouvrage à Yellowknife CS- PAAT sur place a affirmé que encéphalitis virale était le seul coupable. Ca alors que le pouvoir d'une plume a l'ordinateur peut mentir. Anesthésiologistes ont un degré élevé de sécurité pour leur emploi, pas aux chambre de bain. Avec des plans pour avoir un enfant et trois examens médicaux complets dans moins d'un an avant cela, a surement montré que ma femme et moi étaient en bonne santé pour commencer vraiment la planification d'une nouvelle addition à notre famille. Mais tous nos espoirs et nos efforts sont allés dans l'ordure après cet incident en milieu de travail, que je m'avais fait dire morde par un moustique. Je me suis défendu devant la Cour des petites créances plus d'une fois et gagné contre les menteurs par la puissance d'un stylo. Les questions relatives aux billets de stationnement a été une partie de ma compétence acquise en tant qu'être un Commissionnaire.

En 2012, toutes les informations recueillies à ce jour, avais été soumis à notre système juridique, les organismes gouvernementaux, et le Service du Sang du Canada. J'ai atteint la permission écrite du bureau principal du Service du Sang Canada de faire du bénévolat à leur clinique de sang avec les Chevaliers de Colomb. Étant un fier donneurs de sang du Canada et aux États-Unis dans les dossiers de trois médical complet juste avant ca a eu lieu de travail incident montre j'ai été piqué par une aiguille sale, infectés par l'encéphalite alors inconscient avec mes mains attachées au lit de soins intensifs. Cette horrible odeur qui m'avait assommé et presque tue a l'ouvrage dit d'être le seul d'un million d'avoir été frappé par encéphalites. Description de mon expérience sécuritaire investi dans les lieux de travail, avec l'aider de la vérité qui prouve tous. Mon camp d'entraînement la formation militaire des Forces armées Canadiennes à Cornwallis la Nouvelle-Écosse en 1975, qui faisait partie de mon habileté militaire en tant que Chef cuisinier yeux bandés pour l'odorat, à savoir priorité à la sécurité. Aspects de survie etais inclus a porter correctement un masque à gaz lors de la manipulation des produits chimiques et toxiques. J'avoue que, pendant mes 12 semaines de formation militaire au Mont du Casse Cœur sur la côte Est du Canada je connaissais la différence. J'avais été exposé et montré comment porter correctement un masque à gaz dans le cadre d'entrainement pareillement a les demoiselles ce jour-là. Avec ce que j'ai appris et de bon sens tout mis ensemble, je savais certainement la définition de l'odorat mieux que la moyenne. Parmi les nombreuses heures de travail qui ne se mentionne en particulier en matière de sécurité. Propriétaire d'un véhicule au propane et avait travaillé avec le gaz propane avec de nombreuses autres substances hautement volatils qui peuvent causer des blessures et la vie des travailleurs. Mais malgré ma longue exposition à différents produits chimiques et substances, jamais je n'ai rencontré une telle forte odeur qui m'a frappé dans les toilettes ce jour-là. Pendant mes plus de dix ans dans la région des mine isolée, je me faisais payé cinquante dollars supplémentaires par jour, comme un Secouriste du Niveau 2, des notes à un contact radio sur le vol après des blessures graves. Me servir de l'oxygène si on avait de besoin étais là.

Entrainement au Travailleur des Soutien Personnel de l'an 2000 qui m'a aidé à faire une différence à sauver des vies au travail. Plus de 20.000 heures de sécurité, j'ai reçu de nombreux prix en argent et de bonus. Tabouret et des échantillons d'urine partie de certaines exigences de mon travail, j'ai passé une bonne demi-douzaine car sa fait partie de se faire engager. Une mauvaise manipulation de l'oxygène comme l'administration à une personne qui n'exige pas peut provoquer une embolie dans les artères du cerveau et une perte de conscience immédiate peut se produire, une convulsion, légère à grave accident vasculaire cérébral, ainsi voire la mort. Ces faits notre appris à nous depuis le début. L'occasion pour aider à sauver des vies de mes collègues, dont un en particulier a des incidents où un des hommes a presque perdu ses membres inférieurs dues à des gelures. Si pas de remède rapide de lui réchauffer progressivement tout en essayant de garder sa circulation sanguine allé à ses membres gelés, il serait dans un fauteuil roulant aujourd'hui. Être le contact du site comme secouriste de la région isolée, l'utilisation de la radio de communique à la ville l'équipe médicale a coordonné le transport aérien à l'hôpital.

Responsabilité de prendre des notes d'inventaire soit du danger faisait partie de mon travail. En vertu du Règlement sur les produits a contrôlés, SIMDUT est partie de la sécurité en milieu de travail à tout moment. Les combustibles utilisés dans les mines et d'autres produits chimiques utilisés dans le traitement du minerai sont classés comme dangereux. L'odeur de l'oxyde nitreux (comme le gaz hilarant - odorantes) oxyde d'éthylène est très explosif et dangereux, les combustibles de Jet-B pour les hélicoptères qui sont souvent utilisés sur les sites miniers. Centre Canadien de la Loi sur la santé et sécurité au travail (RSC 1985, c. C-13).

J'ai volé de nombreuses heures à aider les hélicoptères accroché les matériel, en toute sécurité apportant carburant par la charge de réservoir à l'emploi. Une fois au camp, un collègue traiter avec un mauvais cas de gueule de bois, rempli l'un de nos fours diesel et l'alluma avec du carburant Jet-B. Dès que nous avions réalisé ce qu'il avait fait, nous l'avons transporté loin juste à temps. Nous étions tous en dehors de notre tente sous habillé pour la température de -40 ° C. Prendre des pauses à Yellowknife après mes sept jours d'ouvrage de 12 heures sont exigeants. Mon expérience militaire m'a donné le bord de travailler à plein temps avec le Corps des Commissionnaires a faire les détail de sécurité au siège de la Force Opérationnelle Interarmées du Canada à Yellowknife, dans les Territoires du Nord-Ouest, l'une des villes minières du nord pour deux grandes années. Qui veux dire avec tous mes experience je connais cas tres bien.

De ce froid d'hiver le Janvier 2010 où j'avais conduit un taxi à temps partiel durant les soirées pour de l'argent supplémentaire à moi et ma femme. Un particulier l'envoi du soir me avait ramasse un passager à la Yellowknife Inn, un Hôtel populaire au centre-ville de Yellowknife. Je pouvais voir le passager titubait vers mon taxi, son souffle puait de l'alcool, bien sûr. Lorsque j'ai sauté hors de la cabine et essayé de mettre sa ceinture de sécurité, j'ai eu une bouffée de ses vêtements. Ils avaient l'odeur d'une sorte de produit chimique qui n'est pas commun. J'ai demandé s'il était OK sinon je pouvais le conduire à l'hôpital ou appeler l'ambulance. Ses deux amis qui se tenaient près de l'entrée principale de l'hôtel se tenant à la porte principale avec un sourire, en disant qu'il était ivre et qu'il avait une note pour l'adresse et vingt dollars dans sa poche. Veuillez le prendre à cette adresse, qui ne était pas trop loin, ils m'ont demandé, alors qu'ils attendaient pour lui de quitter. À l'arrivée à l'adresse, je puis le tirai lentement de la voiture comme une béquille d'un bras sur l'épaule droite de la porte. La dame qui a ensuite ouvert la porte m'a aidé à son salon canapé. C'était du même group a notre ouvrage ou je me suis fait embarque a l'hôpital.

J'ai mentionné en détail à notre dépêche arrivée à bon port du passager suspect à l'adresse de la maison. Bureau de taxi a répartiteurs que le personncl qui prennent des notes de passer à une autre. En cas où il y aura des moments plus sérieux et surement mentionner au RCMP de vile. »Réservation gratuite» est un accord verbal pour être en mesure de prendre un autre voyage passager ou livraisons. Dépêchez-vous! Il m'a dit de rentrer car il y avait encore un autre copain apparemment ivre de son être ramassé. Quand je suis arrivé à l'hôtel, les deux mêmes boursiers étaient dehors que l'autre homme était assis dans l'un des taxis de nos concurrents.

Le passager stupéfiante et malodorante que j'avais pris la maison cette fin de semaine-là au nouvel le année de 2010 était le même homme que je avais eu une altercation avec le site de la mine sur la dernière semaine de Janvier 2011. Notre superviseur Allemand nous a collé sur journées et soirées distinctes de nos postes de douze heures sur le site de la mine de l'usine de concassage. Pour notre dernière convention de travail de dix jours. Je n'ai ré-mentionné la raison tout pour ce désaccord de travail avait été dans ma défense. Avec mes années d'expérience, j'avais accepté une belle offre dans un autre département de ce site de la mine pour ma prochaine course. Le fastidieux changement de douze heures de mon deuxième, deux semaines à l'avance tronçon Janvier 2011 était enfin là. Ceci faisait partie de me de boule et expose a du gaz chimique. Alléluia. J'avais hâte de rentrer pour une pause lors de la Journée des Marmotte.

Premier Février, - 2011.

Voici maintenant dans mon début des années 50, assez bonne santé capable de se rappeler l'adresse, les numéros de téléphone d'un pilote de cinq étoiles sans danger pour plus de trente ans passés tous mes cours en formation. La mémoire à court terme avait enfin me frapper comme un mauvais rêve ou un film d'horreur à la télévision. Yellowknife, Territoires du Nord-Ouest Elle a dit:

Jour 1. Autour dix-sept heures le 1er Février 2011, comme je rentrais du bureau de poste, j'ai entendu mon téléphone sonner. Sans être pressé, j'ai attrapé mon téléphone de ma bourse en me demandant qui il pourrait être parce que je ne reçois pas de très nombreux appels.

"Bonjour?" Demandai-je.

"Bonjour Iris c'est le Dr W. Je suis le médecin à la mine de diamant.

Il s'agit de votre mari, Michael.

Il y avait un incident au travail et il est tombé sans connaissance, "la voix à l'autre bout répondu.

"Quoi ?! Que voulez-vous dire? "

Ses prochains mots sonnaient si lointain et je ne étais pas l'entendre du tout. "Il ne respire pas. Nous lui retournons à reprendre l'avion avec l'équipe médicale. " Soudain mon monde zoom avant sur moi si vite que je sentais que j'étais sur un 160 mile a l'heur descente tour de montagnes Russes. Dans incrédulité, les questions de demande me fourmillaient dans la tête tandis que mes yeux, étonnamment, sont restés à sec. J'étais trop abasourdi ! Quelques heures plus tard, j'étais assit dans le coin de la salle des urgences, en attendant. Mon esprit reste dans un flou, je priais a notre Dieux tranquillement. Un des superviseurs hors site avait offert de me conduire à l'hôpital et me tenir compagnie pendant que nous attendions. Michael était transporté par avion à partir du site de la mine à Yellowknife, et il devait arriver vers huit heures ce soir-là. Je voudrais enfin pouvoir le voir et le toucher.

Deux heures plus tard, il y avait une commotion comme ils tournoyaient dans Michael sur la civière. C'était si irréel, comme si je regardais un tournage de film. Il semblait ans avant une infirmière est venue me chercher et elle a dit que Michael a été stabilisé. Je n'ai pas vraiment compris ce que cela signifiait à l'époque. Je la suivis lentement, puis arrêté dans mon élan en poussant les rideaux et j'ai regardé mon mari. Il était tous blanc et très pâle comme une statue et il y avait des tubes partout. Sa peau était froide et moite. Il est mort j'ai pensé, et que seul le respirateur a été le garder en vie. J'ai sangloté comme je regardais le visage couvert dans des tubes. Ils ne m'ont permis que quelques minutes pour être avec lui parce qu'ils avaient de l'emmener à Diagnostics pour un scanner, puis aux soins intensifs après. L'infirmière a suggéré que je rentre à la maison et de revenir le lendemain parce que l'état de Michael serait à peu près le même pendant toute la nuit. De toute évidence, le sommeil était la dernière chose dans mon esprit ce soir-là. J'ai communiqué avec des amis et la famille de trouver étrange que sa sœur avait été appelé juste avant le cadre quinze heures-dix-sept heures de temps de Février 2011 a Yellowknife. Avec la différence de temps de deux heures, c'était bien sûr, plus tard, de retour en Ontario. Le matin est venu et j'étais à son chevet au premier feu. En effet, rien n'avait changé que dit l'infirmière. J'ai téléphoné à mon superviseur que je ne viendrais pas à travailler jusqu'à ce que je étais certain de l'état de Michael. D'accord on m'a dit prend to temps!

J'ai dit:

Jour 4. Après trois jours d'inconscience, j'ai été lentement réveillais et baver sur le côté droit et une fois de plus dans un endroit étrange avec des visages inconnus était mon déclenchement de panique pour sûr. Douleurs thoraciques aiguës à ma droite que je me penchais et remarqué que mes orteils ont été signalées vers l'extérieur et ma peau presque mélangés avec les draps blancs. Seulement même pas un poil sur la jambe en avoir eu beaucoup avant me fessait très peur. J'ai tiré loin et arracher tous les tuyaux et tubes de mon corps que j'ai essayé de me lever et de partir. Je suis tombé sur le plancher avec un bruit sourd. Le moniteur a fait sont bruite bip-bip-bip sorte que les infirmières sont rapidement venus a mois pour me remonter et de m'attacher au lit et mes bras vers le bas de sorte qu'il ne se reproduise. L'infirmière a souligné que la seule raison pour laquelle mes bras étaient attachés à terre était pour éviter toute chute et me blesser dans le processus. Raccrocher à tous les produit intensif je suis retombé endormit.

Plus tard ce jour-là que désorienté et incohérente que j'étais, sourit quand ma belle femme, Iris, s'approcha de moi. L'infirmière lui a dit ce qui était arrivé comme elle se dirigea vers mon lit, puis m'a demandé si je reconnaissais cette dame. Elle a pris mon sourire et regard confus pour un «Non mais étant éveillé et respirer sur mon propre, sans l'oxygène au moins maintenant signifiait que mon pronostic était mieux, cependant, ils m'ont gardé encore en soins intensifs pendant quelques jours. Qu'est-ce que je faisais ici en premier lieu?

Jour 5. Je ne me rappelais mon nom parce que l'infirmière me le dit souvent et il était écrit sur mois. Je ne sais même pas le nom de ma femme, mais je savais que maintenant j'étais mariée à elle. C'est drôle, cependant plus tard, que je me sois souvenu des noms de mes parents, mais pas ceux de mes frères et sœurs. J'ai eu la perte de mémoire à court terme, on nous a dit, en raison de l'enflure dans mon cerveau. Il peut être temporaire, on m'a dit, mais il n'y avait aucune garantie. Avez-vous déjà éprouvé de penser à un mot, mais laisser échapper quelque chose de différent? Comprendre paroles et écrits, y compris le traitement de l'information est presque impossible. J'ai maintenant de s'emmêler avec interphone très souvent.

Les gens ne savent pas ou ne comprennent pas que ça me prend deux fois plus longtemps que les gens ordinaires pour traiter beaucoup d'informations, ce que je entends et de penser et d'exprimer mes pensées. Le plus souvent qu'autrement, je demande gentiment l'autre personne de répéter ce qu'il / elle vient de dire. Pour aggraver les choses, je suis facilement distrait, qui n'augmente mon niveau de stress. Il me semble que les gens parlent trop vite en particulier lors de conversations téléphoniques. Je me demande si je pouvais avoir enregistreur ou service interactif de réponse vocale installé dans mon téléphone qui dit quelque chose de ma part.

"La personne que vous appelez est l'aphasie et vous demande de parler lentement" cet est tellement frustrant et injuste. Ma femme sait de cette partie de moi que trop bien parce que je lui dis tout le temps de ralentir. Il est facile de conclure que tout va bien avec moi parce que je regarde physiquement bien. Quand je commence à ouvrir la bouche, c'est là que mes handicapées montrent, où répéter que je cherche mon bloc-notes ces jours.

"Il y a une table-ici! Apportez-le ici, donc vous pouvez vous asseoir, "je dis à Iris. Elle regarda où je faisais remarquer. J'avais voulu dire "chaise" mais j'ai dit "table". Je lui ai demandé de me remettre mon «peigne» quand je voulais dire "brosse à dents". Pour les gens normaux ça sonne drôle, mais cet est ainsi que mon cerveau a travaillé. Je me suis amélioré depuis, mais j'attaquer toujours avec le choix du bon mot si je fabrique parfois eux. Parfois «grands» mots me confondent et il m'envoie courir à l'ordinateur à Google ce qu'il signifie. Avant cet incident, j'étais exceptionnellement bon avec des noms de mémorisation, adresses, numéros de téléphone, et les événements passés sans utilisation quotidienne de bloc-notes. Ils étaient compétences qui étaient très pratique quand j'étais dans le secteur des taxis. Perte de mémoire à court terme étais épeurant. Aphasie ou le mot difficulté à trouver, en termes simples est une autre limitation qui affecte grandement la façon dont j'interagis avec les gens autour de moi. Cet est là que mon bloc-notes et un stylo sont utiles. Beaucoup de gens je parle de me dire qu'il Ya beaucoup d'autres qui ont l'oubli ainsi.

Je griffonne des notes et mark le calendrier des rendez-vous et activités. Ma femme utilise la technologie pour les rappels récurrents de prendre mes pilules parce que cet est arrivé plus d'une fois que je double-dosé sur ce Dilantin 6 par jour et à un autre instant je ne pouvais même pas me rappeler si je avais pris ou non. Répétition fonctionne pour moi tout comme la pratique rend parfait. J'ai partagé une chambre semi privative avec un collègue qui avait été au lit pendant quelques mois à partir d'un grave accident vasculaire cérébral et il était paralysé d'un côté Ses enfants sont venus pour les visites. Je portais involontaire-ment sa veste d'hiver par une journée froide que ma femme m'a conduit à la banque de lui donner accès à tous nos comptes pour se assurer que les projets de loi, pour cette année a été tout taxe payée. Pour quelques semaines après ma sortie de l'hôpital Stanton de Yellowknife, j'ai dû voir les thérapeutes que j'avais été voir alors que j'étais encore confinée pour ces 28 jours. Ma femme a fait observer que, à deux reprises, mes crises précédentes, je étais ou avais été à l'hôpital pour des séances de thérapie. Comme elle conclurait, les crises d'angoisse ont été déclen-chées par la vue où en étant à l'hôpital. J'essaie de ne pas s'attarder sur la pensée que les gens me traitent un peu différent après qu'ils m'ont vu dans un de mes épisodes. Cet est la vie!

Elle a dit:
Diagnostic initial du médecin était une attaque cardio-vasculaire ou un AVC, mais ils étaient encore lui donnait trois Dilantins quotidiennes, un médicament antiépileptique, parce qu'il avait encore parfois des convulsions. Cela a été médicalement marqué sur le papier. "Est-ce que Michael a eu des antécédents d'accident vasculaire cérébral?"
Demanda le docteur.
«Non» répondis-je avec conviction.
"Crises?"
"Non. Il a arrêté de fumer il y a plus de dix ans et ne boit que de l'alcool occasionnellement. Il est un donneur de sang pour les Société canadienne du sang et a eu trois examens médicaux complets très récemment avec pas de drapeaux rouges. "Ces travaux de sang com-plète tout compris au cadre d'une obligation de travail au Canada. "At-il se plaindre récemment de tous les problèmes de santé? Ou qu'il ne se sentait pas bien? " "Non, la dernière fois que nous avons parlé au télé-phone, il m'a dit qu'il allait bien sauf pour ne pas dormir suffisamment.

Sur son neuvième jour, il a été encore à se adapter à cette douze heures de décalage de son quatre heures trente de réveil; à six heures de départ. Dans moins d'un an il avait trois examens médicaux complets, tout se fait que les exigences de l'emploi et de la plus récente ne est que quelques semaines avant. Tous les résultats sont revenus qu'il était en bonne santé ".

En visitant notre famille en Ontario faire quelques réparations à l'intérieur pour un nouveau locataire dans notre maison de North Bay, ON. Michael et moi avions la fois appliqué pour les travaux en ville qui exigeait des examens médicaux; un de ses avait été seulement six mois avant comme Travailleur Support Personel pour le monde handicapées avec une fiche de cinq étoiles de conduite pour sûre. Le troisième était pour un poste d'Agent Spécial et comprenait une course d'un mile au mieux dans 15 minutes. À l'automne de 2010, tout le travail de sang en prévision d'avoir un enfant était bon. La couverture d'assurance de tous les aspects venus avec le travail qu'il avait sous sa ceinture, il n'y avait jamais tout refus de celui-ci pour une voiture, les aspects sanitaires de ses lieux de travail jusqu'à maintenant.

"Michael a eu un caillot de sang dans la partie inférieure droite de son cerveau», a expliqué le médecin de pointage où il a déclaré que le blocage était. "Mais nous allons faire plus de tests et de les envoyer à Edmonton pour une deuxième opinion"

Je suis venu voir Michael avant et après le travail. Avec des températures moyennes de -28 ° C à l'extérieur, je minutieusement faire mon chemin à travers la neige presque jusqu'aux genoux à l'hôpital. Depuis que je ne savais que mon permis de débutant, je ne pouvais pas conduire et de prendre un taxi était trop cher sur une base quotidienne. Il m'a fallu deux fois plus de temps pour y arriver avec les rues froides et parfois non labourées gel littéralement. Chaque matin, l'infirmière de service serait de vérifier l'état neurologique de Michael et posé les mêmes questions: "Où êtes-vous? Quel jour est-il aujourd'hui? Quel mois? Quelle année? "Michael a montré des signes d'amélioration que les jours passaient. Depuis Michael se est avéré être sur un état critique, ils l'ont transféré à une division demi-privée. C'était un peu de bonnes nouvelles même si elle n'a pas fait beaucoup pour son état actuel.

J'ai dit:

Les médecins ont eu la gentillesse et la nourriture était correcte. Mais le sommeil d'une bonne nuit était un problème. Je me suis plaint tout le temps sur le gars sur le lit à côté de moi, qui est arrivé à travailler avec la même entreprise que moi et a également eu un accident vasculaire cérébral, mais il a été paralysé sur son côté droit. Sa télévision était très fort et il est resté toute la nuit se il était éveillé ou pas et je ai eu beaucoup de difficulté à obtenir une bonne nuit de sommeil. Découvert plus tard, je ronflé bruyamment un peu parfois moi-même. Quand il est devenu trop pour moi à gérer, je ai sonné pour l'infirmière de l'éteindre. Même des bouchons d'oreille n'ont pas fonctionné. Pour faire mes nuits plus difficile, une infirmière viendrait pour me réveiller mes médicaments comme je somnolais. Fourré sur les deux bras pour des tests sanguins ... trente fois-que c'était juste trop pour moi à emporter à me sortir. "Je veux juste rentrer à la maison et obtenir un sommeil de bonne nuit," j'ai souvent plaint à Iris. «Je vais voir ce que nous pouvons faire à ce sujet," répondit-elle.

Elle a dit:

Un samedi matin, je ai triché et a conduit à l'hôpital avec du café décaféiné noir et un muffin dans ma main pour Michael. Il était heureux de me voir, d'autant plus avec son café préféré de McDonald. Je pourrais dire qu'il était agité, donc je lui ai demandé se il aimerait aller faire un tour si l'infirmière lui permettrait. Il était heureux d'entendre cela. L'infirmière nous a donné une passe deux heures et Michael m'a demandé de le conduire directement à la maison. Il voulait juste un peu de paix et de calme. Je ai donné ses pieds un trempage et une bonne frotter et lui rentré se coucher. Il dormait et avant les deux heures était, je l'ai conduit à l'hôpital. Je n'étais pas sûr si sa liberté limitée était une bonne idée parce que, après son retour à l'hôpital, il ne pouvait pas cesser de vouloir partir. Le médecin m'avait signé une renonciation avant qu'il effectue une ponction lombaire sur Michael. Deux semaines plus tard, les résultats sont revenus d'Edmonton et une course a été écartée. Michael avait seulement une encéphalite virale, ce qui explique les convulsions, une perte de conscience, la désorientation et la difficulté à utiliser ou à comprendre les mots. J'ai dit: Comme mon état a été grandement amélioré, de sorte que c'était mon désir de partir et aller à notre appartement. Gagner les batailles des effets secondaires des différents médicaments, le manque de questions équilibre du sommeil, des douleurs thoraciques et constante miction était trop écrasante pour mon cerveau blessé à manipuler. Anxiété se couchait et j'ai détesté chaque jour où ils ont refusé de me laisser partir. L'une des principales raisons pour lesquelles je voulais était sur l'administration de médicaments par voie intraveineuse et le prélèvement d'échantillons de sang par jour. C'en était trop. Je étais fourré beaucoup trop de fois et mes bras et mes mains étaient enflées et très tendre. Co de la femme était un stagiaire, elle m'avait plus fourré. Je ai développé le trouble d'anxiété et souvent eu des attaques de panique, surtout quand le temps est venu pour mes injections. Je avais tellement peur pour ma vie que je suis paranoïaque que quelqu'un était sorti de me blesser. Ce était la principale raison pour laquelle je voulais partir sans hésiter ne importe quoi. Des trente trous de piqure des nombreux stagiaires dans ses deux bras tout en étant attaché ou dormir ont incité à essayer de quitter son hospitalisation de soins intensifs, puis plus tard encore dans la récupération. Il voulait aller aussi tot que possible avec un sourire pour son équipe médicale.

"Encéphalitis? Ils sont plein de merde, ce n'est pas vrai! "Cet est exclamé Michael. "C'est un mensonge à la fois de notre travail de sang le prouve." J' ai vécu à Yellowknife assez longtemps pour savoir que le monsieur à la fin de la troisième voie de la salle-de-chaussée actuellement à cet hôpital, qui fument des cigarettes dehors, il a été infecté par cette encéphalite, l'avoir conduit en toute sécurité comme beaucoup d'autres gens dans mon taxi à Yellowknife NT.

Petite communauté de la taille de Yellowknife la bouche et oreille se déplacer très rapidement, je sais. Leur mensonge que j'étais le seul d'un millions, envoyer à nous par le personnel de l'équipage de l'exploitation minière, ils ne se doutaient. Être un donneur de sang tout fier pendant de nombreuses années, la sensibilisation de la six pour cent moins RH - A, type de sang. La transfusion de sang de ce type, sans que cela peut causer la formation de caillots sanguins qui bloquent les vaisseaux. Je voulais juste sortir de cette poursuite d'un cauchemar toute suite.

Cependant, les médecins ne seraient pas me permettre d'aller parce qu'ils me avaient sur un traitement antibiotique très stricte que je devais remplir sinon il pourrait être dangereux, pourrait même être fatale. Je ne voudrais pas écouter les plaidoiries de ma femme de rester et de terminer le traitement. Ma femme se sentait si mauvais pour moi et encore moi voulait rester de peur de faire ma situation pire si je ai coupé le traitement à court. Avec une formation médicale elle-même, elle a demandé au médecin d'utiliser un dernier recours pour me garder à l'hôpital. Le médecin a accepté d'inséré un cathéter central (PICC) ligne où médicament peut être administré sans aiguille piquer parce que je ne prenais pas une autre piqûre. En aucune façon! Yellowknife Campus est le site naturel pour le baccalauréat en sciences du programme de soins infirmiers, alors que l'économie est basée sur de l'huile minérale et de gaz, la plupart du temps des deux mines de diamants depuis 1991 oui j'étais tout pour former d'autres comme ils l'avaient fait pendant des années. J'avais entendus des histoires terrible que d'autre avais subit a être la.

Soulagé qu'il y avait un traitement moins invasif, j'étais motivé à faire des exercices avec les thérapeutes de trois disciplines physiothérapie, l'ergothérapie et la thérapie récréative. Ils se sont relayés à venir dans mais je ne rappelais leurs noms. Je travaillais vers prêt à utiliser une marchette, une canne et bâtons de ski pour l'équilibre. Elle a dit:

Jour 28. Avec pas lents calculés, Michael était debout et, soucieux de quitter l'hôpital. Il, sans le savoir; attrapé la veste de l'autre gars dans le placard, car ils avaient des vestes semblables émis par la même société minière. Mais avant que nous puissions aller, il y avait une chose à faire un pêle-mêle avec tous les professionnels de la santé qui ont traité le cas de Michael. Présent à la réunion était le médecin, l'infirmière en chef, un physiothérapeute, un ergothérapeute, un thérapeute de loisirs, un orthophoniste, un travailleur social, Michael et moi-même. Chaque membre du personnel mis à jour le médecin de l'endroit où Michael était dans son domaine de spécialisation et sur le programme ambulatoire qu'ils avaient mis au point pour lui. Rendez-Out-patient ont été prévues pour les prochaines semaines et enfin la note de décharge m'a été remis. Ceint avec un déambulateur et me proximité, Michael sortit lentement de l'hôpital jurant silencieusement qu'il ne reviendra jamais ici à nouveau. Nous avons donné l'équipe médicale une carte de remerciement avec une douzaine de fleurs et un grand sourire.

J'ai pensé que cela pourrait être la meilleure partie de tout cela. Michael serait enfin à la maison et cela signifie que pas plus de visites à l'hôpital. Mais ce n'était pas toute la vérité. En effet Michael était à la maison mais ce était juste le début de le début - le début de notre vie chaotique. Cela a pris un péage sur notre relation. Ce était un aller difficile, d'autant plus pour Michael d'essayer de faire face aux effets secondaires de Dilatin et vivre en harmonie avec moi. C'était probablement les pires moments de notre vie de couple. J'étais prêt à se fissurer. Et à juste titre choses ne étaient pas les mêmes. L'amour de Michael pour la musique a disparu. Il voulait la radio éteint tout le temps. Le seul moment où je pouvais allumer la télé était de vérifier la météo. J'ai eu à s'adapter à ses sautes d'humeur et des changements de personnalité. Je pensais que tous ces changements en lui étaient dus à son accident vasculaire cérébral et des convulsions. Je ne savais pas que le Dilantin n'était pas d'accord avec lui? Je me demandais pourquoi il se sentait pire que ce qu'il a fait quand il était à l'hôpital. Il devait y avoir une explication. Comme les pièces de puzzle qui sont tombées en place, nous avons réalisé que son dosage Dilantin était le coupable. Je me sentais impuissante. Son médecin de famille a coûté la phénytoïne (le terme général pour médicament anticonvulsivant) niveau dans le sang de Michael a été trop faible pour qu'il doublé la dose, de son seul comprimé trois fois par jour.

Michael a connu les pires effets secondaires qu'il ne pourrait jamais imaginer. Pour ne en citer que quelques-uns: acouphènes ou bourdonnements dans les oreilles, des mictions fréquentes plus que d'habitude, nystagmus ou mouvements involontaires des yeux de gauche à droite, des étourdissements, des nausées, des migraines, et la dyspnéc ou essoufflement après les pilules a pris effet. Comme il décrirait c'est à moi, il se sentait comme un gars de 300 livres avait le pied sur sa poitrine, ce qui rend très difficile de respirer. Je me sentais tellement mal pour Michael parce que je ne savais pas quoi faire pour soulager sa douleur et l'inconfort. C'était frustrant.

Un jour, il a appelé son ami, † Denyse, qui était en mauvais état elle-même.

"Comment vous sentez-vous Mike?"

"Comme l'enfer. Je peux à peine respirer, cet est comme si quelque chose se écrasait sur ma poitrine ».

"Avez-vous dit à votre médecin ce?"

"Oui. «Cet est à cause des pilules 'est tout ce qu'il dit, mais n'a rien fait d'autre." «Pourquoi n'essayez-vous pas de voir mon médecin de famille? –

« Elle pourrait être en mesure d'aider ".

Michael sentait qu'il avait besoin d'oxygène supplémentaire parce qu'il ne respirait plus à droite. Denise lui avait prêté son oxygène pour un couple de jours et il sevrés lentement que le mal Dilation alors que je ne étais pas là. J'avais suggéré avant que nous allions à l'urgence pour un bilan de santé, mais il avait refusé. Bien que lors d'une de ses attaques épileptiques, ma demande d'oxygène de Michael a été refusée. Selon le médecin urgentiste, Michael n'avait pas la condition médicale où l'oxygène est prescrit. La visite au médecin de famille de Denyse n'a pas aidé non plus. Nous nous sommes sentis impuissants et frustrés par personne pour nous aider et ne sachant pas quoi faire ensuite. Déchargé 18 Avril 2011, sur six Dilantin - trois Ativan - une Thyroïde -un Aspirine-Gel bouchon de Laxatif. Ce était comme un tour de montagnes russes au début d'un jour Est ici maintenant ce qui est arrivé à ma femme. Deux semaines après la sortie de Michael de l'hôpital, j'ai senti la sensation soudaine d'une douleur sous ma cage thoracique droite qui a augmenté avec le mouvement. J'ai essayé de rester immobile sur le canapé. "Que dans le monde est-ce?" Je me suis demandé à voix haute. Michael était dans la chambre de repos et a été demi-écoute-moi. "Mon amour, si vous êtes dans une telle douleur, allé à l'hôpital et faire vérifier."

«Je vais juste coucher là pendant un certain temps. La douleur peut disparaître. " Mais il n'a pas fait. J'ai attendu pendant 30 minutes avant que je décide d'aller à l'urgence. Je pouvais à peine marcher comme j'ai essayé de monter lentement dans la cabine. Le trajet a pris une éternité. J'ai patiemment attendu mon tour au salon du service d'urgence. De façon inattendue, j'ai fini par passer une semaine à l'hôpital de Yellowknife et une autre semaine à l'hôpital Royal Alexandra à

Edmonton, en Alberta. Des analyses de sang étaient tout médicalement vérifiées avant et après sans l'encéphalite jamais.

"Le médecin me envoie à Edmonton pour des tests supplémentaires parce qu'ils ne peuvent pas comprendre ce qui cause la sur-et-off de la fièvre," je ai dit à Michael un jour au téléphone. "Cet est ridicule! Juste leur dire de vous laisser aller à la maison. Dites-leur que votre mari est malade et ne peut pas être laissé seul. " «Je ai fait et ils ne vais pas parce que si je peux être porteur d'un virus qui est contagieuse. Ils seront tenus pour responsables de ne contenant pas la propagation du virus ". C'était les deux pires semaines jamais. Je n'étais pas prêt à être admis à l'hôpital, d'abord, parce que Michael était seul à la maison pendant la période la plus critique de son rétablissement et, deuxièmement, je ne pouvais même pas lui demander de m'apporter un changement de vêtements depuis qu'il était mentalement incapable de penser droit. Avec les médicaments qu'il prenait sur et leurs effets secondaires, il était physiquement là, mais mentalement absent. Il avait besoin de l'aide plus que je ai fait et il m'a indirectement blâmé pour l'abandonner dans son temps de besoin. Et que me tuait. Je me suis accroché à la prière et en espérant que les choses iraient mieux. Comme la fin de la semaine à l'Hôpital Royal Alexandra approchait, la gentille dame en charge de la liaison patients a pris des dispositions que je être déchargé plus tôt que mon mari, qui vient de sortir de l'hôpital pour les saisies, était seul à la maison. Le médecin de garde convenu. Une vague de soulagement m'envahit comme elle a commencé à faire mes arrangements de transport. Comme je montais lentement de la cabine, Michael était en attente par le hall de notre immeuble. Il avait perdu beaucoup de poids et sa peau était si pâle. Mon Dieu, j'ai failli ne pas le reconnaître! Dès que la porte de notre appartement fermé, je ai craqué que nous nous sommes embrassés. J'étais juste heureux d'être à la maison et de le voir sc promener.

J'ai dit:
Bien Iris était à l'hôpital, j'ai essayé de me débrouiller. Un jour, je ai eu la pizza dans le four et allumé la télé en attendant. Évidemment, je ai oublié la pizza jusqu'à ce que le détecteur de fumée s'en alla et les pompiers ont été frappe de l'extérieur de la fenêtre de verre puis à

ma porte. "Vous êtes très bien là-bas?" Demanda l'homme qui a fait le premier dans l'appartement. "J' ai juste brûlé mon souper," répondis-je. «Monsieur, vous devez mettre votre minuterie. Est-ce qu'il y a quelqu'un d'autre ici avec vous? " "Non, ma femme est à l'hôpital et je étais moi-même il y a quelques semaines." "Vous ne devriez pas être seul dans la situation que vous êtes." Je me suis excusé pour provoquer l'agitation, mais étais reconnaissant qu'ils soient venus. Il aurait pu être pire.

Une autre fois, j'ai reçu des appels d'un téléphone, se faisant passer pour un conseiller demandant si j'avais des tendances suicidaires. "Je ai dit non» et a raccroché sur cet escroc. J'ai été vraiment cherché à faire ma vie plus facile que j'ai fait face à ma situation uniquement. Communication était comme une pierre d'achoppement pour mon rétablissement, je me sentais. Je ai essayé du mieux que je ai pu pour exprimer comment je me sentais, mais de toute façon il ne passait pas à qui je parlais à. Il semblait que personne ne m'écoutait et personne ne se souciait de ce que je vivais. Quelle situation! Prochain arrêt à un pour de vrai conseiller de Shepell FGI pour deux séances d'une heure pour quitter lentement en prenant tous les médicaments Dillantin idiot de sevrer lentement par choix d'une vie meilleure sur une période de six semaines. Non chaque jour était un défi. J'avais encore la chaise de douche et banc de transfert à utiliser dans la salle de bains. Mais à partir de la marchette j'ai progressé à l'utilisation de la canne. Deux semaines plus tard, j'ai opté pour les bâtons de ski. Je pouvais voir l'expression perplexe sur les visages des gens qui me connaissaient.

«Qu'est-ce avec les bâtons de ski?" Ils ont souvent demandé. "J'en ai besoin pour me empêcher de baiser la neige," je réponds avec un sourire penaud. J'ai regagné lentement ma force et l'équilibre, grâce aux thérapeutes m'aider, et enfin retourné tout l'équipement de lit et salle de bains prêté.

Six semaines après ma sortie de l'hôpital, alors que j'attendais mon tour à la clinique pour un travail de sang de routine, j'ai senti le monstre à venir, mais c'est arrivé si vite qu'il n'y avait pas assez de temps pour avertir la personne assise à côté de moi. Je suis tombé sur le sol, la saisie et la perte de conscience encore une fois. Je me suis réveillé à l'urgence avec une bouche sanglante et un mal de tête qui était pire que la gueule de bois stupide. Le médecin urgentiste a demandé si j'avais oublié de prendre mes pilules. Je lui ai expliqué que je ne les avais pas encore pris parce que je devais faire mon travail de sang en premier. Mais je n'ai pas aussi loin. Ma femme avait un regard peur sur son visage. Se il prenait ses pilules, ce qui causait les crises?

Elle se demandait. Soit les pilules ne fonctionnaient pas ou quoi que causait les saisies n'avaient pas été abordées. Comme laïcs notre connaissance peut être limitée afin que nous mettons notre foi dans les professionnels de la santé qui assistent à nous, en espérant et en priant Dieu qu'ils donnent à nos meilleurs intérêts. Comme un travailleur de soutien et un secouriste de niveau II, j'ai vécu des urgences médicales avant. Ironie du sort, cette fois, les rôles étaient inversés. À une occasion, tout en donnant ma situation une profonde, la délibération mentale, je étais encore sceptique quant à contracter l'encéphalite. Médicalement avec SIMDUT m'a enseigné que l'exposition chimique ne provoque une croûte, avoir traité avec lui dans les régions isolées du Canada. En l'absence de doutes planent sur mon esprit, je ai contacté un enquêteur privé pour valider ma théorie. Il m'a dit de garder un œil sur et il avait mis son oreille au sol. Je ai envoyé mes gants de travail et un échantillon de mes cheveux pour les tests à deux organismes privés et gouvernementaux qui pourraient être en mesure de faire la lumière sur ce qui se est exactement passé pour moi dans ce site de la mine isolée juste un jour avant Jour de la marmotte, le premier de Février en 2011. Je ai payé une visite au poste de la GRC à Yellowknife et leur ai dit de mon côté de l'histoire. Aussi étrange que cela puisse paraître, je ai donné de détails, les noms, les lieux et les événements que je pensais que peut-être un lié à l'incident que je avais eu. Facteur de sécurité était la priorité que j'étais après tant la puissance d'un stylo ou le PC ne couvre pas tranquillement le tout comme si elle n'arrive jamais.

Elle a dit:
Je pense personnellement que ce ne était pas professionnel qu'aucun médecin à Yellowknife suggéré que Michael essayer un médicament différent pour ses crises, sachant ce qu'il allait travers. Avec nulle part où aller, mais une encyclopédie médicale obsolète mais toujours utilisable par Readers Digest, Michael décide de se sevrer lentement des pilules

avec la connaissance de son médecin de famille. Avec la recherche, Michael a appris que cesser de Dilantin style de dinde froide était dangereux en soi. Il a été renvoyé à un autre conseiller de bien-être dans la ville après s'être sevré des pilules, mais après la première session, il n'a pas envie de retourner. Trois mois après sa sortie de l'hôpital, Michael était complètement Dilantin. Il a dit qu'il se sentait mieux et j'ai pu voir le changement en lui. Nous avons vendu sa voiture à un bon ami de son que nous avons volé dans la première semaine de Juin 2011. Le côté effets disparaît lentement et Michael était sans crise pour un total de dix-huit mois.

Nous avions enduré trois mois plus amères avant que Michael m'a convaincu de quitter mon emploi à plein banque de temps à Yellowknife, NT et revenir à North Bay, ON où nous possédions une maison. Il se sentait confiant que les choses iraient mieux si nous commencions frais avec sa famille à proximité, et de voir aussi différents médecins avec une seconde opinion était que vaut la peine. Malheureusement, à notre arrivée, nous avons appris que son père avait été diagnostiqué avec un cancer de la vessie très grave, un mois après l'hospitalisation de Michael. C'était encore une autre bonne raison d'être à proximité, il arrivait quelque chose à son père. Nous avions une maison appartenant passe sept ans, juste à côté du front de mer de North Bay, près d'une église catholique romaine, avec une piste cyclable d'une centaine de mètres. Michael se sentait bien à propos de cette décision, et il avait raison.

Paperasserie-sage, eh bien, j'ai presque perfectionné le remplissage et le dépôt des formulaires. Avec une communication constante entre la compagnie d'assurance de Michael et d'autres bureaux, nous n'avons jamais de paperasse à faire. À un moment donné, nous avons pensé que Michael était admissible aux prestations d'assurance maladies graves, mais apparemment pas. Même la Commission des accidents du travail a rejeté sa demande, pour la raison que ce que Michael avait n'était pas un accident du travail, mais l'un de nature médicale. Ca Alors, qui allait nous aider? Le cerveau blessé Michael a décidé de demander un avis juridique. Nous avons recueilli les documents que nous pensions serait ajouter à sa demande. Il est encore une demande ouverte au moment d'écrire ces lignes. Arriver à North Bay

Un de mes plusieur jour au clinique de
physiothérapie, YK -North Bay, ON

J'ai dit:

Mon employeur bien consenti à ma demande de passer à North Bay tout sur la récupération. Avec un état d'esprit d'espoir, j'ai décidé de vendre la voiture à un bon ami. Le lecteur trois mille-mile retours à North Bay était trop pour ma femme à faire seul parce que mon permis de conduire avait été suspendu pour des raisons médicales, et que de façon inattendue monté en flèche ma prime d'assurance automobile, ainsi que beaucoup d'autres choses.

Confiant que la reprise serait beaucoup mieux à North Bay avec son hôpital régional récemment mis à jour, je étais bien contente d'être de retour la maison et en famille à proximité. Dès que nous nous sommes installés dans notre humble demeure, nous sommes allés à la clinique sans rendez-vous le plus proche et il nous avons rencontré notre médecin de famille actuelle, qui m'a envoyé voir un neurologue pour une chance d'obtenir mon permis de pilote de retour. Qu'est-ce une grande différence cet est d'être soignés par un médecin qui écoute ce que vous avez à dire et donne vraiment pour votre santé. Je ai eu le sang de ma femme testé ainsi pour toutes les infections, mais il se est avéré négatif pour toute l'encéphalite avant ou après, comme elle l'avait été vérifiée avant par les mêmes médecins. La grande croûte sur mon dos tout en réanimation pendant cinq jours prouve une exposition aux produits chimiques.

J'ai été référé à un neurologue pour une nouvelle évaluation avant et après une année complète d'être sans convulsions ou tout médicament, en accord avec le ministère de la réglementation des transports. Obligatoires sont croisière d'endurance sanguins de diagnostic et complètes avant et après toute cette transformation. Le neurologue a également suggéré que je essaie un médicament différent qui a eu des effets secondaires moins graves, mais je ai refusé, à ce stade, en raison des effets secondaires traumatisants je avais souffert dans le passé de quatre mois, tandis que sur les médicaments Dilantin. Un an a passé depuis ma dernière visite à mon neurologue, et il a communiqué avec le ministère des Transports de réintégrer mon permis de conduire. Oui, j'ai reçu ce document par la poste en Août 2012.

J'étais impatient d'y être, mais il n'allait pas arriver. Cette même semaine d'Août 2012, j'avais le droit de la saisie dans le stationnement de notre épicerie, juste après le shopping avec mon frère-frère, Jerry. Il avait été un week-end pour célébrer, mon épouse aimante obtenir, un statut permanent à temps plein au travail. Ce n'était que le premier des six épisodes: deux ont été témoins de par ma femme, et quelques autres au centre-ville de North Bay. Certaines personnes peuvent penser que peut-être je suis juste semblant d'avoir ces moments de tension, mais aucun d'entre eux sont jamais prévu. Non seulement les petites crises, ils sont à coup sûr les chutes graves Grand Mal, coups de pied autour et de mordre la langue saignement sur mon menton avec des coupes profondes qui prennent un certain temps à guérir. Garder ma bouche propre de l'alimentation de lumière bien sûr, avec le rinçage de la bouche après ma brossage en utilisant la bouche garde du bureau de soins dentaires pour me protéger de nombreuses façons.

Mon neurologue m'a fortement ordonné de ne pas conduire ou utiliser des véhicules, pas de piscine ou le trempage dans la baignoire, pas de manipulation de l'équipement ou de la machinerie lourde, pas d'échelles d'escalade, et aucun hauteurs, pour une raison. Conduire sans permis est illégal et il a eu une conséquence coûteuse. Même ma femme a dit qu'elle se serait me rendre compte au MTO si je ai décidé de contester la loi. Je ne ai pas eu le courage de me et le public en danger ou de payer l'amende lourde de 5.000 dollars au moins et de compromettre revenir mon permis toujours. En aucune façon. Donc, pour trois années, des amis ou des transports en commun ont été ma façon de se déplacer quand ma femme était au travail.

Elle a dit:
Alors que Michael a été libéré de l'ER après le sixième épisode, il a finalement surmonté sa peur et le traumatisme de Dilantin et a décidé de donner Tegretol un essai. Ce était # musique à mes oreilles! J'ai voulu, il aurait pu le faire plus tôt, mais c'était un bon début. J'ai pensé que Michael avait assez d'obtenir des promenades sur l'ambulance afin qu'il ait finalement accepté d'essayer une fois de plus la médication. Abandonner son entêtement a payé. Ils lui avaient dit tout à Yellowknife qu'il serait capable d'aller un jour sans médicament. Ma licence Yellowknife était encore en attente, ici en Ontario. Même lorsque le permis de pilote de Michael était sur la suspension médicale, il avait acheté une belle Toyota Camery avec sa carte de crédit, pensant que c'était une Corolla. Super bon, de rien. Il était en grande forme. Le vendeur nous a conduits sur la garer a notre maison pour une surprise à ma belle femme aimante. J'ai travaillé dur pour re-obtenir mon permis de catégorie G driver que je n'avais que mon permis d'étudiant. C'était une telle bénédiction quand j'ai finalement eu ma classe G à la main. Il a rendu les choses un peu plus faciles pour Michael. Même si nous avions un choc d'apprendre que notre assurance avait explosé. Parce que j'étais un nouveau pilote, c'était comme avoir ma première assurance.

J'ai dit:
Famille et amis me ont demandé si je en plaisantant senti toasts brûlé juste avant je me suis évanoui. Je leur ai dit mon histoire comme je l'ai vu. J'ai eu que du mal à obtenir sur le «comment» et «pourquoi» de tout cela. Grâce à ma compagnie d'assurance, j'ai parlé de voir un conseiller d'orientation professionnelle pour vérifier si j'étais prêt à retourner au travail. Il m'a fallu une journée entière pour répondre à un

questionnaire de 250 items qui n'ont pas beaucoup de sens pour moi. Je pensais que c'était ridicule. Une semaine plus tard, j'ai été rappelé à la clinique de bien-être. Le psychiatre m'a informé que les résultats seraient transmis à mon gestionnaire de cas. Selon la lettre que j'ai reçue par la poste quelques jours plus tard, sur la base du psychiatre qui m'a évalué, mon gestionnaire de cas m'a dit que je n'étais pas prêt à retourner au travail. Sûrement, pas dans l'état d'esprit je étais.

Sur Novembre 2011 de la même année, mon père a perdu la bataille contre le cancer de la vessie. C'était l'année difficile pour moi et ma famille. Mais la vie devait continuer, hein? Amis avec la prière de promenades et de tai-chi-vous aidé ma respiration ainsi équilibrer.

Le dernier épisode de la saisie que j'avais était le 6 Août 2013. C'était une belle journée pour une promenade, j'ai pensé. J'avais attrapé la laisse du chien et hors nous étions. Comme j'étais moins d'un bloc de notre maison, j'ai senti l'attaque à venir, mais il est venu trop vite avant que je puisse avertir quelqu'un en vue ou appeler le 911 moi-même. Apparemment, notre voisin, qui a un magasin automatique d'une centaine de mètres me ont vu rosser sur le terrain comme il était à l'extérieur travaille sur un véhicule. Il a couru vers moi et bercé ma tête jusqu'à ce que les médecins soient arrivés. Notre voisin a dit que j'avais encore la laisse du chien serrée dans ma main. Il a pris notre chien avec lui et a laissé une note sur notre porte d'entrée pour ma femme. Juste après quatre heures, ma femme a la maison et a été accueillie avec une surprise. Un autre voisin a rencontrée et lui a dit que j'avais été couru par ambulnce parce que j'avais eu une attaque. Elle a également trouvé la note sur la porte et est allé pour récupérer notre chien de notre voisin Bon Samaritain. Elle conduit à l'hôpital dès que le chien était en sécurité à l'intérieur de la maison et me trouva éveillé et couché dans son lit. Elle était atterrée quand elle a appris que c'était arrivé il y a cinq heures. Nous avons ajouté son numéro de travail sur mon bracelet.

"Comment se fait personne ne appelé pour me informer?" Ses sourcils froncés tout dit. "Que faire si vous étiez mort dans le cas? L'homme qui est ridicule! Oui, ils ont appelé la maison, mais bien sûr personne n'était à la maison parce que j'étais au travail! Comment se ils ne cherchent pas mon téléphone portable ou mon numéro de travail? "Je ai été bien pris en charge ce jour-là en laissant nos numéros que je ai gardé dans mon portefeuille. Je lui ai rappelé que mon bracelet Medic Alerte besoin de son numéro de téléphone au travail. Tant pis. Hu-oh, elle était un peu contrariée. Enfin nous les avons appelés pour apporter toutes les infos à jour. Quelques jours plus tard, elle a déposé une plainte auprès de l'officier en faveur des patients de l'Hôpital régional de North Bay ON. Je suis sûr qu'ils ont reçu, mais nous n'avons jamais entendu parler d'eux à son sujet.

Après six mois d'être sur un médicament antiépileptique et étant libres de crises, j'étais admissible à demander le rétablissement de mon permis de conduire. Mon neurologue à nouveau transmis sa demande au ministère et quatre semaines plus tard, je ai reçu la confirmation du Ministère que ce était officielle. Tout le travail de papier du médecin devait être soumis au bureau des permis Yellowknife avant que mon dernier était du Territoire du Nord-Ouest a la différence dans les règlements que sur. Ce même jour, je suis allé au Bureau de licence et j'ai obtenu mon permis de conduire temporaire. J'étais tellement extatique que je ne pouvais pas tenir à distance de prendre le volant. Au moins que six pilules par jour. Liberté enfin!

Mon état de santé m'a appris à accepter de nouvelles vérités sur moi-même. Premièrement, il est normal d'être mentalement et physiquement lente. Deuxièmement, il y a d'autres là-bas dans le même bateau que moi donc je ne suis pas seul. Troisièmement, lorsque la loi l'interdit de conduire, la marche et les transports en commun a été la meilleure chose quand ma femme ne était pas disponible pour me conduire. Bien à quelques reprises, j'ai sauté par inadvertance sur le mauvais bus pour un long trajet de retour au début. Quatrièmement, suivre une routine pour aider à se souvenir. Cet est ainsi que commence ma journée: je ai ma tasse de café noir puis mes pilules de saisie avec petit déjeuner. Ma femme et moi disent notre prière du matin puis nous vérifions le calendrier pour toutes les activités ou rendez-vous pour la journée. Avant de partir, nous nous assurons d'avoir tout, surtout mes pilules, une cellule chargée jusqu'à, bouteille d'eau, et bloc-notes avec un stylo devrais-je être loin de la maison pendant plus de heures. Mon bracelet de Medic-Alert avec un accès à l'information de mon médicament partout dans le monde. Je dors avec un garde de la bouche pour éviter leur grincement de dents et avec la machine

C-PAP pour l'apnée du sommeil d'une meilleure qualité de sommeil pour moi et ma femme. Nous échangeons dos et des massages des pieds entre nos visites à la masseuse professionnelle. J'ai rendez-vous semi-réguliers programmés avec le chiropraticien pour le bien-être amour. J'ai commandé un bracelet Medic- Alert pour la commodité des médecins qui participent à moi lors de mes attaques. Dans le cadre de coping, j'essaie de suivre une routine et de s'y tenir. Autant que possible, j'essaie de mettre les choses au même endroit afin de ne pas oublier. Il y a un conseil de rappel qui a deux côtés où j'ai écris rappels sur le côté de la carte blanche et mettre des notes, des billets et ce non pas du côté du conseil d'administration de cheville de celui-ci. J'ais même une liste de numéros de téléphone au cas où.

Comme un fier membre de la Royal Canadian Légion Branch # 23, j'ai assisté à des séances d'information avec les autres AVC / cerveau blessures survivants chaque premier mercredi du mois. Groupe de soutien utile propose avec l'Association des lésés cérébraux en réunions de groupes bihebdomadaires avec la Marche of Dimes Ontario North Bay et êtes sûr qu'il vaut la peine. Lors d'une de ces séances rendez-vous, mes amis m'ont encouragé à revenir sur les pilules. Comme d'autres qui sont qui preine des médicaments sont sur une base quotidienne, certaines œuvres bien et d'autres pas, alors un autre type de pilule appelée Tegratol finalement fait le travail pour moi. Avec les encouragements de ma femme, de la famille et des amis, c'est maintenant plus d'un an de le faire.

Avoir de l'expérience de la cuisine au fil des ans, je participe parfois un coup de main dans la cuisine pendant les activités avec les Chevaliers de Columbus Circle à notre saint Nom de Jésus paroisse. Je fais du bénévolat avec ma femme le long de mon côté, avec sécurité dans les chiffres vaut la peine. Pour continuer avec un mode de vie assez bonne santé, je suis allé au service de consultations externes de l'hôpital de North Bay pour physiothérapie et d'ergothérapie pour un bon six semaines, et plus tard inscrit dans un cours de Tai Chi. J'essaie de faire des choix alimentaires sains et profiter des promenades quotidiennes, que ce soit seul ou avec ma femme et notre Jack Russell-Chihuahua, Chance. Je suis reconnaissant que je sois encore capable de sauter sur mon vélo de temps en temps, mais je m'assure que je porte mon casque et mon bracelet d'alerte.

License de classe F / 4 avant tous ça à maintenant, présentement G / 5 est assez bon pour moi. Je ne chauffe put le public surement prendre des chances à être sur ces médicament la. Pas le pilote en grandissant, j'avais été dans trois accidents de voiture et les ont tous survécu. En milieu de travail, je peux dire avec fierté que j'ai été prudent avec le matériel de manutention et seulement eu deux accidents de mal physique tout en tous. Une fois était quand j'allais descendre un escalier avec un sac de sucre sur mon dos. Il n'y avait pas de signaux d'avertissement que le plancher était juste vadrouille, humide et très glissant. Comme ma charge était lourde, je n'ai pas remarqué le sol mouillé. Mon dos était tellement meurtri que le lendemain j'ai été plié comme une flèche et ne pouvait pas se tenir droit pendant un mois. Quel soulagement c'était lorsque le médecin m'a dit que je m'avais pas brisé les os, mais j'ai dû m'étirer lentement et chiropraticien guérir-up pour les deux prochaines semaines.

L'autre incident fatidique était quand j'étais dans un de mes brousse fonctionne pêche sur un matin brumeux et froid. Marcher quelques miles de retour d'une chute ou un hélicoptère ma monter sur le haut, a redescendre à ce bon endroit secret, j'ai perdu mon pied sur le rocher glissante humide couvert de mousse d'une colline escarpée. J'ai rapidement perdu l'équilibre et c'est retrouvé au fond d'un rocher falaise de douze pieds. Avec des jeans déchirés et un tibia droit sanglant et très raide. J'ai boité de retour pour un quart de mile. Le contact radio avec un médecin m'a donné confirmation de la radio verbale à vérifier qu'il n'a pas été brisé, puis avec l'aide d'un collègue, je utilisé un engin de premier secours de désinfectant, nettoyage pommade, enveloppé d'un bandage de pression, et utilisé une béquille de marcher en toute sécurité autour jusqu'à la doulcur et l'enflure réduit l'écart. Bien sûr, il a eu la chance n'a pas rompu, et je tard cet est vérifié par notre médecin à la clinique sans rendez-vous de retour à Yellowknife, NT. Bien sûr que je me suis fait vérifier par un médecin par après et en ordre de soi j'avais guérit très bien.

Ma chérie mon amour la femme que j'aime de ma vie maintenant allé sur huit années, la louange de Dieu, elle est là pour double-contrôle

sur le processus de la vie quotidienne. Ceci étant dit, je suis juste reconnaissant que j'ai une femme qui se tient par moi. Avoir service public
entraîné dans trois provinces, je ai j;ais vu d'autres qui vivent seules et à
se débrouiller par eux-mêmes lors de la récupération. Bien que la fonction du corps tout en restant sur six pilules par jour est sûr de ne pas ce
est l'utilisation d'être, je remercie Dieu d'être en vie.

CHAPITRE 2

Devouement A Tous Mes Parents

Mon pere Percy, ma mere Anita, ma seour et frere. Pris a l'age de cinq ans.

LA PLACE PRÊT DE MON CŒUR

Bonfield, ON, Canada fait partie du district de Nipissing et sur son système fluvial menant aux Grands Lacs. C'est là que tout a commencé. C'est un fait historique connu que Bonfield est le premier emplacement de pic du Chemin de fer Canadien Pacifique (CFCP). De la 208.43km^2

(80.48sq km) superficie totale des terres du canton, mes parents vivaient sur un terrain de 100 acres avec une petite ferme le long de l'autoroute 17 (Trans- Canada), qui avait été décerné à mon père comme un cadeau de mariage de ses parents. Sur ce lot, mes parents ont construit une maison de deux chambres, une grange de 50x30, une porcherie a cochon et un bon poulailler. C'être ferme a étais la principal source de viande. Nos légume venais d'en ville ou sur les jardins locaux comme mes parents l'ont marchandé avec le commerce à des parents pour la viande dans la récolte d'automne. Le frère a ma grand-mères a vécu une courte distance avec un grand jardin, que nous serions en mesure de choisir à tout moment de la récolte tout en aidant à préparer pour les années suivant la récolte. Charger de son grand cheval nommer « Chub » avec la remorque de venir chercher chez nous de l'engrais de fumier pour leur jardin, nous garder l'enfant car mes parent allait a une sortis on embarquait sur le traîneau tirer par son cheval Chub a un quart de mille de chez nous.

MON PREMIER COUP D'ŒIL À LA VIE

Age de six mois sure notre ferme a Bonfield ON

Un Dimanche à l'automne de 1958, Maman était déjà en place avant même que le coq chanta. Les crampes qu'elle sentait dans son ventre lui ont dit qu'il était temps d'aller. Il est trop tôt pour une promenade du dimanche, pensait-elle, mais elle et papa s'en est allé à l'hôpital de North Bay pour accueillir leur premier-né, moi.

Moi et ma soeur Suzanne mes frere Denis et Robert

Sept ans plus tard, je suis devenu un grand frère. J'avais deux frères et une sœur dans quelques années. Mes grands-parents paternels vivaient très près de nous, donc ils ont aidé avec les corvées à la ferme pendant que papa est allé travailler à la scierie et maman s'occupait de ses petits. Comme cet dans les petites communautés, les parents étaient toujours là pour donner un coup de main un l'autre en cas de besoin. Quand j'étais assez vieux, j'ai aidé autour de la maison et la grange alors ma grand-mère gardait mes frères et sœurs. En hiver, je voudrais aider à transporter l'eau pour les quelques poules pondeuses, une oie ou deux, et bien sûr le bétail de notre bien, ce qui était une courte distance de la grange. Un gros bloc de sel à proximité pour assurer le nombre de nos créature jour précis pour l'alimentation de foin, était parfois un supplément une surprenante du gibier sauvage. Souvent dû apprendre aidant le nettoyage de la grange tôt avant l'école avec une chance de se laver. Lorsque mon frère était assez vieux pour planter dans, nous aurions cheval autour tout en faisant nos tâches, monter les veaux, ou chasser les oies. Il a fait le plaisir de jours. Le partage de la charge de travail pour nourrir notre bétail chaque jour avant d'aller à l'école dans l'autobus, et regarder notre démarche avec les baies de l'oie notre senteur était forte au siège en arrière pour nous assoir.

ÉTUDIANT À L'ÉCOLE

Avant ma première année à l'école, maman m'a coaché sur la façon de se habiller correctement et de l'esprit mes manières. Dans le bus, je ai rencontré quelques cousins et fait de nouveaux amis. Mais je ai pris soin de ne pas taquiner ou à cheval autour ou entrer dans un morceau parce que nous entendions des rumeurs de nos voisins à ce sujet.

Nous étions les derniers enfants à être captés par le bus de l'école le matin, juste avant 07h15. Nous avons la garantie d'un siège à l'arrière de l'autobus parce que nous avions l'odeur distincte de la grange avec nous et les autres enfants n'aimaient pas particulièrement comme ça. Tant pis! Mes frères et sœurs et moi sommes tous allés à l'École Sacrée-Cœur ou de l'école Sacré-Cœur à Corbeil, en Ontario, la route principale N ° 98. La ligne de canton faisait partie du service de bus et nous vivions plus près de lui que l'école à Bonfield. Notre école a été gérée par des religieuses et des prêtres et quelques grands maîtres locaux.

À l'école, les sœurs nous ont enseigné la prière et le chant et beaucoup d'autres choses amusantes telles que jouer au baseball, le football et la piste (course à pied). Après la cloche a sonné à environ 08h50, je me suis souvenu que nous avions à se agenouiller sur nos chaises chaque matin pour la prière de commencer notre journée. Enseignant ferait un dénombrement fait que tout le monde était présent. Si vous avez raté la classe, vous feriez mieux de faire une note de vos parents le lendemain. Si vous avez obtenu dans un combat ou de toute faute, vous avez la sellette dans le coin ou on vous a demandé d'écrire sur le tableau noir: «Je ne vais pas le faire à nouveau." Type de punition. Et comme beaucoup de garçons, j'ai eu ma part de la sangle en cuir des religieuses pour mauvaise conduite. Et j'avoue honnêtement que je méritais chacun d'entre eux.

Si vous avez voulu s'engager davantage dans la musique ou le sport, l'occasion était là. Nous aimerions jouer dans des événements locaux et le meilleur de tous chantait pour les personnes âgées des occasions spéciales au Nipissing Manor, qui était un manoir qui avait abrité une fois les quintuplées Dionne. Les aînés étaient toujours heureux d'avoir des enfants autour. Je ai également eu la chance de jouer de la trompette pour la bande de l'école parce que ce était le dernier instrument disponible ... personne d'autre ne voulait.

Le frère de maman, oncle René, nous a dit les histoires de l'époque où il était à l'école. Apparemment, les religieuses et les prêtres étaient beaucoup plus stricts alors. Mon oncle était une patte sud, il a écrit de sa main gauche. Il a été forcé d'écrire avec sa main droite, ou bien il obtiendrait la sangle. À ce jour, il est ambidextre mais préfère écrire avec sa gauche. Cela a fonctionné à son avantage quand il a commencé à travailler en tant que couvreur. Il pourrait passer mains quand l'autre était raide et besoin d'une pause.

Me voila en grade cinq a 12 ans en ecole Sacre Coeur de Corbeil, ON

Dixième année de l'École Secondaire Catholique Algonquin était ma plus haute éducation formelle atteint parce que je gagnais mon diplôme de GED en 2007 - année jours ouvrables et mon nez dans mes livres pendant les nuits plus tard. Il m'a toujours dérangé que j'avais quitté l'école trop tôt. J'ai réalisé ce que les possibilités d'emploi sont quand vous ne savez pas au moins votre douzième année. Je me souviens de mon père disait toujours: «Si vous n'avez pas terminé l'école, vous finirez par faire un travail qui paie le salaire minimum, tout comme moi. Oui il avait bien raison. Il ne fallait pas que l'on peine la vie à point de vue négatif sur les emplois au salaire minimum. Ce qu'il voulait dire était réellement qu'il y avait très peu ou pas de possibilités d'avancement sans une bonne base solide de l'éducation, pour y arriver.

Il avait une bonne paire de gants avec des bottes à embout de sécurité pour mes frère et moi à faire du travail d'aide physico a construire pour lequel il a été bien apprécié pour plus de quarante ans, avec une tenue de rechange pour chacun de nous si ce était ce que vous avez choisi.

Ma grade 10 à l'école Algonquin me rappelle a de bons souvenirs pendant mon travail de jour. Dans mes près de deux ans là-bas, je avais acquis des compétences pratiques tels que l'électricité, la soudure et mécanique pour un usage nécessaire de matière en mathématiques. Deux ans de la classe de musique jouant de la trompette qui nous a donné une mark à passer .Guitar était mon choix personnel, vu que mon père a joué ainsi du violon. Ma vie sociale a commencé à fleurir avec ma réalisation à ce jour. Maintenant que mon exposition à une sphère différente de la croissance a été de plus en plus, de sorte que ma curiosité était de rechercher plus. Plus de quoi? Je n'étais pas sûr moi-même. Cela m'a amené à décider que je voulais gagner mon propre argent et être plus indépendante. Mauvaise décision. J'ai quitté l'école en 1973 à l'âge de quinze ans avec ma dixième année, et je suis allé travailler à Toronto, en Ontario.

MAMAN

L'Areopart de North Bay ON dire Salut a Madame Dionne
Mdm. Soper au milieu a gauche moi et les enfants.

Pendant les vacances d'été avant de quitter l'école secondaire, notre chère mère aimante prendrait souvent nous par l'invitation à sa propriété appeler Nipissing Manor où elle a travaillé à temps plein comme un travailleur de soutien depuis plus de douze ans. En 1966, Mme Soper, le directeur / propriétaire allemand avait repris l'énorme quintuplées Dionne ancienne propriété, qui a été lentement transformé en une maison de soins infirmiers. Elle a embauché du personnel local à des soins pour les personnes âgées, et cette maison est toujours ouverte jusqu'à maintenant à Corbeil ON. Partie du lot était son grand, le logement du personnel à proximité avec une belle ferme et beaucoup de place pour ses deux enfants qui étaient jeunes de nos âges.

Nous aimerions jouer à l'extérieur ou parfois aider à aider les personnes âgées comme ils sont allés de leurs promenades sur une journée ensoleillée. Parfois Mme Soper nous mettrait à travailler arrosage des plantes, laver les murs, et la cour nettoyage qui, bien sûr, inclus parfois promener les chiens et de ramasser merde de chien. Pour un traitement, Mme Soper serait souvent demander Junie Prunie, sa deuxième fille aînée, pour transporter tous nous, les enfants dans le dos de son break et nous emmener vers une compétition de bowling, ainsi que regarder le dernier film. Junie et son mari, Stan, nous prendraient pêche et la natation pas loin à Astorville, sur le lac Nosbonsing, où elle avait un chalet.

Ceux aimant de s'amuser durant l'étés, nous aurions un barbecue délicieux festin après la natation avec plusieurs bon élevage. C'est là que je ai appris à l'eau-ski et, -drive un des premiers bateaux de ski, Stan avait quelques zones de pêche secrets pour l'option d'hiver de motoneige comme notre père nous a acclamé avec la permission de le faire. Mme Soper avait une fille aînée nommée Bridget qui vivait dans une ferme dans Rutherglen. ON. Moins d'une heure. Là-bas, nous sommes arrivés à nettoyer autour de la cour et de notre pays-dos à jouer à des jeux de plein air, ou pêcher la truite à l'étang à truites à proximité meilleure globale a été de monter un des six chevaux. Ils avaient certainement beaucoup de plaisir aussi! Puis l'alimentation et de nettoyage après les chevaux venaient ensuite. Mme Soper nous a traités comme si nous étions ses propres enfants. Elle avait de grands chiens à la Manor pour jouer avec, mais surtout ils étaient pour la protection de la propriété était un hectare et demi. Tout au long de l'été nous avons passé du temps avec eux au Manoir et ils sont venus parfois dans notre ferme en Bonfield et nous jouions enfants parmi les balles de foin dans la grange et de se balancer sur des cordes, semblant nous étions Tarzan. Mais nous nous sommes assurés de ne pas le mentionner à notre père, ou bien nous pourrions obtenir un léchage.

Éric, son beau-fils suivait la loi de Mme Soper, avait été un joueur de football professionnel allemand qui avait également été élevée sur une ferme. Il nous enseigner quelques-uns de ses arrière-cours se déplace notation. Élevé sur une ferme de cheval lui-même, il nous avait avec les filles de participer en toute sécurité sur une chaude journée d'été, la mise en place la pratique des sauts pour son bien -formées, étalon blanc dominant. Plus tard dans la journée, il voudrait nous aider à nettoyer son grand cheval blanc comme il nous a montré comment l'attacher à son étal.

Suivi avec un peigne de nettoyage et pinceau, bien le nourrir après cette séance d'essais. Alors qu'il allait nous sortir tous de retour avec l'un des autre cheval a nous monté pour être désormais rode par nous débutants. Tranquillement, il avait montré que nous sommes montés en toute sécurité le nouveau cheval. Son harnais a été attaché à un piquet en acier et est monté dans un cercle. Comme les plus courageux d'entre nous ont obtenu d'être le premier à sauter lentement dos nu, nous ferions donc avec une friandise de carotte, doucement parler au cheval puis lentement grimper dessus, en utilisant un banc de sauter sur son dos, puis saisissant les rênes. Après plusieurs tours autour du cercle élargi et d'arrêt pour une pause, nous avons apporté la selle de mettre sur le cheval pour ce grand tour. Oui, nous étions tous mal maintenant pour ce trajet comme notre père Percival est venu à quelques reprises pour voir la capacité de ce technicien génial d'équitation de transmettre son savoir-faire pour nous. Nous scrions tous rire que nous dit notre père certaines des méthodes que nous avons été conduits à faire le cheval écouter un peu à la fois avec tapotant parler doux.

Parler le fils de Mme Soper-frère était un tout-autour de l'homme à la maison des personnes âgées de Nipissing, couvrant les points de nombreux services de base; prendre pour les réparations des véhicules, les ordures nettoyer après le pick-up d'une immense poubelle, ou de stocker des objets lourds alimentaires à la cuisine. Il était apprécié par beaucoup comme partie de l'équipe en particulier pour soulever des objets lourds. Son épouse Bridget travaillé la cuisine, et nous avons obtenu de passer du temps avec elle maintenant, puis au cours de sa semaine. Elle a fait la commande et l'inventaire pour sa mère, puis à la fin de sa journée nous donne certaines de ses pâtisseries.

À une occasion exceptionnelle tandis que le Manor était converti en maison de soins infirmiers, avant- l'expansion de ce qu'il est aujourd'hui, Mme Soper et ses enfants nous ont donné la chance de rencontrer deux des quintuplées avec leur mère un jour. Ils avaient une église aire de jeu d'origine à la partie inférieure de la superficie, où de nombreuses années avant cela, les touristes seraient les observer derrière une vitre dans les deux sens. Avec l'approbation de Mme Dionne, nous étions autorisés à vendre des cartes postales et des souvenirs des quintuplées pour les touristes à l'entrée inférieure, puis les prendre pour une promenade dans la tournée, un groupe à la fois. Il a été supervisé par son gendre, le bon vieux Éric le cavalier qui faisait partie de la famille allemande comme il a joué un rôle important dans cette maison de soins infirmiers pour les clients entrant et tout le personnel. Ils ont tous fait en sorte que nous, les enfants étaient toujours autour d'un adulte avant de rentrer chez eux ou de rester dans pour un sommeil plus. .

Maison originale de Dionne a finalement été déplacée, et est maintenant converti en quintuplées Dionne Musée. Il est situé à North Bay, en Ontario, juste après la grande route du Trans-Canada Highway numéro 11 à Toronto. Bien sûr, était un moment mémorable pour nous tous les enfants à participer à le faire avec fierté. Leur belle-sœur qui vivait à côté du manoir a été un de mes professeurs de l'école à Corbeil, ON. Juste en haut de l'autoroute 94 appelés la route du roi.

PENDANT CE TEMPS, L'ÉTÉ DE RETOUR À LA FERME ...

Comme j'étais assez vieux pour aider, une partie de mes tâches était de suivre papa autour comme il a travaillé pour me familiariser sans obtenir un coup de pied le bétail que nous avons coupé leurs cornes et avons vérifié leurs sabots. Nous aimerions distribuons une botte de foin à chaque décrochage, ou obtenir une leçon de traite pour un veau né au printemps jusqu'à ce que son sevrage -off.

Ma grand-mère gardais mes frères et sœurs que nous allion chercher de l'eau dans des seaux à partir du printemps et à la grange, à une courte distance. Nous l'avons fait nouveau dans la soirée. Nous étions vraiment contents quand mon père a finalement installé une pompe à eau automatique. Mi- été était l'époque où le foin a été récolté et balles de elle était recouverte de poly pour le garder loin de l'humidité. Ils ont ensuite été stockés à la grange en piles. Parfois, nous sommes arrivés à monter un jeune poney ou veau sans selle. Nous avons nourri qu'il céréales, des pommes et des carottes pour un tour, en utilisant la corde de ficelle pour les rênes maison ou à l'attacher à un traîneau sur un jour d'hiver.

À l'époque, je ne savais pas la valeur de la ferme parce que pour moi les corvées m'ont emmené loin de jouer. Cependant, mes frères et moi avons adoré jouer dans la grange même après Papa nous a interdit strictement: à savoir la crainte d'incendies ou d'avoir des ennuis avec les porcs ou les oies comme ils l'avaient un peu d'un tempérament eux-mêmes. De nos chiens de compagnie avec un chat maintenant et puis la cour arrière était beaucoup de plaisir. Les oies que peu dur, les porcs ne aiment pas être rode, et pas plus que les veaux que nous avons pris notre tour. Cher mère aimante aurait toujours un œil sur nous, se assurer que les animaux sont nourris.

Mais comme la plupart des enfants, plus il a dit "Non!" Plus nous furtivement là-bas derrière son dos. L'un de nos voisins était une famille Algonquin de la Antoine de leurs six enfants, viendrait à jouer "Cowboys et Indiens» dans la centaine d'acres cour arrière beaucoup de place. Avec les grosses cordes suspendues aux poutres de la grange, nous balancer à l'autre extrémité de la grange et de crier, "Awoooo!" "Juste comme les vieux jours, ou alors nous avons pensé-Avec Percy notre père il nous a laissé mettre en place la cour avec un véritable tipi. Le chef de la maison des Antoine, avec la permission de notre père, a fait quelques piégeages dans notre cour arrière et nous a montré comment fabriquer des arcs en bois d'érable souple, dur. Les flèches ont été faites de baguettes en bois, parfois de l'usine, avec des bouchons de pop fixés à l'extrémité de sorte qu'il ne serait pas mal autant quand il vous frappe. Il était fronde jouer avec une cible en place. "Hide-and-Seek" la cachette, était un autre jeu préféré nous avons joué. Les filles ont fait beaucoup de sauter maintenant et puis, nous avons regardé les garçons jouent de nombreux jeux.

L'été a été le meilleur moment de l'année pour nous. Nous ne avons jamais manqué de choses à nous tenir occupés. Vivre à proximité de la rivière Mattawa et de nombreux autres lacs à proximité, nos oncles nous ont montré comment chasser, piéger, et la peau gibier sauvage. Papa n'a pas particulièrement comme une viande de gibier sauvage inconnue nous avons eu parfois depuis notre trappeur oncle Turcotte.- Un jour il a été savamment épicé par maman qui a fait un ail poivré, sarriette pâte à tarte mer. Il a dit, "Ne dites pas à votre papa!» «Papa avait un goût de lui et pensait que ce était bon, ne sachant pas qu'il venait de manger une bonne alimentation du gibier sauvage! Devrait-il n'y avoir aucun doute qu'il nous demande d'aller lui obtenir le ketchup!

Vivre dans le pays a ses propres jours calmes et paresseux. Un poste de télévision ou la radio pourraient être entendus dans la maison. Nous n'avions qu'une seule des deux voies enneigées à la télévision. Sur un jour de chance, parfois, nous obtenons un troisième canal si les oreilles de lapin ont été positionnées à un certain angle.

Nous, les enfants, préféré aller jouer dehors dans la grange ou dans la brousse. Si nous avions assez de joueurs que nous joué soccer.- Une petite étiquette a été aimé, mais cache-cache sûr eu quelques moments avec les filles. Comme nous ne savions qu'une seule sœur, elle était très compétitive avec nos cousins à proximité. Les balades à vélo de descente avec des amis et proches parents toujours nous divertir. Une ou deux fois, nous assisterions à ou entendre parler d'un accident de véhicule le long de l'autoroute. Même notre chien n'a pas été épargné par cette réalité hostile de la vie le long de la route transcanadienne # 17.

Un de mes amis et moi, un jour, a décidé d'aller cueillir des pommes. Donc, nous avons sauté sur nos vélos et nous sommes allés pédaler la route de gravier à un bien qui appartient à ma grand-mère une fois. Les pommiers ont été regorgent de maturité droit sur le côté de la route et nous avons décidé de choisir certains. Les pommes tombent sur le sol et que le pourrissement de toute façon, je ai pensé. Donc, nous avons rempli nos sacs de papier brun aussi vite que nous le pouvions et pédalé loin. Sur une colline escarpée, à cheval avec un bras et pas particulièrement pressé, je ai perdu mon équilibre, tombé de la moto de frapper un rocher et choper mon sac de pommes. Je ne savais pas que j'avais entaillé ma tête jusqu'à ce que mon ami m'ait dit que je saignais. Donc, je ai enlevé ma chemise et l'enroula autour de ma tête. Nous sommes venus de la route de gravier en arrière sur la Trans-Canada rentrer à la maison, quand tout d'un coup soufrant Un OPP (Police Provinciale de l'Ontario) est apparu patrouille, a frappé la corne et tiré sur nous. Nous avons eu peur, parce que nous pensions que nous avions été rapportés volé des pommes. L'agent a demandé si nous étions d'accord. Je lui ai dit que je avais eu un accident et me dirigeais vers la maison de mon ami parce que sa mère était infirmière et elle pouvait m'arranger. Se est avéré être un voyage à l'hôpital pour neuf points de suture à droite au-dessus de la tête. Quand je suis rentré, je ai raconté l'histoire et a donné les pommes de ma grand-mère. Elle nous a fait une délicieuse tarte. Dieu agit de façon mystérieuse ne lui?

Granny m'a dit: «Vous venez près de la compote de pommes à la place, hein !?"

Certains après-midi de l'été, nous allions cueillir des baies. Maman nous a toujours mis en garde contre les animaux sauvages - dont les loups ou les ours pourraient être à proximité - pour regarder pour les pistes et ensuite utiliser notre coup de sifflet ou une cloche à faire du bruit. Quand je aurais frappé un patch où les baies étaient abondants, je resterais aussi calme que je pouvais être afin de ne pas laisser les autres savent que je avais trouvé un bon endroit, et je aimerais avoir les baies pour moi-même. Un jour, ma sœur a marché sur une ruche de guêpes. Nous brouillés et se enfuit aussi vite que nous le pouvions comme ils l'ont suivie. Elle était dans beaucoup de douleur, mais si je mentionne cet incident pour elle maintenant, elle avait le nier.

Après la cueillette de baies, nous irions au printemps et un peu aller pour une baignade rafraîchissante. Une fois que nous sommes rentrés chez nous, avec la permission de nos parents, après il y avait assez pour la tarte, nous vendre une partie des baies fraîchement cueillies sur la route. Maman serait faire beaucoup de tartes à partir des baies, avoir un pour un goût et congeler le reste pour une utilisation ultérieure sur les rassemblements. Ils nous durent tout l'hiver, lorsque les baies sont chères dans les magasins d'épicerie. Parfois, nous échangerions une des tartes de maman pour un pot de crème glacée à l'épicerie locale. L'heure d'été à sa saison, une fois par semaine, nous serait remplir des sacs jusqu'au bout avec ces petite arbre appeler Lycopodium, également ment appelés pins au sol ou de cèdre rampante et quelqu'un viendrait acheter pour huit cents la livre. Il est en fait une plante médicinale mais beaucoup de gens l'utiliser pour la décoration. Nous montrant quelques trucs; observation du sol ou de la neige pour les pistes fraîches quand collet lapins sauvages. Et il y avait la pêche sur glace, ski-doo, et traîneaux.

Chacun de nous a ses propres histoires uniques de l'enfance. Ma vie comme un gamin et plus tard comme un adolescent, dans un certain sens, n'était pas un lit de roses, mais plus d'un buisson épineux. Notre famille ne était pas la saleté pauvres mais nous ne pouvait se permettre quelque chose de plus que les nécessités de base. Père travaillait au salaire minimum et ce était à peine assez pour nourrir quatre enfants et de garder la ferme va. Maman a finalement obtenu un emploi à la Nipissing Manor pour aider à soutenir notre famille. Nos coupes de cheveux ont été faites par Tante Irène gratuitement. Elle enrouler une serviette autour de nos dos, nous percher sur une pile de caisses de Coca-Cola, et avec son rasoir faire disparaître nos cheveux. Cela a rendu les filles gloussent.

PAPA

Percy et Marie avec Henri. Ouellette mon grand pere.

Mon pere Percy aves sa soeur Marie et leur parents Henri et
Melina. a la cabine de mon Gr gr pére Felix St- Pierre Jr.

Travaux de travail était le rappel de papa pour nous que l'éducation était la voie à suivre. Il a travaillé pour une scierie à North Bay cinq à six jours par semaine au salaire minimum pendant dix ans. Ayant seulement fini troisième année, il ne est pas allé très loin avec la réalisation d'une belle carrière. Il était ami avec de nombreux et son travail du travail était un moyen d'élever une famille pour mon cher vieux papa. Mais à cause de son manque d'éducation comme un rappel, je vous réalisé plus tard dans la vie que les rêves sont sans limites si vous ne osez explorer.

Il a fait le pelletage dans la grange, la levée des balle sots de foin et de contrôle pour toutes les créatures qui y nichent avant de partir au travail. En hiver il nous dire, "Si vous voulez gagner votre trimestre, vous feriez mieux de se lever et de saisir votre pelle avant Granny vous bat pour elle." Pour le vrais- Quelques jours ma grand-mère seraient en place avant que le coq chanta. Au moment où nous sommes sortis de la porte, le pelletage de l'allée a été fait à mi-chemin. Elle était un dur, dame travailleuse et pourrait facilement battre beaucoup d'hommes qui étaient prêts à la défier dans le bras de fer. Papa disait toujours: "Ne salissez jamais avec votre grand-mère."

Dans ses temps libres, papa sortait son violon et de jouer quelques airs tout en étant assis sur sa chaise à bascule. On serait assis à proximité avec un harmonica et une paire de cuillères avec ronflement et en sifflant pour accompagner la mélodie. Maman serait dans la cuisine poinçonnage la pâte pour son fameux pain maison avec de la pâte à tarte gauche sur utilisé comme les pets d'un pette de sœurs aussi connu Nun Num, qui était une pâte roulée bien-aimé avec le beurre, la cassonade et la cannelle coupé en demi- pièces huitièmes de pouce à cuire.

Sur un de ses voyages de chasse, papa et mon oncle m'ont emmené avec eux. C'était ma première chasse au canard en utilisant le code vestimentaire de verdure et les méthodes de charlatans pour les attirer pour un bon coup. Puis une promenade autour du marais à la recherche des œufs dans le nid d'un canard. Comme nous avions pris deux canards pour le souper, papa nous avait furtivement les œufs sous l'une des poules pondeuses. Quand les œufs éclosent la mère poule n'a pas l'esprit les trois canetons du tout. Ce était drôle de voir les canetons

aller vous baigner dans le ruisseau tandis que la mère poule a été prom-
enait au bord de l'eau gloussant sur eux de revenir. Ce était l'une des
histoires de mes parents diraient visiter la famille d'aller juste à l'arrière
de le vérifier si vous ne nous croyez pas.

Papa nous réveillait à cinq heures du matin chaque jour pour prendre
le petit déjeuner et se préparer pour l'école. Il aurait piles de pain grillé
ou des bols de gruau prêt sur la table. Puis il s'en alla en dehors à la
grange pour démarrer la journée. Il nous discuter sur comment empiler
le bois correctement dans la poêle pour matin d'hiver. Plus tard dans la
journée après l'école, nous voudrions vous aider empiler un peu plus de
bois jusqu'à ce que je vais avoir dix ans quand nous avons fait obtenir
un diesel four à bois pour un back-up. Pendant de nombreuses générations, le poêle à bois a été un moyen de mode de vie tout au long de
l'année pour beaucoup. Toujours est pour certains à ce jour.

Documentation De Ma Lignee

Bibliothèque registre des mariages, et de nos plus de 400 ans au Canada et aux États-Unis

Paul J. Bunnell, FACQ VE "français et amérindiens mariages Nord de 1600 - 1800"

"Repetoire De Mariage du Moyen Nord" volume de nationalité qui sont énumérés 8- Bonfield 1882

Mattawa 1863 Lucien Rivet c.s.v. 1125 "Mariages du Comte de Terre Bonne" Montréal 1972.

"Mariages du comte des Deux Montages" Montréal 1970.

Rosaro Gauthier "Mariages de la Paroise" St-Laurent / Montréal 1720 -1974 (Bergeron).

René Jette "du Québec de son Dictionnaire généalogique des Famille" 1730.

Dictionnaire biographique du Canada, vol. 2 1701-1740 Laval Québec "chef Madokawando"

L'abbé Cyprien Tanguay vol. 3 "Dictionnaire Généalogique" Familles Canadiennes Laval, QC.

Comme les rois et reines d'autres parties du monde est marié dans une an-autres familles à faire la paix, pour tous les aspects de la vie et le commerce, tout comme les autochtones dès le début que l'esprit du public collective, ne se fanent rapidement, même après une quart de siècle était là pour une bonne raison. Négociations du traité Algonquin de l'Ontario est constitutionnellement protégés depuis le début. Après 240 années

Mes arriere gr-grand pére Michel Ouellette & Adelard Leblond

Mes grand-parents Henri & Melina Ouellette. 1955

Basile Adelard Leblond & Henriette Elisabeth Blondin avec leur fille Evodie

Mon arriere grand mere Rose Drapeau Amyot de Fort Coulonge QC

Saint Pierre et Miquelon de lempira colonial, est toujours détente par la France. One nouvelle définition suzeraineté début exemples de 29 Janvier 1712 la paix d'Utrecht, une série historique de traités de paix individuels. Les accords de paix et le commerce des terres et de l'eau pour bénir la pêche, de la fourrure, du bois, et les industries minières pour tous. Ces règlements se appliquent encore aujourd'hui océan à l'autre du Canada en raison de cet accord. Autochtone font tous partie de celui-ci depuis le début de vivre en paix à profiter de la vie de manière civilisée travailler avec un de l'autre dans les bénéfices des accords.

Dans le sillage de la révolution industrielle, une abondance naturelle a été exploitée par les ressources de travail du Canada. Mes relations des deux côtés de notre famille sont des descendants de l'explorateur bien connu Samuel de Champlain, son traducteur Jean Nicolet puisqu'ils sont tous deux laissés dans la mémoire de leurs réalisations par écrit sur les monuments dans de nombreux endroits du Canada et des États-Unis. Il ya un peu à North Bay en Ontario. Élever une grande famille tout cela faisait partie de la survie dans les longs hivers, le piégeage pour la nourriture bien sûr de vendre les fourrures à une date ultérieure à tous être renvoyés à la section européenne par bateau.

Avec un monument et une plaque en l'honneur comme un menuisier canadien, Guillaume Couture, qui venait de France, avait aidé les Jésuites en utilisant ses compétences en traduction appris de six langues autochtones de faire partie de ce règlement. Levis, QC. Qui est juste en face du Saint-Laurent à une courte distance de la Première réserve de la nation du Canada, à Sillery, QC. L'éducation de Guillaume de confiance majeure mis en place sa capacité juridique à utiliser et il a joué un grand rôle dans le traitement de la cour du temps. Il a reçu le grade militaire courageux de capitaine pour la milice de son quartier pour qu'il puisse adéquatement faire. De 1640 à 1701, Guillaume Couture avec sa femme aimante soulevé dix enfants tout en vivant à Lévis, QC. Jusqu'à l'âge de 82 ans, il a efficacement mis son temps en tant que diplomate, où encore à ce jour, les relations font partie de cet itinéraire Voyage à Ottawa.

En 1857, la reine Victoria a demandé à ses conseillers de choisir l'emplacement d'Ottawa comme capitale du Canada.

Ottawa était une communauté française et irlandaise qui avait commencé en 1855 avec le nom «Ottawa» qui est dérivé de la Adawe, ce qui signifie "au commerce." La rivière Grand a été, une route pratique sécurisé parcourue par beaucoup comme ce était in- droit entre Toronto et Québec, où le pont, puis le chemin de fer reliés à New York, aux États-Unis. Maintenant l'équité du commerce marchandage a quelque peu installés dans de nombreux aspects, à travers les années. Comme l'appel d'offres de fourrures est encore une maison vente libre à divers endroits au Canada jusqu'à maintenant. Équipe contrôle de style de paiement manipulatrice pour tous les fourrures de qui est plus bien-aimé par les Russes que je ai fait faire l'expérience sur une vente de printemps comme aide fourrure de halage.

La revendication territoriale historique du traité Algonquin est finalement tomber en place impliquant leurs enfants, la langue, et le droit de leur famille à chasser et à récolter la terre à troquer contre de l'argent pour survivre. Algonquins sont toujours là. Les autorités britanniques et canadiennes reconnu que les peuples autochtones sur les terres déjà eu une demande avant son titre autochtone. La Proclamation royale de

1763 et de la Guerre française et indienne ont fait stabiliser les relations Europe, Canada et États-Unis pour assurer la signification juridique pour toutes les Premières Nations du Canada. Notre identité, parallèlement aux négociations sur les revendications territoriales, a été convenu par des droits inhérents de la politique de la première journée, par l'histoire factuelle de nos descendants par une documentation de la lignée bien organisé, et maintenant l'ADN. Descendants européens mariés Autochtones comme une partie de la vie.

Beaucoup de Canadiens inscrits processus légalité sont basés sur les événements passés et actuellement utilisées comme preuve et la preuve. Bien qu'il y ait une attente de l'honnêteté de tous nos "chefs" et des dirigeants, de poursuivre nos droits à l'intégrité de nos meilleurs intérêts, traité ne vient toujours la première dans la société d'aujourd'hui. L'égalité pour tous les membres comme un ON. Deux- cent quarrent ans appeler d'Algonquin qui est enfin d'atteindre sur le chemin. C'est pour de vrai, vraiment partie de notre société.

Sur l'autoroute appeler le Book Shop de Cobalt, ON publié sous la direction du bien connut Major GL Cassidy, « WARPATH »Chemin De Guerre. Il est dédié à les l'Algonquin du Régiment Seconde Guerre mondiale 1939 -1945, deuxième édition 2003. Nous avons lignée directe aux parents qui ont servi avec fierté, qui a été officiellement enregistrées, ce qui porte nos niveaux de vie à ce qu'il est aujourd'hui. La tradition autochtone d'enterrer la hache de guerre par opposition aux légendes à croix gammée de son histoire tort tordu. Neh-ka-ne-tah:

"Nous Allons Conduire Les Autres vont Suivre" Rappeler vous qu'on est Bilingue en Ontario.

Surnommé, Algoons Gonks, Meegwetch au Grand Esprit, Aasha-Kitchi Manitou, notre groupe plus large.

L'Ontario a un règlement en reconnaissance de la lignée avec son Métis preuve d'être un descendant direct dans les cinq de ces générations qui ont régné dans les directions de l'est du Manitoba, de la Saskatchewan, l'Alberta, TN-O, et en Colombie-Britannique. Comme les Métis avaient dispersé partout au Canada et aux États-Unis ils ont essentiellement fusionnés en une tradition Métis. Bien que comme beaucoup d'autres MÂS'KÉG MIKE étant de l'Ontario était passé la décision du gouvernement de cinq génération à être un Métis.

Premier-né et de la lumière à la peau, à l'école primaire m'a demandé quelques autres si je ai été adopté comme ma sœur et ses frères étaient à peau foncée que je l'étais. Comme tant d'autres dans le district de Nipissing de Bonfield, ON, nous avons été élevés silence connaître nos ancêtres culturel métis avec des membres de la famille connexes vivant encore très près à l'autre depuis le début. Avant de remplir leur douzième année, beaucoup se éloignait pour le travail, l'autostop à Toronto, a rejoint l'armée ou ont fini en prison comme leur première erreur dans les parties extérieures. Il ya Ouellette vivant dans toutes les autres régions du Canada. J'ai été accepté en tant que Métis au Québec, Territoires du Nord-Ouest, et de la Nouvelle-Écosse avec la preuve et mon nom de famille de la lignée.

Règlement ont lentement changé pour une raison; une relation de la famille Algonquin de Mattawa, une communauté voisine de Bonfield, a été retiré de leurs biens en raison de ce traitement injuste, comme beaucoup d'autres qui ont été tout simplement dit de partir. Que faire si un ex-conjoint ou un enfant seraient un peu moins d'une journée pour se qualifier en vertu de ces règles, de manipulation stupides sur le temps? Nos propres parents enveloppés d'une clôture de fil de fer autour de notre cour d'un acre dans la bêtise de dire que nous avions sang autochtone, de sorte que nous devrions simplement être cloués au sol, de la Police provinciale de l'Ontario se sont arrêtés. Fabriqué à creuser le poteau puis sur des excuses avant que nous étions autorisés à construire un tipi.

Métis désigne une personne qui se identifie comme l›un lui-même et cet pour les peuples autochtones du Canada, de l›ascendance de Métis pour ensuite être acceptées par la Nation Métis de leur. Dans l›héritage du racisme, les droits des femmes soulevées dans une réserve ont été perdus si elles épousaient un homme blanc. Dames autochtones épousé un homme blanc perdraient leur droit de faire partie d›un traité, que leurs enfants sont devenus maintenant partie de la lignée des Métis. Leurs enfants ont sensiblement été réémis là-bas l›homme comme une règle semble être un choix qui avait autrefois avec qui voulez-vous être avec. Il y a un processus légal de la privation des droits de mettre fin à «statut d›Indien» d›une personne avec une signature rapide aveuglante. Le vote a parcouru un long chemin au Canada. Beaucoup de membres de la famille restés près de l›autre, mais beaucoup ne font pas, en raison de la confusion de la réglementation de l›état matrimonial. Pourtant, certains ont été pris en tant que leaders sans même être de descendance autochtone. Familles tricotées serrées et traditions culturelles ont été tenus étroitement liées. Familles Franco souvent réunis pour soirées, où les gens parler, raconter des histoires, chanter, et faire cuire. Le bois de Forest était une importante source de richesse. En 1985, la Loi sur les Indiens a été modifiée pour rétablir le statut pour ceux qui avaient perdu dans le temps pour tous leurs enfants à cause de dispositions discriminatoires de la loi.

En 1772, les 7000 personnes de notre population canadienne, mes ancêtres, faisaient partie de cet événement. La lignée existe toujours, avec nous encore en vie dans ce domaine depuis ce temps. Traité de paix inégalée de Algonquin a survécu à ce jour. Maintenant, la première des temps modernes, traité protégé par la Constitution pour l'Algonquins de l'Ontario, Canada, est sur le point de finalement lieu après deux cent quarante années.

La devise de "We Lead, d'autres suivent" est enfin respecté pour le faire. Bravo! Écoutez entendre! … Pour enfin battre le gravier et ponctuent les décisions et proclamations.

Comme beaucoup d'autres questions politiques, au fil du temps une élection met les choses en perspective pour les électeurs. Dans le procédé est la Loi de 1774, où les pétitions avaient été enregistrés datant de 1772 affirmant les droits de l'Algonquin »sur leurs terres pour l'avenir du Québec. Les droits et les règlements du traité ont chuté en place pour les descendants des Algonquins, pour l'avenir de leurs enfants.

Lorsque les droits des minorités culturelles comme le Algonquins a été dans la confusion interdit de conduire ou plutôt d'autant plus ignorées comme caractéristique de l'appartenance ethnique. Un règlement de perdre après 5 générations de même d'être un Métis était un vote rapide passé sans rien demander.

Lorsque les deux côtés de ratifier un accord mutuellement désirée, comme impliquant une reconnaissance du rôle de l'époque, le gouvernement de nos Canadiens à atteindre des objectifs réalistes du passé et maintenant pour cette journée et l'âge.

Avec le temps, l'éducation, et maintenant notre technologie dans le monde de la communication, un meilleur potentiel de rendement a été fait sortir pour nous tous. Le vote en ligne dans le processus électoral - la technologie moderne, hein!

Référencé dans l'article 25 de la Loi constitutionnelle de 1982. Étiqueté «Déclaration des droits indiens." Connut sous les initial de AINC.

Dit être un point de repère de l'auto-gouvernance autochtone Loi sur le Nunavut pour entente sur les revendications a été signé le 25 mai 1993, a été lu dans la loi le 09 Juillet, 1993 par le Parlement du Canada. Est devenu une réalité en 1999.

Comme étant leurs voisins, le projet de loi C 15 pour les TNO, a donné du Nord un plus grand contrôle des terres et des ressources de l'autre par la «Loi des responsabilités." Lorsque des minéraux gaz et de pétrole sont encore dans une grande demande.

Je suis le père d'au moins un enfant autochtone de cette région, où je ai vécu et travaillé pour la moitié de ma vie à Yellowknife, NT, dans le cadre de la fonction publique en tant que propriétaire / exploitant d'une entreprise de taxi depuis de nombreuses années. On m'a donné une belle image d'une belle jeune femme pour me faire savoir notre ADN est le même. Je l'ai rencontrée ainsi.

Métis registre comme un prospecteur d'une mine de diamants dans cette région, ils me ont envoyé un stock de diamant Part de l'accord pour devenir Première nation est d'appartenir à uniquement sur accord gouvernemental à la fois.

Aujourd'hui MÂS'KÉG Mike est un membre actuel fier du / Première nation de North Bay Mattawa Algonquin de l'Ontario, Canada.

Je suis un Métis enregistré des QB -Yellowknife, région NT mais pas de l'Ontario, car il se termine après cinq générations. La société d'aujourd'hui avec la technologie de l'ADN moderne permet peuples savent plus dans un court peu de temps.

Là où je me suis défendu en cour des petites créances sur les achats d'un véhicule de merde pour être utilisé comme un service public, à savoir un "taxi de" qui ressemblait à nouveau. Un ami de préposé à l'entretien de la mine m'a rappelé que ce véhicule avait fait les journaux. Ils ne m'avaient pas dit à propos de cette partie. Il a été a été vendu à moi après avoir heurté une tête sur le buffle pleine grandeur. Oui, cela avait été une écriture totale du congé.

J'ai gagné en cour. Pour ma défense, rapporte le criminel CR. Vol.39, la page 404 –a ma défense avec des tentatives de frauder par tromperie. Avec l'utilisation d'un événement passé du 10 décembre 1962 dans les annales de la loi canadienne de la Cour d'appel de la Colombie-Britannique. La vente de ce véhicule a été prise à notre système judiciaire, et cela maintenant cinquante ans de loi a été transmis à moi par un Anglais d'Angleterre, un de mes amis qui m'ont aidé à gagner mon cas.

Loi est basée sur la vérité ou le mensonge, par la main droite. "Que Dieu me aide." Ici vous ici vous … Il est lui-même avocat avait beaucoup d'humour en me montrant comment le droit canadien fonctionne.

Je lance encore dans de nombreuses de mes parents dans différentes régions du Canada et des États-Unis. Ma génération a voyagé de Kamouraska, QB 323 miles, ou d'une voiture 500 km de route North Bay, ON.

L'industrie minière du Canada, et la chasse-commerce du poisson / de la fourrure est encore une grande partie de la vie quotidienne avec les âmes courageuses qui nous défendent dans d'autres parties du monde. De l'autre côté des rivières ou les lacs sont les lignes hors de la province régulation pour nous aujourd'hui. Un aîné Algonquin bien connu, William Commanda de Maniwaki, QC, dont l'oncle était bien connu Gabriel Commandant, un trappeur et l'exploitation minière explorateur de notre région, a également été un vieux copain de l'armée d'un homme du nom de Grey Owl, l'écrivain de livre. Le père d'un enfant vivant avec une belle dame du nom Anahareo connue Gertrude Bernard vivait à Temagami, ON. Sa famille vivait à une courte distance de notre ferme et la superficie près de Mattawa / North Bay, ON. Oui, un film américain qui a été faite à propos de leur vie, car ils étaient également les deux auteurs de livres qui avaient voyagé en Europe et avait également vécu dans d'autres parties du Canada.

Le film était en grande partie sur leurs efforts de conservation juste à côté du système de la rivière Temagami -Mattawa Ontario. Anahareo est né à Mattawa, ON. Ils sont tous deux biens représentés lors de leur musée, ouvert aux personnes sur Voyageur Jour, la collecte de pow-wow pour Algonquins. Word ne se déplacer dans les petites collectivités de notre région, mais il vaut bien le rappel. Samuel de Champlain et son épouse Hélène Boullé font partie de ma lignée.

Je étais à un rassemblement de pow-wow génial 2006, à Mattawa, et je ai pu rencontrer des membres de la famille et des amis que nous avons pagayé notre maison canot d'écorce ce jour-là. Plus tard, c'était sur l'affichage et la publication future de mon livre a été mentionnée pour leur petit-fils. Ancien William Commanda était là, avec l'actrice Annie Gallipeau. Ils ont signé Makwa Kolts et ma pagaie à côté des deux castors empaillés comme un rappel de plus de piégeage dans un autre film appelé Beaver People.

North Bay, en Ontario a été le cœur de nombreux rendez-vous et une ville de la maison de quelques-uns depuis de nombreuses années.

Comme le père de la Nouvelle-France, Samuel de Champlain avait nommé le Algonquins. Il a été présenté par l'un des son interprète Jean Nicolet avait appris la langue algonquine de cette région. Il avait aussi épousé une gentille dame Nipissing avec qui il eut une fille, et elle faisait partie de la fourrure se commerce, jusqu'à aujourd'hui encore. Elle a été mariée deux fois elle-même et ensuite eu quelques enfants.

Jean Nicolet est publiquement honoré par un droit plaque par la "Porte du Nord" dans la ville de North Bay. Il font tous partie de mes ligne généalogique du début.

Quelques autres au Canada ainsi que dans les États-Unis Généalogie, montré que moi et mes relations ont une lignée de douze générations. Je suis fait encore partie de ce groupe, dans laquelle j'ai participé avec fierté au fil des ans.

Comme un emploi à temps partiel, je suis arrivé à faire partie de la # 10 North Bay Fur Trappers Association vente aux enchères annuelle cotée, être une aide à la fin de vente, embauché sur place par un acheteur de fourrure russe. La première chose pour moi était de remplir une table avec toutes les fourrures d'une bête puante comme il était le seul qui eux n'a jamais acheté, pour un bon prix? Chasse et le piégeage dans notre arrière-cour avec mes oncles de la famille, plus tard j'ai suivi une formation de coupeur de viande avec Canadore College de l'Ontario, et je vous ai mis de la bonne utilisation dans de nombreuses provinces du Canada.

Il y avait la chasse, la pêche et la prospection dans le Yukon, les Territoires du Nord-Ouest et du Nunavut tout en jouant mon rôle dans l'industrie minière, à savoir nourrir les équipages travaillent dur provenant de diverses régions du Canada. Je ai rencontré des gens de notre lignée qui font toujours partie de l'industrie de l'exploitation minière, la pêche et la chasse ici et là, avec de nombreux Américains, certains avec la double citoyenneté, d'autres juste là pour la chasse ou à la pagaie rivières.

1901 recensement de Nipissing District # 92 Bonfield H1 la page 18, la famille # 144 père Ouellette, qui a soulevé seize enfants ... Je ai été nommé d'après lui. Il y avait un certain nombre d'entre nous avec ce nom à l'école secondaire Algonquin.

Michel Ouellette et Henriette Beauchamp m. 1858 St. Jérôme QC - s'installe définitivement à Bonfield ON. Leur premier fils Michel * / al est né Mai, le 13 en 1857 à Saint-Jérôme au Québec, est décédé janvier vingt-quatre, 1921 Sudbury ON. Marié 1885 à Rockland ON. * à Elizabeth Beaudry né 1865-1866 à Grenville Ontario – d.1997. Elle avait au moins deux frères ...- Comme beaucoup d'autres noms de famille, il y avait des fautes d'orthographe. Celui-ci a été parfois orthographié Baudry ou Vaudry. Particularités avec des faits précis sont répertoriées en ligne et dans de nombreux livres ainsi.

Publié sous la direction de l'Association des anciens combattants du Régiment Algonquin de l'Ontario, par le Major GL Cassidy, DSO ce Régiment Algonquin de 1939-1945 livre intitulé "WARPATH". Sentier De LA Guerre avait les Francais et les Anglais de leur ligne Algonquine.

Derrière Cénotaphe de 1922, la guerre Monument Mur de North Bay ON. Le long du côté de la filiale de Légion # 23. Le nom de famille Ouellette de Pvt. Victor J. Ouellette Seconde Guerre mondiale, est fièrement répertorié avec beaucoup d'autres de cette région. Notre oncle, Pvt. Hormisdas Ouellette avait été dans la Première Guerre mondiale et est listé dans 'trouvé, -ancestry.ca rechercher le dossier militaire de vétéran de la guerre. Quelques-uns de nos parents l'ont fait entrer dans l'armée des États-Unis. Voici les nom des enfant a mes grgrgrand-parents.

Société historique de Saint-Boniface au Manitoba m'a donné un livre de nos lignées complètes.

- Michel Ouellette et Elizabeth Beaudry / Vaudry m. région de Hull en 1885. Elle est décédée, peut-être lors de l'accouchement. Son second mariage avec Mathilda Diel était en 1904, dans Matawatchan ON. Les étoiles marquer frères et sœurs Ouellette en ordre approximatif que nous avons de la famille partout au Canada et aux États-Unis.

Une communauté et la route a été nommé après cette famille comme beaucoup d'autres villes avait nommé d'après eux pour être là pendant un moment spécial, ou pour être bien aimé, ou en raison de leur bravoure connue. Les noms étaient parfois repris par un match nul à l'école.

Beaucoup de ceux qui se remarient devenaient parfois parents de notre lignée Canadienne des Autochtones ou de nationalité. Leurs raisons de venir au Canada ou aux États-Unis étaient en raison de problèmes de guerre et de leurs familles qui les ont parrainés plus de peupler le pays ou tout simplement de travailler.

Voici les frères et sœurs de Michel Ouellette née 1858.

- Honoré / Henery Ouellette b.1861 et Matilda Picher m. Russel 1884 / Clarence Creek ON.

- Leon Ouellette b. 1863 comté de Russell ON. Alice Gravel alias Lucie Morrel m. 1884 QC.

- Rose / Delimna Ouellette et Joseph Gagnon m. 1894 Bonfield ON.

- Philias / Felose Ouellette b. 1866 et Elaise - Haisse Piche / r m. 1885

- Azilda / t Ouellette b. 1865-1870 et la zone Isodore Picher Bonfield m. 1888

- Armidas Ouellette WWI b. 1871 d. 1920 Delima Rachel Doyles / Diel m.1910 Hanmer ON.

- Theodi / ule Ouellette b. 1872 et pas d'info de mariage, peut-être plus tard déplacé à US

- Melchior J. Ouellette b.1873 et Clarida Picher m.1897 Bonfield ON Sainte Bernadette

- Emeli Ouellette b. 1874 et Adrien Lanthier m. 1893, Sainte Bernadette / Bonfield, ON.

- Alexandre Ouellette b.1879 Rose / Anne Cuillerier / Spooner, m.1907 Sudbury, ON

- Ovila Ouellette et de Bonfield Rose -Anna Rainville, ON

- Meloia Ouellette et Marie Larocque m. 1893 Bonfield ON

- Zoel Ouellette - vécu à Bonfield ON. Femme inconnue, peut-être contesté médicalement

- Victoria Ouellette b. 1885 et Napoléon Beaulieu, m.1901- février Sainte Bernadette, Bonfield ON

- Clarida Ouellette d. 1881 et Joseph Vaillancourt Achildes m. 1872, alors veuve 1881

C'est ma lignée directe de l'arbre de la famille Ouellette, avec certains des parents impliqués dans l'exploration de la terre pour une éducation sûre à élever une grande famille regroupant impliqué dans l'agriculture. Pour diverses régions du Canada ou d'un cours aux États-Unis était plus facile à traverser.

Tous les aspects de piégeage pour l'époque sont maintenant continuaient à North Bay, ON, qui est l'un des dix premiers domaines de l'industrie de la fourrure de piégeage. Il est toujours très apprécié par les membres de la famille au Canada et le plus chaud aux États-Unis.

Transmis de génération en génération pour plus de 400 ans comme l'a fait avec des groupes partout au Canada et aux États-Unis, avait de légères différences de lois, règles et règlements pour accueillir la zone pour le commerce de la fourrure qui était une industrie principale. Bien sûr, la fin de celui-ci industrielle ramassé que le temps passait, les niveaux élevés d'aujourd'hui, avec un piège ligne superficie que notre arrière-cour, au bois de chauffage, de l'huile minérale et le gaz étant des facteurs principaux globale. Le gouvernement de l'Ontario a mis la Loi sur le parc Algonquin en place en 1893, Tom Thompson du Groupe des Sept au public. Cadre actuel de la colonie permet Algonquins pour les poissons et la chasse saisonnière du gibier sauvage. Selon Statistique Canada de 1613, la population à cette époque était d'environ 10 000 et la Proclamation royale de 1763 avait réservé une vaste zone (non spécifique) du Canada pour les Autochtones. C'était sur l'équité à ceux qui n'avaient pas encore été traitées.

Puis le gouvernement a offert un espace ouvert à un grand groupe de nouveaux Européens. Terres de la Couronne ne était n'etais pas pour un usage personnel comme les terrains de golf ou un centre de la chasse de cour, en raison de la relation de l'encaisse et le système de jumelage de l'influence politique. Le Canada possède beaucoup d'espace, et la propriété est distribuée à ce jour.

Lignes de pièges et claims miniers étaient encore partie de la vie, transmis à l'autre et a continué jusqu'à maintenant. Mes relations pour de nombreuses générations ont été une grande partie de notre population pendant de nombreuses années. Dans ce livre, il y a des photos de mes deux grands-pères; l'une habillé comme un chef est # 4 sur ma lignée ci-dessous. Sur son côté droit est le gardien de sécurité Abélard Basil Leblond, époux de Henriette Sureau dit Blondin.

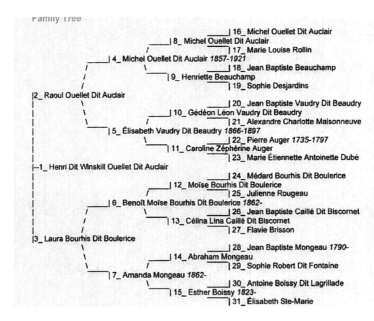

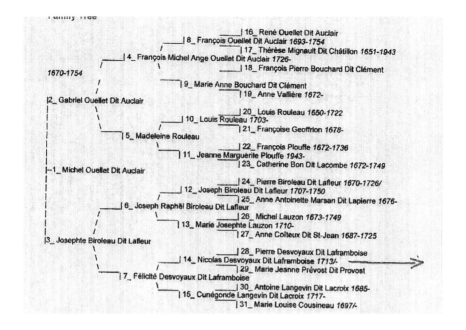

Les arbres généalogiques commence ici, dit Auclair signifie eau claire en Français dans l'ordre -A,B,C. Mon père Percy Ouellette était le fils de (A) Henri dit Winskill - sa femme était de la lignée St Pierre.

Rivière Ouelle est nommé d'après notre famille car ils étaient des héros, là pour protéger une invasion.

Avec les Autochtones de la région, je suis lié à trois-quarts de la famille qui en font partie.

"De La Rivière Ouelle Héros" se sauver, prêtre catholique avec un groupe de 40, pères avec leurs fils sur la liste des nombreux héros de ce jour-là. Mes premiers ancêtres au Canada avaient des noms de famille, cette information est livrée avec les compliments de la Société historique de Saint-Boniface, au Manitoba. Algonquin - Mi'kmaq -Cree- Abénaquis sont ma lignée autochtone.

Lignage, la ville et la région d'Ouellette trouvé avec l'aide de notre catholique l'Église-bibliothèque avec l'aide de quelques autres le long du chemin.

(Étoiles marquent les six enfants du premier mariage de mon grand-père Michel Ouellet et * Elizabeth Beaudry) Voici mes ligne direct, aussi parfois foit un deuxieme mariage fait partis de plusieur famile qui a autre enfant demi sœur et frere bord en bord du Canada.

#2 mariage Mathilda Diel b.1872 m.1904 / 07/07-Mattawatchan, ON. Elle avait trente donc il peut y avoir des enfants. Élever des enfants sur son propre à quarante ans, le second mariage de Michel était à la sœur de John Diel - Ils ont été élevés dans la région de Fort Coulonge, QC, juste en face de la rivière des Outaouais près de Pembroke, ON, où beaucoup se sont réunis à un lieu de rassemblement.

- Zolica b.1886 Bonfield ON. m.1904 - John Diel vivaient à Mattawa, en Ontario et était, de Fort Coulonge, QC. Michel se installe à Mattawa comme cheval / canots étaient encore en utilisation plus dans ces jours.

- John / Dudune. b.1888 (d.1918 WW1) Registre du CA F 22 l'aile d'aujourd'hui, North Bay, ON. Canada / Etats-Unis

- Paul Raoul b.1890 Laura Boulerice m. 1916- Chisholm Ontario à l'heure par le parc Algonquin ON

- Artance Arthemise b.1892 m. 1914 Philodore Picher / Ouellet a ensuite déménagé à la région de Sudbury ON.

- Vantine Caroline b. 26 oct -1893 Bonfield, ON. d. 1966 m.1909 Damas Vaillancourt à Astorville ON.

Marry Anne b.1896 m. 1916 Joseph Dollard Dugas. Ils ont ensuite déménagé à Sarnia ON Canada

(B) Michel Ouellet m. Marie Louise Rollin Février 1834 Mirabel,St -Scholastique Deux Montagnes.

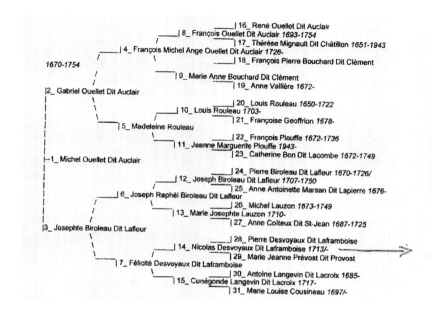

Père liste N ° 2 ci-dessus Gabriel marié à Josephte Biroleau 1785, à Saint-Eustache, Québec

Liste (C) Ce qui précède Nicolas Desvoyaux dit Laframboise était marié à Marie Jeanne Prévost -----Un grand merci à la suivante

L'histoire de la famille de Jacques St-Pierre GeneaNet.com ligne, ma version écrite pour ceux des PC incapacité.

Église de Jésus-Christ des Saints des Derniers Jours a un site en ligne gratuit et est facilement vérifiable. familysearch.org

Dévouement à la 600 ou plus, voici une petite liste de ces gens sans qui je ne serais pas ici pour écrire ce livre. Nom de famille d'un homme de la France et deux belles femmes consacré l'éducation dans une plus sévères fois à l'époque. Dit d'être les pionniers de la "Rivière Ouelle," vivant sur Iles d'Orléans également Beaupré. - La Pocatière QC. d. 1721.

Les deux côtés de ma famille; Mon père Percival Ouellette est mariée à Mélina Saint-Pierre. Sœurs et frères sont tous décédés. Le nom de famille de ma mère est Foisy et sa mère était une Amyotte, mes relations directes dès le départ sur nos deux bord de famille.

Descente vérifiable du petit groupe, productive des premiers gens français au Canada comme ils entremêlent à ce jour. Ils élevage, de la pêche, la chasse, et pris au piège tout en aidant les uns les autres comme ils vivaient avec Métis / Autochtones à proximité. Ils font tous partie de la construction de routes et le chemin de fer partout au Canada.

Le Français et l'Anglais à la fois faire partie de la langue indo-européenne depuis de nombreuses années à ce jour dans le monde entier. René Ouellet Héro * et # 1 Anne Rivet - # 2 Thérèse Migneault, parents partout au Canada / États-Unis épargner a autre à bien des égards Français. Nicolas Lebel et Thérèse Mignealt / Mignot m. 1651, le premier mari ils eurent quatre enfants et un total de quinze enfants tous ensemble.

Liste n ° 4 (D) ici est la mère de mon père, Mélina St-Pierre de la communauté agricole de Bonfield, ON

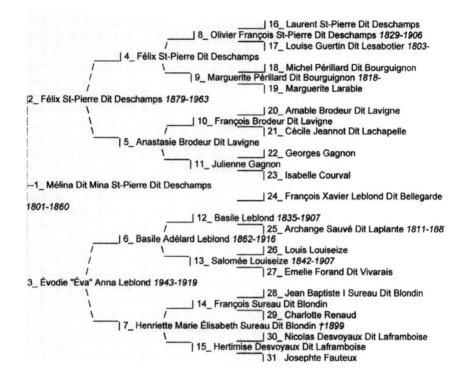

| 16_ Laurent St-Pierre Dit Deschamps
| 8_ Olivier François St-Pierre Dit Deschamps 1829-1906
| 17_ Louise Guertin Dit Lesabotier 1803-
| 4_ Félix St-Pierre Dit Deschamps
| 18_ Michel Périllard Dit Bourguignon
| 9_ Marguerite Périllard Dit Bourguignon 1818-
| 19_ Marguerite Larabie
|2_ Félix St-Pierre Dit Deschamps 1879-1963
| 20_ Amable Brodeur Dit Lavigne
| 10_ François Brodeur Dit Lavigne
| 21_ Cécile Jeannot Dit Lachapelle
| 5_ Anastasie Brodeur Dit Lavigne
| 22_ Georges Gagnon
| 11_ Julienne Gagnon
| 23_ Isabelle Courval
--1_ Mélina Dit Mina St-Pierre Dit Deschamps
1801-1860
| 24_ François Xavier Leblond Dit Bellegarde
| 12_ Basile Leblond 1835-1907
| 25_ Archange Sauvé Dit Laplante 1811-188
| 6_ Basile Adélard Leblond 1862-1916
| 26_ Louis Louiseize
| 13_ Salomée Louiseize 1842-1907
| 27_ Emelie Forand Dit Vivarais
3_ Évodie "Éva" Anna Leblond 1943-1919
| 28_ Jean Baptiste I Sureau Dit Blondin
| 14_ François Sureau Dit Blondin
| 29_ Charlotte Renaud
| 7_ Henriette Marie Élisabeth Sureau Dit Blondin †1899
| 30_ Nicolas Desvoyaux Dit Laframboise
| 15_ Hertimise Desvoyaux Dit Laframboise
| 31_ Josephte Fauteux

Liste n ° 5 (E) ce qui suit est Laurent Saint-Pierre et Louise Guertin, les parents de ce qui précède.

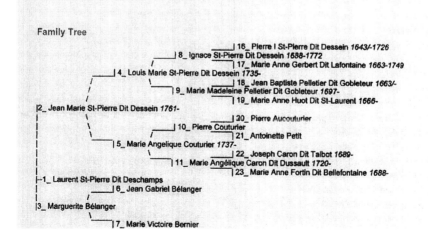

Family tree Jacques St-Pierre - Geneanet   Page 2 of 2

Family Tree

| 16_ Pierre I St-Pierre Dit Dessein 1643/-1726
| 8_ Ignace St-Pierre Dit Dessein 1688-1772
| 17_ Marie Anne Gerbert Dit Lafontaine 1663-1749
| 4_ Louis Marie St-Pierre Dit Dessein 1735-
| 18_ Jean Baptiste Pelletier Dit Gobleteur 1663/-
| 9_ Marie Madeleine Pelletier Dit Gobleteur 1697-
| 19_ Marie Anne Huot Dit St-Laurent 1666-
|2_ Jean Marie St-Pierre Dit Dessein 1761-
| 20_ Pierre Aucouturier
| 10_ Pierre Couturier
| 21_ Antoinette Petit
| 5_ Marie Angelique Couturier 1737-
| 22_ Joseph Caron Dit Talbot 1689-
| 11_ Marie Angélique Caron Dit Dussault 1720-
| 23_ Marie Anne Fortin Dit Bellefontaine 1688-
--1_ Laurent St-Pierre Dit Deschamps
| 6_ Jean Gabriel Bélanger
|3_ Marguerite Bélanger
| 7_ Marie Victoire Bernier

Liste n° 6 (F) Voici les parents de ma mère, à commencer par son père, Désiré Foisy et Jeanne Amyotte

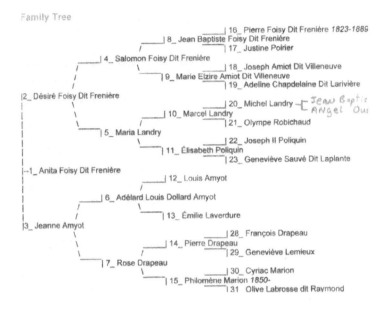

Liste n° 7 (G) Voici Pierre Foisy Jr. # 18 marié à Marceline Emilia Chaput et le suivi générations

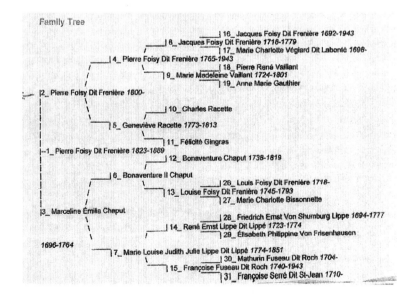

Liste n ° 8 (H) ici est la mère de ma mère, Jeanne Amyot; la famille de La Passe, ON

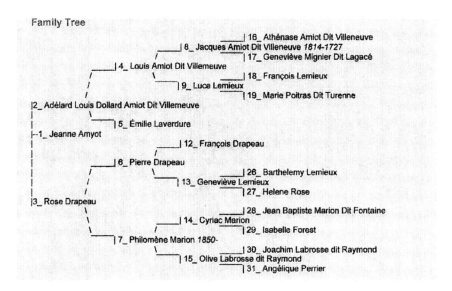

Liste n ° 9 Voici le fameux bien connue de la France Charles Amiot Dit Villeneuve

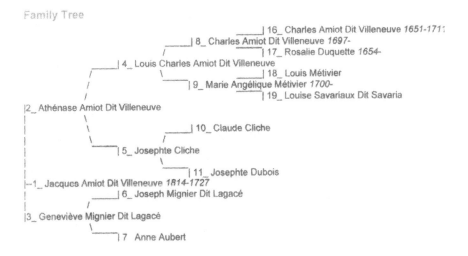

List #10 (J) Voici Anastasie D'abadie, la grand fille du Chef Madockawando, des Abenakie.

Family Tree

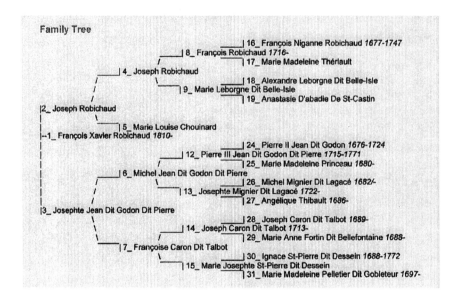

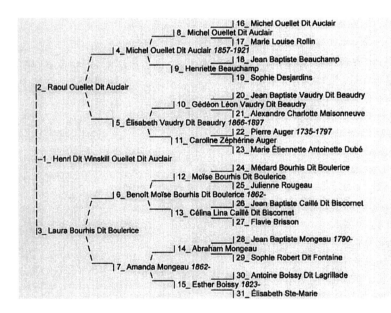

Francois Xavier Robichaud, marié à Julie Leblanc, était de la lignée
Abenakie suivante. # 10 Du côté de ma mère supérieure de la page n ° 6,
Jean Baptiste Landry marié à Ange Ouellet. Ce est par rapport à ma lignée
sur les quatre côtés de notre famille de États-Unis, la Nouvelle-Écosse,

Nouveau-Brunswick, le Québec et de l'Ontario. Anastasie D'Abadie était la fille d'un Pidwamiskawa Mathilda et chef Français Jean D'Abadie. Les Indiens furent amenés sous influence Française par un homme connu sous le nom Castin dans les Chroniques la Nouvelle-Angleterre, qui était un commerçant qui a fait beaucoup pour gagner de l'influence avec les Abénaquis, Penobscot, et d'autres tribus locales. Il se installe entre eux, et a épousé une fille de Madokawando, un chef Penobscot (Mathilda Pidwamiskawa) Madokawando (né dans le Maine c 1630;. 1698 morts) était un sachem des Indiens Penobscot, un fils adoptif de Assaminasqua, auquel il succéda. Il a conduit son peuple contre les Colons Anglais en Nouvelle-Angleterre pendant la guerre de King William. La pièce de résistance, l'ADN - Ontario Genealogical Society - Vétérinaires Algonquin WWII enregistré Hommage aux anciens combattants autochtones liste d'honneur en ligne, les vétérinaires WW II énumérés à l'Algonquin Regiment 1940 -1945 Société historique de Saint-Boniface, au Manitoba généalogie, bibliothèque North Bay, Association du des Ouellet-te 'Ottawa. Saint-Pierre au GeneaNet.com de fierté en ligne, libre disponibilité des Ancestry.com à participer et à partager avec les autres. Sur notre chemin à l'Île de Prince Edward en 2009, ma femme et moi avions visité l'aîné William Commanda à son domicile à Maniwaki, QB. Nous avons pu voir de ses années de succès, sa Ceinture de coquille et de wampum, son ordre de médaille du Canada, et de la "Clé d'Or." Nous nous sommes serré les mains avec un câlin, ma femme et moi. Comme je lui est fièrement montré ma carte Algonquin, avec les photos de mon beau-père de la Seconde Guerre mondiale, il est certain qu'ils se ressemblaient. Bien sûr, il était paperasse enregistré sur le nom de sa mère, depuis qu'elle était une Commanda de la zone Beaucage, Ontario. Elle avait épousé un Ojibway avec le nom de famille de Coucroche hors Réserve du Lac Whitefish, près de Sudbury, ON. William sourit-à-dire, vous êtes donc mon cousin, que nous nous sommes serrés la main et une belle caresse. Son oncle Gabriel avait vie pas loin de chez nous a North Bay avec plusieur autre de sa famille sur le temps de leur agrandissement. On a eu un invitation de William Commanda a ces rassemblement de chaques annee.

NOS ANCETRE

Louis XIV le roi a offert £ 150., Aux dames autochtones se marier Français, d'augmenter les Métis du temps. Les hommes ramenés jeunes femmes autochtones de leur enseigner la langue Française et la religion, pour leur retour au Canada. La sécurité et la confiance dans les numéros faisait partie de la vie à l'époque, que malgré les offres de traités, il y avait encore des endroits dangereux dans le commerce. Jésuites ne se concentrent sur les moyens pour les Autochtones, mais ils ont supprimé la liberté pour la sécurité en grand nombre. L'esclavage a existé pendant un certain temps que les noms ont été ajustés en fonction de mariage, éliminant l'original au Canada et aux États-Unis. Retour dans la journée, les règles et règlements de traiter avec Libre / Premières nations dans le commerce de la fourrure étaient très strictes, que les explorateurs bien connus / Métis / coureurs des bois / Shanty hommes / Coureurs de Bois, tout a fait. Ils se sont mariés Autochtones qui étaient de ma lignée de 1600. Algonquin, Ojibway, Huron, mi'kmaq, Abanaki, et les Cree.

Un recensement de Statistique Canada nous montre une petite population de 15 000 personnes, principalement des Autochtones des années 1700 avec lesquels ils avaient conclu des accords Canadiens. Avec une population majoritairement autochtone, les accords issus de traités ont été faites en toute équité pour eux et leurs futures familles d'aujourd'hui. Les ceintures wampum sacrées de coquille, sont détenus dans le dossier des prophéties, de l'histoire, des traités et accords à ce jour. Avec un manque d'éducation, les accords étaient souvent de bouche à oreille, de confiance, puis signé avec une poignée de main et une médaille. Ces accords sont certainement ouvert à des ajustements aujourd'hui. À l'époque, jusqu'à présent le mode de marchandage, fait parfois à moindre coût dans un style juste et fiable pour répondre aux besoins. Pour beaucoup d'entre le peuple français et de nombreux groupes européens, le saluant avec une étreinte et un baiser entre amis de la famille les deux femmes et les hommes se fait encore à ce jour, détesté par certains un robinet sur le dos ou une poignée de main ferme est beaucoup bonne. Dans notre passé, 400 années avant, les Autochtones de cette terre mariés les matelots et les Soldats aux Filles de leur Roi, pour les vies que les agriculteurs et pour les soins médi-caux, les enseignants de l'église et de l'école, les dirigeants commu-nautaires et les magasins et les fournitures. Wagon constructeurs ont fourni des soins de survie pour toutes les femmes courageuse qui nous ont donné naissance dans cette partie du Canada et des États-Unis. Les questions politiques ont eu lieu en toute équité pour le moment, pour les amener à ce qu'ils sont aujourd'hui. Waters étaient le nombre un élément qui a amené le commerce de la fourrure, le bois, les minéraux, le pétrole et le gaz à des gens partout dans le monde. Le bilinguisme est resté avec nous comme il l'a fait dans la section européenne et la France du monde. Aimer les femmes dans ces premiers temps certains avaient jours difficiles, élever de nombreux enfants du mieux qu'ils pouvaient. Ils ont été encouragés à gagner le respect, car ils étroite-ment liés au mariage aux Autochtones, pour tous leurs parents et les familles à mener tranquillement sur jusqu'à ce jour. Les Acadiens et les droits issus de traités de 1667, les droits issus de traités autochtones de 1701 est finalement tombé en place des accords qui avaient commencé plus tôt.

Modes européennes dictées dévouement à la traite des fourrures, ainsi que la paix dans l'écriture de 1670, que la Compagnie de la Baie d'Hudson a offert «Droits Commerciaux» à tous les systèmes fluviaux qui se déversent nommés et placés tout sur papier. Jusqu'à présent, le processus final des régions inférieures de l'Ontario pour les Algonquin est enfin là après de nombreuses années de discussion pour plus que 240 ans, qui comprenait la terre et les cours d'eau par leur nom, dans le tri des minéraux et de gaz à l'époque, et il le fait encore aujourd'hui . De Québec à toutes les provinces Maritimes, l'inter-mariage de fran-çais et autochtone a abouti à la grande partie de la population métisse du Canada et États-Unis d'aujourd'hui. Comme la méthode de l'Europe de créer l'expansion avec la paix par le mariage, tout comme les Chefs autochtones du Canada et des Etats-Unis, France étant le pays d'Europe le plus riche et la plus peuplée de 1789, la langue a été le facteur décisif pour les politiciens et les églises qui irait à l'émission par le biais pro-cessus électoral. Bien sûr, comme aujourd'hui, l'anglais est également bien aimé mais le bilinguisme tout au long du temps, a travaillé.

Un ancêtre connu de la mine était un homme de la France par le nom de Jean Vincent D'Abadie, qui a épousé la fille de chef Sachem Madakawando avec le nom Algonquine de Mathilda Pidiwasmmiskwe / Pidianski Nicoskwe (m. 1680 à St Castin QC). Jean est ensuite devenu le chef lui-même de signer légalement des documents au nom des «Cinq Nations principaux» de la région Acadie. Autochtones ont fait des mariages de groupe de cérémonie. Ils ont pris le serment de l'Alliance, impliquant de nombreux aspects du commerce de la fourrure du début des années 1700. Marie Leborgne, fille de commerçants de fourrures, a été mariée à François Robichaud Jr. Son père était un premier ministre du Nouveau-Brunswick.

Bilinguisme Français et l'anglais fait partie d'un accord au Canada et aux États-Unis, ainsi que pour plus de 300 ans. Les deux Nations ont été réglés au cours du temps, en grande partie pour des raisons de traite des fourrures, qui ont eu un grand rôle dans la création des lignes de frontières d'aujourd'hui. Il y avait des accords sur les cours d'eau, la pêche, la chasse, et les zones de piégeage, ainsi que des bois et les minéraux. North Bay, ON près de ma ville natale, est toujours sur la liste des meilleur dix, pour le commerce des fourrure à ce jour, et ses fourrures sont toujours en demande partout. Les femmes et les hommes d'armes faisaient partie de ces aspects qui a été répercuté sur eux dès le début en France et en Angleterre où la classe moyenne, comme les électeurs d'aujourd'hui a pris des décisions. Beaucoup de mes cousins ne parlent pas Français ou faire très peu car ils sont l'Ouest, où même les pauvres Québécois eux-mêmes eu du mal à se fondre dans pour la fierté mes en dehors de la Province de la zone de travail, en utilisant leurs compétences, qui étaient en grande demande. Ils ont également eu l'occasion d'apprendre d'autres métiers comme ils élèvent leurs familles. Autochtones du Canada ont partagé un honneur avec le français / anglais, avec beaucoup d'autres ethnies et des modes de vie, tout comme les membres des Algonquins ont fait dans le livre appelé Warpath Seconde Guerre mondiale. Ils ont été correctement enregistrés dans l'orgueil (comme Algonquins de North Bay / Timmins, ON région,) comme tous les autres soldats qui ont défendu notre pays. La population du Canada était douze millions, avec plus de la moitié des femmes et des enfants. Parmi les braves un million d'hommes qui se sont battus, beaucoup étaient d'origine autochtone dans tout le pays, comme l'étaient les femmes avant la maison avec les jeunes par leurs côtés.

En tant que membre de la Légion fière, j'ai reçu un document des historiens éminents de la Legionmagazine.com sur les hommes et les femmes de la guerre 1812 courageux, à partir d'une petite population de moins de 80 000 Canadiens qui ont gardé nos noms en place. Utilisation historique de Métis de la ceinture avec le drapeau, est notre rappel ancestrale. Appel à tous les Canadiens, où qu'ils soient, il nous est rappelé par les 116 000 anciens combattants de la Seconde Guerre mondiale se arrêter pour deux minutes pour la vague de silence à la onzième heure du onzième jour du onzième mois de l'année. Même maintenant .... La mère de mon père a signé son nom avec un X, ne parlent pas trop anglais et sourit beaucoup. Elle était sûre un bon auditeur. Elle savait à ce sujet lorsque je étais enfant que nous avions vétérinaires de nos générations qui nous avait amenés là où nous sommes aujourd'hui. Ils avaient été agriculteurs pendant de nombreuses générations, mais l'éducation que vous sauvegardés à partir d'un pseudo ou vous ont donné une réputation de celui connu. De la région de Québec, cinq des générations de notre famille ont été soulevées en Ontario au travail. Les Ouellette sont partout au Canada / États-Unis. Aux nombreuses banques que je ai utilisés dans diverses parties du Canada, ils me ont toujours dit qu'il y avait deux fois plus nombreux aux États-Unis mais ce étaient ici 3500 Mikey - Michel - le Mike - Michael - Mitchel et l'orthographe légèrement différente Ouellette-Willet . Si vous ne saviez comment épeler ni écrire, les chances sont la version anglaise de votre nom aurait pu se produire à la frontière Canada / États-Unis.

CHAPITRE 4

Grande Ville De Toronto

Chacun de nous a sa propre histoire à raconter. Ce qui me conduit à embarquer dans mes aventures était mon esprit libre, avec un appétit curieux pour l'inconnu. Le bonus d'être jeune, libre et unique m'a fait capable de suivre où mon cœur me conduisait. À l'âge de quinze ans, j'étais convaincu qu'il y avait quelque chose de plus dans ma vie qu'un style d'élevage simple en campagne sur la route 17 du Trans-Canada a Bonfield, ON. - La où j'ai grandit!

Alors, que pouvez-vous attendre un garçon de ferme de son premier voyage à la Grande ville, mais l'excitation et le désir de faire face au monde de loin. Bien sûr, avec la permission de mes parents en 1973, j'ai quitté la maison avec le frère aîné de ma mère appelé Viny. Il faisait partie de mon baptême à notre église catholique de devenir mon parrain très aimé. Redéfinir la valeur pessimiste à la vie de la ville est un tout petit peu différent du style rustique: c'est là que j'ai appris les nouvelles définitions, l'un d'eux étant la rosée du matin. En ce jour, je visitais le basse-ville de Toronto, faire l'épicerie pour un repas du soir. Un plus, Une belle dame bien habillée marchait passé du côté de mon oncle avec un sourire. Je pensais que ce doit être une actrice ou chanteur célèbre. Arrivée par la voiture, mon oncle m'a demandé de lui donner le livre qui était sur le tableau de bord du véhicule. Donc j'ai juste attrapé à un coup d'œil pour voir ce qu'il a été intitulé, puis tout d'un coup il a frappé mon cadre de pensée qui ce était c'etais. C'était "The Happy Hooker", écrit par Xaviera Hollander, qui vivait maintenant dans la Grande ville de Toronto elle-même. Elle joliment dédicacé le livre avec nos deux mains et un journal, puis avec un grand sourire, elle se éloigna. "Ne

83

dites pas à votre tante" dit mon oncle qu'elles ne l'aimeront pas et soit feriez bien d'autres bonnes dames occuper de ce que, vient de se passer. "Il n'y avait pas de soucis que je lui ai donné un accord.

Parallèlement à cette prostituée célèbre de la Grande ville, il y avait beaucoup d'autres gens célèbres près de l'arène Maple Leaf Garden: Eh bien, les joueurs et les musiciens de hockey connus. Il y avait des événements et des activités tout au long de l'année. Oui, en effet, la grande ville de Toronto m'a donné mes droits démocratiques en tant qu'individu, et plus de punch dun coup de point.

Toronto, oui, la grande ville de plus d'un demi-million-vous eu beau-coup de nouvelles choses pour moi de voir. Bien sûr, j'ai rencontré des gens sympathiques de partout dans le monde. Au cours de l'été 1973 ils avaient Yonge Street a clôturé en baisse pour la marche publique et du tourisme. Il a été chargé avec des musiciens et des bibelots de toutes sortes. Les gens de partout dans le monde étaient sympathiques pour dire le moins, avec le métro et les bus pour le transport. Plus tard, j'ai appris à conduire sur la 401 avant mon seizième anniversaire. Certaines sections de la ville avaient différents types de l'industrie, avec plus de bars que vous pouvez secouer un bâton à. Bien sûr, beaucoup de dames qui étaient très amicaux envers moi et mon oncle se plai-santer en disant qu'ils ne étaient pas libres. De mes parents vivaient dans trois sections de TO. Mon cousin m'a pris sur une date avec un de ses camarades de classe, à un rouleau patinoire intérieure pour ma première tentative de l'équilibre sur les roues pour quelques heures. La tournée des filles inclus les nombreux grands restaurants de la région et des bars à proximité. Dans le cadre de la tournée, il était la prison Gérard, suivie par la section gay de la ville, juste à côté de la rue Jarvis. On a pu voir certains grands événements sportifs avec quelques bandes à la feuille d'érable au centre-ville Jardin TO.

J'étais à Toronto pendant environ dix mois. J'ai appris à conduire sur l'autoroute 401 et a travaillé tout en profitant de la vie sans soins dans le monde. File d'attente pendant la marche autour d'un bout à l'autre; l'heure de pointe que tout le monde a enseigné comment vivre pleine-ment avec un niveau de stress élevé. Bien que je suis né et a grandi bilingue, le format en langue des signes du trafic lourd de Toronto sur la route et au feu avait une toute nouvelle signification pour moi.

Oui, j'ai fait économiser quelques dollars et j'avais hâte de rentrer à la maison pour les deux semaines Noël en famille rendez-vous pour cette année. Ce était un grand soir d'hiver, assis dans un tout nouveau Dodge van, en plein entre les deux sièges avant passagers, sur une seau de cinq plastic de gallons à moitié vide avec un coussin en tissu, profitant de la vue et l'écoute de la radio seulement trente miles de notre ville natale, Bonfield. ON. Avec une escale à North Bay pour visiter sa famille et certains de leurs amis. Pensées heureuses ont traversé mon esprit, pour les salutations de la saison. Dans l'ensemble, j'ai passé du temps avec la famille, a eu de la bonne cuisine, joué à des jeux de cartes et fait un peu le chant. Il ne tarda pas à être un conte de Noël pour dire que je n'oublierai jamais, mon Dieu.

C'était l'un de ceux impair température, soirées d'hiver, en change-ant d'un beau chaud départ climatique à Toronto, à un après-midi après un entraînement de cinq heures qui a rapidement obtenu le refroidis-seur ce soir-là sur notre route vers le nord.

Comme les 200 miles en voiture la maison était presque terminée, il était tout d'un coup une grande surprise de voir des chutes de neige exceptionnellement fortes. Avec l'obscurité du soir en place, minimis-ant la visibilité de la route juste devant nous, avec très extrêmes, des moments de collines glissantes, là, sur place. Tout d'un coup, un grand camion-remorque dans la voie opposée venait dans notre direction, un écart légèrement son extrémité arrière sur la courbe de la route passant devant la ligne jaune. Notre ami a été ralentit et, la vitesse diminuer comme nous glissions côté à l'autre sur la ligne jaune nous-mêmes. Nous nous dirigions vers le bas la partie glissante de cette courbe légèrement vallonné, espérant revenir sur toute sécurité à la bonne droite. Avec un regard de mépris sur nos visages, en ce qui concerne le résultat de ce tenir très bien-dans-une-autre-coup, nous avons tous crié, "Accrochez-vous pour cela, si nous Crash!" D'une manière ralen-tie, avec elle prendre environ dix à quinze secondes avant l'impact, côté des phares des conducteurs de chaque véhicule est entré en collision frontale à environ 40 milles a l'heure Mains robustes des deux côtés de mon siège, je me suis accroché fermement, assis sur mon seau de cinq gallons en plastique préparant à l'impact. Tout d'un coup, avec un accrochement direct et un bruit de craquement, je glissais vers l'arrière sur les bons côtés de l'impact avec un flambage simultané du plancher métallique. Les portes arrière ont été contraintes à la pop ouverte.

Une coupe qui aurait besoin de neuf points de suture sur le côté de l'œil, a été livré par le haut-parleur arrière, de l'impact lorsque le plancher avait bouclé jusqu'à huit pouces de pop deux portes grandes ouvertes. Je ai volé quelque part sur le côté droit de la route, dans un banc de neige épaisse doux avec le seau le long de mon côté. Je étais juste un peu étourdi quand je me réveillai, pratiquement indemne ou alors je ai pensé, retrouver son équilibre que je en titubant jusqu'à la rive de la neige sur le côté de la route, juste reconnaissante d'être en vie.

Tout d'un coup, d'un OPP tiré jusqu'à près de moi, criant par la fenêtre, "Hey fils! Il est trop dangereux de faire du stop ce soir, donc sauter dans la voiture ".

Très bien, alors je ai fait, puis il se assit à l'avant avec le souffle de l'air de revenir comme je sam. Il m'a demandé ce que je faisais là-bas. Je ai senti que le côté droit de ma tête était mal et des saignements, et je tendis la main pour lui montrer le sang, disant que nous étions juste dans un accident avec un tracteur semi-remorque pas trop longtemps. Il sortit sa trousse de premiers soins pour me rafistoler comme il m'a demandé où la camionnette était après cet impact.

Je lui ai dit que je ne savais pas, comme la confirmation de la radio qui avait eu un accident a été convoquée par le camionneur qui était juste derrière nous, un quart mile de la dirigé vers Toronto.

Le conducteur de la remorque du tracteur se était arrêté sur la route du chemin comme il flashé ses feux d'urgence pour la Police provinciale de voir dans cette brutale, tempête de soirée. Lors de la communication de la radio, il a été dit qu'un autre agent était sur le chemin et il se mit à la recherche de la camionnette pour un problème plus grave de l'impact de l'accident. Puis, pour terminer le mystère, lors de la communication de la radio, il a dit que la camionnette avait couru dans le côté gauche du pare-chocs de son véhicule avec très peu de dommages à la sienne. Rester en contact avec le bureau, nous avons ensuite roulé lentement autour d'un quart de mile de l'autre loin avant nous avons finalement vu la camionnette je avais été sur le côté opposé de la route. Il avait glissé et roulé sur la ligne d'arbre avec deux camarades faire leur chemin de retour à la route, agitant à nous. Bon Dieu ils étaient là, que nous sommes arrivés sur le côté de la route avec tous les feux clignotants à ralentir la circulation venant en sens inverse que les gars ont fait face à hop à l'arrière de la voiture de la Police provinciale. L'agent a demandé comment ils se sentaient et dit qu'il nous emmener tous à l'hôpital dans un court peu de temps. Remerciant l'officier pour nous d'y arriver, nous avons aidé à terminer son rapport pour cet accident.

Comme j'étais dans la section des urgences de l'hôpital de North Bay, je n'étais pas le seul dans le besoin de soins médicaux et points ce jour-là. Mon collègue Tommy, qui avait été le pilote a été dit d'une blessure au poignet et a obtenu un plâtre. Mon oncle avait un support épaule tour de cou et un bandage de pression aisselles, hors de son côté droit. Comme nous l'avons serré la main, nous l'avons dit, nous vous verrons plus tard et j'ai montré mes points de suture à eux.

Je ai eu un retour à la maison avec mes parents aimants qui avaient été appelés et vint me chercher. Mon père avait glissé passé et à travers le panneau d'arrêt à venir. Il était entré en collision avec un conducteur d'ambulance pour un petit pare-nick. Pour cette saison de Noël, nous avions une bonne histoire à raconter reconnaissants avec une bonne alimentation. Nous étions heureux de voir que les autres membres de la famille qui nous ont rendu visite dans le pays à cette époque de l'année. Toujours mémorable.

Nous avons eu beaucoup d'espace de stationnement, une grande table de la cuisine et de manger à jouer aux cartes, et une chambre supplémentaire pour (coucher chez vous) sleepovers si besoin est. Les parents de ma chère mère avaient aussi un lieu juste en face de la route pour remonter nécessaire.

Oui, je avais fait quelques dollars pour jouer à un jeu appelé Trente-et-un; tout simplement un combo de costumes avec le plus grand nombre vainqueur après un coup sur la table pour le pot de quinze cents chacune, ou plus en cas d'accord au début, avec six ou cependant beaucoup d'autres joueurs. Nous avons eu trois tours un morceau, plus un gratuit. Il chantait des chansons de Noël, l'ouverture des cadeaux (avec des câlins bien sûr), et des promenades en plein air dans la campagne après un gros repas ou une balade à ski-doo, et plus à la maison suivante à visiter et dire bonjour aux gens nous avons grandi. Famille, nous ne avons pas vu trop souvent était une valeur sûre à chaque instant.

Eh bien maintenant, c'était la nouvelle année de 1974 et j'ai été officiellement seize ans. Ce fait faire une grande différence pour de nombreuses règles et règlements qui se appliquent aux aspects juridiques notamment dans les lieux de travail et ainsi de suite. Merci à mon père aimant qui avait un jeu de rechange de gants de travail et des bottes à embout de sécurité de ma taille, j'ai été en mesure d'être un ouvrier à ses côtés. Corps étend aux journées commencent avant de soulever des blocs de béton, et le mélange de ciment pour le baril alors roue à l'emplacement d'échafaudages nécessaires. Parfois, avec utilisation de la poche du constructeur pour le traitement des ongles des pinces et un ruban à mesurer, j'aimerais réfléchir sur le potentiel futur de l'éducation, après avoir obtenu le dix, j'aurais dû pour la douzième année, comme il est demandé de nos jours. Comme ici comme un ouvrier et d'être un bon auditeur, je ai appris beaucoup de choses en toute sécurité par rapport à l'industrie du bâtiment. Eh bien vous avez aimé ce que vous faites, donc des gants de travail avec des bottes à embout de sécurité avec un sac à lunch avec certaines des histoires des amis de mon père aimant transmis au déjeuner. Roue au beurre et de manutention pelles avaient ouvertures pensaient que ce était souvent juste à temps partiel, comme avec le calendrier que vous n'êtes pas le seul là-bas, cependant, si vous êtes bon, vous êtes en grande demande. Bien que parfois l'ennui a coulé dans et a persuadé mon personnage inquiet d'être sur la route, je ai encore prié à notre Seigneur pour mes aventures pionnières. Mon père m'a rappelé que l'utilisation de l'appareil de musculation des travailleurs de taureau de mon oncle serait vraiment payée, et il l'a fait.

CHAPITRE 5
La Queillette de Tabac 1974

Ayant eu un bon goût de Toronto, la grande ville était un peu trop pour moi à l'époque. Eh bien, ne cherchait pas à revenir sans un véhicule de toutes sortes, parce que le transport est une chose de bonus pour le travail dans la grande ville. J'ai dit à mon oncle lorsque l'ensemble des roues vient, "Rendez-vous sur la route." Lors de sa visite de la famille à North Bay, nous avons eu une chance de rattraper son retard sur la dernière parlent parlotte de moi conduire ici et là, et il m'a dit que chauffeur de taxi dans le transport des gens autour de vous a eu un bon dollar. Avec un véhicule à l'esprit que j'avais appris par la rumeur à propos de la cueillette le potentiel de feuilles de tabac. Physiquement exigeant travail de longue journée, la rémunération en valait la peine.

Le travail saisonnier dans le sud de l'Ontario avait ouvertures chaque année. C'était une période très occupée comme ouvriers favorisées parfois des États ou d'autres parties du monde sont venus à mettre dans le temps du début à la fin. Population était un peu faible dans la zone agricole, ce qui avec le cheval de familles mennonites et salle de buggy. Ils étaient toujours là. Eh bien, vivre à la maison avec juste un jeune petit frère recherche de son escapade de temps à la maison. Papa a toujours eu les gants de travail pour nous avec des bottes à embout de sécurité et un chapeau. Ayant quitté l'école lui-même, il disait toujours: "Vous cherchez à être un ouvrier pour le reste de votre vie? Mieux faire des push up est parce que vous n'obtenez pas de loyer gratuit ici. "Percy, mon père, était ami avec une construction quelques tenues et il m'a mis au salaire minimum plus rapide que la foudre. Barrelle de roue pour le ciment-fonçant semblait avoir toujours des ouvertures. La

89

levée des blocs de béton à la zone choisie parmi les gros tas que m'a donné le sens de la marche avec une torsion après halage une bonne journée. Le salaire minimum au moment de départ était $ 4,25. Dois-je en dire plus? Surtout après avoir obtenu ce salaire, une bière froide que sonnait bien. Mon père disait que pour vous parce que vous êtes sous l'âge, mais vous mettre dans le travail d'une bonne journée. Mis à pied à l'automne, je vous apprécié la chance.

Comme la première occasion de marcher dans le service de l'emploi du Canada pour un processus de demande d'emploi était libre et la peine d'essayer, il était bien suggéré par les parents. En ce jour, avec un grand line-up, on m'a demandé si j'avais déjà pris tabac. "No. Seulement comme un fumeur de cigarettes dans les magasins, "dis-je avec un sourire. Puis on m'a demandé si j'avais des défauts physiques ou des allergies. Ma réponse est que je venais de terminer le transport de béton comme ouvrier. Tout à fait. Plus tard, je ai appris de cette possibilité d'emploi: Ils vous formés directement sur place avec un bus gratuit pour le centre d'emploi de l'Ontario Delhi. Il se dirigeait vers la ceinture du tabac demain matin, afin d'emporter des vêtements juste au cas où vous faire embaucher. Certains des agriculteurs du Sud de la région ont augmenté bien d'autres choses autres que juste tabac. Oui, on nous a dit de cette offre d'emploi était très exigeant physiquement et rempli avec de nombreuses ouvertures surtout pour les hommes. C'était une chance de voyager au sud de l'Ontario pour répondre aux nouveaux employeurs.

Sud de l'Ontario est un excellent endroit pour la croissance des cultures. Pour la plantation et la cueillette de fruits et légumes, les familles d'agriculteurs d'aujourd'hui sont toujours à la recherche pour les personnes aptes à la formation pour donner la journée de travail pour un salaire. Chambre et pension est inclus, avec un accès au téléphone à la famille de la pipette, et l'affaire inclus un lecteur à des épiceries locales pour les objets personnels que vous avez payé de votre poche, si vous avez oublié des vêtements de pluie. Oui, bière froide le dimanche si vous étiez assez vieux pour acheter.

Ce bus était plein de jeunes gens et quelques dames dirigés pour un examen de la plante et cueilleurs - ou alors nous avons tous pensé. À Delhi, ON. Au cours de notre trajet de sept heures avec une pause entre les deux, il était question heureux de cette chance d'être transportés par autobus ici pour des opportunités de travail. Ce que tous ont-ils demandé et vous faire faire? Attendez un peu que nous y arriverons hein!

Nous sommes arrivés au cœur de la ceinture du tabac de l'Ontario à un champ rempli de plants de tabac qui ont été cultivés à mi-chemin, et l'équipement de cueillette mécanique. Puis on nous a demandé de sortir de l'autobus et s'étirer pour se préparer à l'examen de cueilleurs. Donc, nous étions là-bas comme ils regroupés six pour préparer l'équipe tour à marcher vers la machine pour une visite. Puis il y a eu une visite de sécurité, avec une explication de la façon d'utiliser l'équipement. Droitier ou gaucher a choisi le côté opposé, puis techniques de cueillette lisses ont été suggérées pour combler le grand panier à vos côtés. Nous étions à saisir la poignée et s'asseoir sur le siège de métal qui était réglable selon la hauteur de votre corps et longueur que vous vous êtes assis à un niveau à un pied du sol. Le long de votre côté était un carré de deux pieds par trois pieds de haut lumière tubed panier métallique sur un côté. Un autre était juste derrière vous pour le changement de à l'arrêt-off à la fin de la ligne de prélèvement, qui était d'environ 1 000 pieds de longueur. On nous a dit que tous les fermes avaient le même type d'équipement utilisé ce jour-là; la cueillette à la main, parfois avec un support a également été fait doit être machines ont besoin de réparations. Surtout bons cueilleurs devaient travailler toute la semaine, avant le gel précoce entre Mars et Novembre, quelle que soit la température. Formation dans d'autres parties de la ferme a été également offerte, pour terminer la saison de la cueillette pour s'adapter mieux à toutes les exigences pour le marché saisonnier des ventes de tabac.

J'ai eu la chance à trois reprises pour prendre, avec le processus de récolte de guérison des plantes de six pieds, grâce à l'AE à chaque fois. Ils vous regarder et dire: «Voici-Vous êtes un sélecteur hein!" Certains étaient des cueilleurs d'autres parties du monde que leurs compétences valaient leur vol de le faire. Je n'ai la chance de rencontrer quelques gentils gens d'Europe et des États-Unis mais qui a maintenant changé avec le temps. Quoi qu'il en soit, ce jour-là que je ai été tassé avec le lot des six prochaines cueilleurs, mon copain de bus et je me tenais à côté espérant d'aller à la même équipe cueillette. Toutefois, c'est sorti

bien, juste pour obtenir une chance pour le travail et l'argent durement gagné était assez décent. Alors que nous attendions notre tour,
nous avons écouté un des cueilleurs qui venait Rode avant. Il a dit,
"Choisissez autant que vous le pouvez, tordre votre poignet à côté de
chaque plante. Cette chose se déplace rapidement. "

Avec le pouce en haut, et en souriant et en hochant la tête en grâce,
nous étions impatients de la chance d›être l›un des cueilleurs embauchés ce jour. «Vous êtes au-dessus. Avez-vous été à regarder «at-il
demandé. «Prenez un siège. C'est le fond Examen de ligne, que les
sièges se ajustés plus haut si vous arrivez à être un sélecteur «.

Le pilote a décollé avec le représentant de l'IE en lui donnant le feu
vert. "Et c'est parti. Accrochez avec vos pieds sur le stand ".

Je me suis tordu le chapeau à un tout petit peu, puis a commencé à
utiliser les deux mains pour prendre sur le côté inférieur gauche, avec
un regard sur eau les techniques du cinq autres pour améliorer ma
propre. Regardé le gars à côté de moi comme il coincé les deux mains
pour les glisser sur la tige de la feuille vers le bas, puis de fermer son
poing dans la benne et le mode de détenir, de jeter ensuite les feuilles
dans le panier. Piquant a une nouvelle définition ambidextre. Wow, qui
semblait sûr de travailler de sorte que je ai copié cette méthode et l'a fait
non-stop jusqu'à la fin de la ligne pour remplir ce panier de la mine. En
effet, il a travaillé. À notre arrivée, les stagiaires / gardes me ont donné
le pouce vers le haut avec un sourire, tout en changeant le panier pour
remplir l'autre sur le chemin du retour. Quand nous sommes revenus,
j'ai eu beaucoup de feuilles à la fois des porteurs cubiques. Mon copain
et moi avons dit d'aller se tenir debout sur l'autre côté du champ que
trois des autres ont été très bien pointé et juste dit de revenir sur le bus.
C'était pour eux.

Avec une douzaine d'entre nous debout là-bas tout ce qui se est
passé rapidement, nous avons applaudi l'autre en tant que certains des
agriculteurs approchés en nous regardant d'une manière étrange et
bizarre. Vous avez à dire au revoir à l'homme que j'avais rencontré dans
le bus. "Rendez-vous autour, hein?" Il s'en alla avec un agriculteur.

Ils ont souligné à leurs élus de remplir les papiers, puis monter dans
le véhicule là-bas. "Vous avez juste obtenu embauché. Rendez-vous
dans un peu court ".

Un monsieur Européenne avec sa femme m'a approché pour me demander si je parlais anglais très bien. Je l'ai dit, "Oui, monsieur," avec un sourire.

"Signer les papiers au bureau." Puis a pour moi d'attendre par un camion Ford verte pour la balade. "Nous serons là dans un court peu de temps - nous avons besoin de plus d'une. Belle famille hollandaise et anglophones des cultivateurs de tabac environ deux mille de distance ".

Ouf. Nous sommes allés à une ferme de bonne taille. Les chambres étaient lits côte à chacune, le tout dans un dortoir avec une cloche à l'intérieur pour réveiller à 4:30-5:00 chaque matin. Puis j'ai été présenté à sa fille, qui conduisait le véhicule de tabac-picking. L'homme nous a dit qu'elle était en charge de chacun d'entre nous et si quelque chose devait arriver à lui faire savoir tout de suite. A cette époque, elle arrêter la machine pour nous donner encore une chance de nous organiser ou aider mutuellement si quelqu'un se blesse. «Profitez de votre journée. Petit-déjeuner à six cloches, le déjeuner est à 30 minutes de douze midis, souper à 17h30. Ne pas être en retard ou nous allons trouver un autre qui peut faire ce travail pour ce salaire très décent, d'accord? «

"Très bien," nous avons tous répondu. "Ça m'a l'air bien."

"Donc obtenir un peu de repos, vous en aurez besoin. Nous ne sont pas ramasser jusqu'à demain; la machine était en réparation et une mise au point. "

Anne, belle femme de l'homme me dit que c'était une chance de rencontrer les autres, j'aimerais travailler avec. «Le garçon plus âgé est de l'Angleterre. Il est bien connu, donc avoir une discussion avec lui à propos de tout cela. «

Debout près de la moissonneuse était un homme barbu ayant une cigarette. Il était vêtu d'un vieux, imperméable bleu et portait un pantalon vert sale, de travail, bottes en caoutchouc noir et un chapeau jaune vif avec le rabat vers le haut. Cet Anglais est approché de moi avec un peu d'un air fanfaron, les mains dans les poches, et un grand sourire sur son visage. Avec un accent britannique humour at-il dit, "Allo allo allo. Bonne journée compagnon. "Comme nous l'avons serré la main, il dit:« Je suis John untel de Manchester, en Angleterre. "

Avec un sourire que nous serrons la main je ai répondu dans mon meilleur accent de Brit, «je dis, mon vieux, ne fait au Canada.»

Il se mit à rire. Oui Oui «Righto,» at-il dit, en utilisant une vieille expression britannique.

Eh bien, il vous font travaillé. Nous étions amis instantanés et continué la journée avec quelques rires et parlons de nos milieux, suivi avec do-et-ne aiment et ne aiment pas des machines. Nous nous sommes entendus sur l'argent étant la raison pour laquelle nous étions tous ici. Pip pip et tout ça. John avait sa propre voiture-lit avec quelques amis proches dans ce coin de pays comme il 'avait choisi pour plus d'une saison. Surpris quand je lui ai dit que ma première langue est le Français. «Mince alors!» At-il déclaré. «Eh bien sont donc les quatre autres cueilleurs qui parlent à peine l'anglais très bien, qui sont apparemment Québécois. J'ai dit au patron, il ferait mieux de trouver quelqu'un qui parle anglais donc je ai au moins quelqu'un pour parler ou de votre oncle Bob «.

Nous avons realisée ai dit au patron dans la réalisation que, pour au moins communiquer pendant le travail d'une longue journée ou pour prendre une bière froide ensemble après notre changement sueur était correct.

Les autres cueilleurs semblaient garder pour eux seuls, dans l'ensemble. Comme il l'avait choisi pour lui-même quelques années, John savait son chemin autour et m'a montré quelques trucs. Il m'a dit ce qu'il faut surveiller pour choisir en toute sécurité sans me blesser. Il a également montré du début à la fin la zone où nous serions traitons une partie de notre tabac, et me prit pour un lecteur avec une visite amusante jusqu'à la Tilsonburg Hôtel / Pub juste autour du coin. Comme il est arrivé là, je lui ai simplement dit que j'étais trop jeune pour aller là-bas.

"Pas de soucis. Allez-vous asseoir à l'entrée de côté où je vais vous faufiler une bière froide que vous écoutez le musicien Canadien ».

«D'accord, à droite sur. Ça sonne bien. «Peu de temps après, comme j'etais assis à la porte d'entrée latérale sur un escalier en béton par la porte ouverte à écouter de la musique, tout d'un coup pris fin. Doit avoir le temps de pause été parce que cet homme coiffé d'un chapeau de cow-boy avec un T-shirt blanc et une bière froide dans une main et un verre dans l'autre, est sorti par cette porte. Comme j'étais assis là en lui disant qu'il était sûr de la bonne musique à écouter, il a versé la moitié de sa bière dans le verre avec un » Salut »»Cheers», comme il me l›a donné. Il m›a demandé ce que l⟨dans⟩enfer que je faisais ici. «Mon nom est Piétinant Tom Connors,» dit-il avec un rire.

Je lui ai dit Michael était le mien et que je ne savais n'avait que seize ans et il avait obtenu le bus pour venir chercher le tabac. «Mon ami Britannique a déclaré qu'il va se faufiler une pour moi. Ha Ha. "

Il alluma et fumé une cigarette, me disant qu'il avait également pris le tabac lui-même. Nous nous sommes assis autour pour un peu et il m'a dit qu'il allait jouer la chanson suivante appel suivant, "Mon dos fait toujours mal quand je entends ces mots." "Mon Dos Me Fait Encore Mal Qu'and J'attend Ce Mot, Tilsonburg" Il a terminé sa fumée et a pu rencontrer mon ami John comme John se est faufilé à la porte avec un une froide pour moi et je lui ai offert la moitié.

"Oui, j'ai entendu cette chanson avant," a déclaré John avec un coup de pouce. Peu de temps après une introduction à la deuxième série suivie avec la chanson Tom promis. J'ai écouté tout pour ensuite dit au revoir, parce que nous savions tous que nous avions un début tôt le lendemain.

Nous sommes allés à la ferme pour se reposer un peu, et je me suis endormi avec un sourire ce soir.

Le lendemain, à cinq heures, la cloche a sonné très fort non-stop pendant deux minutes. Nous nous sommes levés et sommes habillés, se prépare pour l'action jusqu'au déjeuner que nous sommes entrés dans la maison pour un petit déjeuner à l'avoine et de pain grillé. Étiré à l'extérieur, peu de temps après, avec un peu de douleur dans toutes les parties du corps de la veille, la plupart du temps dans les deux poignets. Nous avons été présentés à la fille, Maggie, comme elle réchauffé la machine de cueillette, nous disant qu'elle serait commencée lentement pour nous donner de nouveaux cueilleurs une chance d'obtenir le coup de lui, et de mettre une productive journée de travail, coffre-fort.

Ici nous allons avec un seul siège de gauche à choisir sur la machine que je ai sauté sur le bien et serré. C'est parti pour le domaine de la cueillette suivante. On m'a dit par les autres cueilleurs que les feuilles étaient humides donc je devrais bien porter le chapeau légèrement pliés sur l'oeil gauche pour la protection de la sève de goudron que j'ai pris.

"Il suffit de choisir le mieux possible pour la première semaine, jusqu'à ce que vos muscles se adapter à cette journée de travail laborieuse."

Rangée par rangée de cueillette répétitif pour combler les grands paniers était sur la route, en soulevant le panier sur la remorque d'attente à la fin de chaque ligne pour amener les feuilles »à l'étape suivante de la fusion dans un four pour une journée ou deux. Sur ce site, les feuilles de cigarettes ont été rapidement semées avec une ligne de poissons entre deux bâtons sur une ligne de trois pieds et envoyés sur un tapis en cuir pour être accroché et durcie dans le four pour une longueur de temps. Cela a été fait par un groupe formé, la plupart des dames.

Puis, après le souper, nous avons eu une offre de transporter sur la chaîne de style, une à l'autre, pour cinq dollars et de la bière froide. L'étape suivante a été le tri par la meilleure note, et puis en route pour le hangar de stockage.

On m'a dit que les meilleurs tas de feuilles valaient un dollar la pièce au moment de début des années 70. Avec le prix actuel de plus de dix dollars par paquet, les escroqueries de processus sont allés au-delà de la réalité pour cette addiction ridicule qui est encore permis d'empoisonner le public. Je vous ai apprécié chaque une je fumais, mais vais maintenant sur dix-huit années sans compter de l'année 2014.

Mains étaient couvertes d'une épaisse et collante, noir goudron gomme l'heure du déjeuner, la plupart du temps de la cueillette précoce des feuilles. C'était très difficile à enlever par la suite. Mes collègues ont dit qu'ils utilisés

Tout ce qui était offert par l'unité de douche extérieure comme notre douche extérieure avait un tuyau d'arrosage à l'eau froide avec une buse lié à elle, couverte par un effrayant, taché, sale, bâche de toile noire pour un rideau. Ils avaient un seau de nettoyant pour aider à prendre une partie du goudron vos parties du corps, le plus souvent les mains, avec de l'alcool et une brosse à récurer. Si vous n'avez de vous couper, ils ont recommandé l'utilisation d'un gant de caoutchouc pour prévenir l'infection. Il valait chaque dollar de temps mis en, avec une belle un jour de congé par semaine, ou une offre de faire sans et de travail, mais seulement si vous vouliez. Chaque jour était une longue journée de travail. Dans mes huit semaines là-bas, deux gaillards avaient cessé. Un autre d'entre eux avait quitté après avoir obtenu une coupe demi-pouce sur un oeil d'une feuille, et il a été infecté. Pire qu'un oeil au beurre noir en soi. Dans l'ensemble, juste pour dire cette expérience me durer éternellement, quand j'ai reçu une offre pour prendre un peu plus, je l'ai fait plus tard. Quand je suis rentré cependant, il était sûr une pause agréable avec un compte élevé en espèces pour obtenir une voiture ou quelque chose. Je ai pris, il est facile à un appartement partagé pendant un certain temps, pour mon indépendance.

CHAPITRE 6
Sac de The Annie 1975

Avec l'hiver 1974 déjà passé maintenant rendue, à l'été 1975, je m'ennuyais d'aventure. Avec pas beaucoup d'expérience de travail, ou alors j'ai pensé, et bien travaux de manutention du travail, j' aurais fini ma douzième année, hein? Toronto comme aide un tapis couche, roues fonçant à temps partiel, ainsi que de choisir un peu de tabac était sûr un travail physiquement exigeant. Certains de mes amis qui avaient terminé leurs études ont trouvé qu'il s'était avéré.

Remplir des demandes d'emploi en milieu de travail, y compris un curriculum vitae, un manque d'éducation, je ai senti mon dossier a été caché. Autres travailleurs m'ont dit que vous pourriez être admissible à l'assurance-chômage si vous étiez de saison avec les heures de la qualité pour cela. Wow, ça allait être ma première fois, mais il allait être un temps d'attente pour vérifier que suffisamment de semaines étions, pour me garder à la recherche de travail a été partie de tout cela, hein? Donc, je pensais que je vais juste attendre et voir ce qui se passe tout chez mes parents. Je ai senti qu'ils allaient mettre en place avec moi pour un peu plus longtemps, et même payer le loyer fait sens. À mon retour à Bonfield, ma mère aimante m'avait rappelé une fois de plus, je n'aurais pas dû quitter l'école secondaire, que la douzième année fait une différence dans les lieux de travail. Mes parents me faisaient payer un loyer pour vivre dans leur maison, alors cherchez un travail correct?

Eh bien, cet encouragement à tenir occupé à chercher un emploi avait toujours travaillé pour elle, et que l'ont fait pour moi. Ca alors maman. Papa nous dit: «Il a encore ses gants donc je vais le tenir occupé pour lui donner un peu d'effort d'y aller chercher du travail. C'est au début de l'été, après tout. Ils sont toujours à la recherche de main-d'œuvre. Ne vous inquiétez pas, je vais garder mes oreilles ouvertes "Le travail physique que a ses avantages -. Beaucoup d'ouvertures si vous avez gardé demandant.

Avec aucun véhicule pour le transport tout dans le pays, nous étions encore autorisés à l'auto-stop que je ai grandi. Cette journée, avec un appel à un parent à proximité par la suggestion de ma chère mère aimante, oui, j'ai attrapé un tour à North Bay avec un cousin qui était sur son chemin de la ville. Sauté dans un petit parc et se assit sur un banc par la branche # 23 de la Légion en regardant la statue militaire bien respecté, se demandant quoi faire. Oui, il y avait du soleil ce jour-là avec le gazouillis des oiseaux que je marchais par pour voir les noms de nos anciens combattants de la guerre honorables sur le monument d'un soldat tenant un fusil. J'ai vu un nom Ouellette sur elle, wow. Sommes-nous liés? Eh bien, d'après les histoires que nous avons entendues ces hommes et ces femmes ont donné leur vie pour que nous soyons reconnaissants à tous les vétérinaires en ce qui concerne chaque Jour du Souvenir, le 11 novembre.

Mon ami finalement montré que nous étions assis sur les bancs de parc. "Eh bien, nous sommes seulement seize ans, vous ont fait du stop ici?"

"Non, ma tante m'a donné un ascenseur."

"Eh bien, ce est l'auto-stop."

Nous avons ri et cet est alors que mon copain a suggéré de le faire encore cette fois, tout le chemin à la côte est du Canada, garçon, la Nouvelle-Écosse. En mettant un peu réfléchi à la question, nous nous sommes assis à parler de ce que ce était là-bas. Comme il a été élevé dans cette région, c'était un coup d'œil-Siège. Environ un millier de miles de distance - serait vraiment beaucoup d'auto-stop, mais il vaut la peine d'essayer.

J'ai un oncle là-bas et je pensais que ce serait vraiment une aventure inoubliable. Nous pourrions vivre dans une tente dans leur cour arrière avec leur permission. J'avais lu à propos de la Nouvelle-Écosse à l'école et vu quelques-uns de télévision nouvelles sur le port de Halifax à droite sur l'océan. C'était une chance de rencontrer de nouvelles personnes. Bien sûr. Pourquoi pas? Je ne avais jamais connu les autres provinces et maintenant je allais voir trois autres en passant par. Bon alors. Sonne comme un plan. Nous nous sommes serrés la main.

Donc, je en ai discuté avec mes parents et ils ont dit, d'accord soyez prudent. Ils me ont dit que nous avions une tante là aussi et que je devrais entrer en contact avec elle quand je suis arrivé et donné le numéro. Ils ne approuvaient pas me auto-stop mais nous étions trois gars et le plus vieux était âgé de vingt ans. Donc, en préparation, nous avons emballé un déjeuner, des collations, et de l'eau, et un paquet-sac plein de vêtements. Nous sommes allés à être sur la route.

En ce jour fatidique, nous étions prêts à aller et je ai annoncé à mon père que ce était, je me dirigeais vers la côte Est pour une visite et peut-être un peu de travail comme la cueillette des pommes de terre.

"Nous allons être prudents», at-il dit. "Et bon voyage."

Maman n'approuvait pas trop de moi d'être en compagnie de deux hippies aux cheveux longs et tout ça, vous savez. "Soyez prudent sur les routes quand vous revenez nous aurons les gants tout prêt pour vous fils de travail."

"Ça sonne bien, que vous aimez tant." Étreintes et un sourire.

Mes deux amis étaient de la côte Est, alors ils ont dit leur oncle serait très probablement nous donner emplois et nous mettre en place pour un peu. De plus, j'avais une tante à visiter lors de mon arrivée. Avec vingt dollars dans ma poche et une miche de pain, avec un pot de beurre d'arachide, un morceau de la foutaise, et une boîte de haricots, mon brosse à dents, et une couverture. Oh oui, nous menions nos hébergements -nous avaient une tente de six hommes que nous avions à tour de rôle portant.

Comme il y avait trois d'entre nous, feuilletant ensemble ne était pas une bonne idée, mais nous ne avons pas abandonné et a fait un signe de carton.

Nous sommes restés coincés pendant deux jours, une trentaine de miles de North Bay dans la petite communauté de Mattawa, en Ontario juste à côté de la rivière des Outaouais. Cela allait être plus difficile que nous le pensions. Donc, nous sommes passés devant les limites de la ville et nous prendrions tours debout avec les pouces sur et le signe. C'était d'attelage pour un tour pour une telle distance ma première fois. Eh bien, la nuit venue et nous avons mis en place la tente juste à côté du bord de la route et a mangé certains de nos sandwiches. Ce était une bonne routine d'une urgence de jour de pluie, juste au cas où. Nous avons eu une lampe de poche et nous avons tourné la brise de ce qui les attendait, avec plus de chance demain.

Enfin, le troisième jour, nous avons eu un court trajet depuis vingt miles jusqu'à la route - certaines personnes pensaient que nous étions belles locale d'une collectivité voisine. Il n'a pas d'importance, au moins, nous étions sur notre chemin. Nous avons pensé environ 930 miles à parcourir - techniquement juste un lecteur de deux jours ou quelque part là-bas sur. Puis un tour suivant - des gens sympas venus nous chercher, malgré notre apparence et l'odeur. Hah aha. Quatrième tour, hein.

Enfin nous sommes arrivés à Ottawa. C'était la nuit et quelqu'un nous a dit d'une auberge à un ancien site de prison. Wow, vous devriez avoir vu cet endroit. C'était comme être dans un film d'horreur effrayant avec des portes grinçantes. Les cellules avaient des portes ordinaires, mais les serrures avaient été rendus inutilisables, avec quelques portes grincements forts que vous avez entrés. Eh bien, un bon sommeil pour le lendemain quand la route principale nous nous sommes dirigés vers le bas, signer dans la main avec une bonne alimentation.

Vous avez un tour tout de suite à l'arrière du camion KFC - un peu frais, mais au moins nous nous dirigions ce matin. Avec la lampe de poche à la main, nous avons ensuite a déposés quelque part près de la frontière du Québec. Nous avons eu des promenades dans le dos de quelques camions et un break. Oui, ce était très vrai, trois d'entre nous ont fait que rendre beaucoup plus difficile que nous ayons jamais attendions, mais ce parti sans renoncer, tout le chemin, avec quelques courtes promenades, un peu à la fois. Des gens sympas riaient comme ils ont dit, "Tout le chemin de la Nouvelle-Écosse, hein?"

A notre arrivée dans la zone de collège local de Fredericton, nous avons été très bien dits de dormir dans une église voisine. Ce était tout simplement génial et nous a remerciés tout le monde-là que nous avons prié pour un tour ce matin pour rendre à notre destination, Halifax.

Nous avons eu un petit tour près de l'autoroute, avec les directions, et fait en sorte d'avoir un signe qui a été facile à lire.

Vingt-quatre promenades dans notre voyage, sur la Transcanadienne juste à l'extérieur de Fredericton, Nouveau-Brunswick, elle était là, dans toute sa splendeur; un tabagisme, l'huile du camion de tuyau d'échappement arrière avec une sorte de maison travail de peinture vert forêt, et l'une des portes détenues par une corde. Écrit sur son côté peint en grosses lettres blanches et brunes, étaient les mots Tea Bag Annie. Haaa Wee! Wow ce moment! Nous ne avions été ici, mais une heure.

Comme il a tiré sur chacun de nous avons vu un coup d'oeil dans les yeux de chacun, comme pour nous demander si nous prenions cela. Nous avons tous fait signe que oui.

Nous avons eu l'estomac plein de l'hébergement du Nouveau-Brunswick - Béni soit le Seigneur. Bien qu'il puait un peu plus que ce que nous avons fait, pas de soucis avec les vitres baissées.

L'âme type qui est venu nous chercher était un homme des Indes orientales à poil long avec un peu d'accent. Il ramassait tous les auto-stoppeurs comme il était sur le chemin de la Nouvelle-Écosse, pour la charge -pas gratuitement. "Wow, quelle une bouée de sauvetage," nous avons dit avec un sourire.

«Où vous les gars aller?»

Oups notre enseigne de Halifax ou Bust était encore dans le sac. Hahaha.

Bonne poignée de main avec un grand merci pour le meilleur tour 25 de tous. Ouf.

"Donc, allons-nous faire?" Nous avons demandé.

Remerciant cet homme, nous avons appris que nous étions trois de beaucoup, il avait ramassé. Puis nous sommes montés dans le dos pendant cinq heures.

Tendant à notre arrivée avec les mains dans l'air que nous a crié: «Nous sommes finalement arrivés à la côte Est!» Maintenant, à Dartmouth, en Nouvelle-Écosse, la ville des lacs, nous avons été déposés à une vue panoramique droit par le Mic Mac Mall . Avec notre temps passé au centre commercial local de rencontrer des gens de ce coin de pays, nous avons remarqué un tout petit peu de différence dès le départ. Un peu plus de 1000 miles de distance, nous étions encore au Canada. Oui, un peu d'épaisseur accent canadien aka le type Maine-ish de la côte avec une touche écossaise. Alors que nous étions au grand centre commercial de parler à un Terre-Neuve ce jour-là, il nous a dit la version Terre-Neuve était encore plus épais, bo'y. Je lui ai dit que nous avions l'auto-stop tout le chemin de l'Ontario et il nous a dit, "Vous n'êtes pas facile."

Ce bel après-midi nous avons appelé l'oncle de mon copain, qui a ensuite pris notre matériel de camping à sa maison où nous nous sommes offert une place de parking dans la cour à un coût. Comme leurs enfants ont tous grandi et vivent sur leur propre, on nous a donné la permission de frapper à la porte quand il était temps de manger et utiliser les toilettes. Nous avons gardé calme avec pas de partis à l'arrière en échange pour répondre à quelques-unes des belles, Maritimers proximité. Sans un véhicule que nous avons à marcher et à prendre certaines des sentiers où il y avait les vergers de pommiers de la vallée d'Annapolis, pour un grand choix de goûts.

Beaucoup de marchandage inclus tonte de la pelouse, l'arrosage du joli jardin et laver la voiture. Le meilleur de tous, nous avons eu une visite de la côte puis on a offert quelques tours dans le bateau de bonne taille de l'oncle. Puis nous l'avons aidé vider ses filets et casiers à crabes, le chargement de quelques types de créatures de l'océan pour l'alimentation que son épouse allait nous donner de l'aide. Parfois, nous avons aidé la nourriture dans des bocaux de cornichons avec elle. Le meilleur de tous, j'ai eu à traverser le pont MacDonald historique parce que l'oncle avait un contrat avec quelques navires dans le port de Halifax qui sont venus pour ramasser les ordures pour élimination dans un site de décharge locale. Nous restâmes là vêtus de gants de travail, des bottes en caoutchouc, et tenant une moitié un manche à balai avec un clou pliés à la fin. "Quel est ce pour" "nous avons demandé.

"Eh bien," dit-il avec un sourire, "juste au cas où les rats gros comme des chats viennent après vous, juste pointer à lui dans la tête la première. Bien? "

Nous avons été donné verbalement les règles et les règlements sur le chargement des bagages laissés sur le pont pour nous de jeter dans le camion et la remorque long de notre côté.

Eh bien, je n'arrive à voir quelques rats énormes, mais avec mon bâton à la main, ils ont couru à une autre pile à proximité de sacs.

Ce était ma première fois d'aller sur un énorme pont avec une vue splendide sur l'océan les eaux ce jour que nous étions sur le quai avec une vue splendide sur le pont de belle apparence. Quand nous étions à peu près terminés, le capitaine fortement vêtu d'un navire militaire marchait par nous. Il nous a demandé avec un sourire, "Quel âge avez-vous autres?"

Les deux frères ont parlé de lui, lui dire leur âge. «Je serai dix-sept ans dans un mois!"

Il a ensuite déclaré: «Vous pouvez rejoindre l'armée et de faire mieux que cela», comme il continuait à marcher par nous. "Avoir un grand boursiers jour."

Eh bien, nous avions fait un peu d'argent le long du chemin, avec une visite ludique génial avec mes copains. Oncle nous a emmenés à Cove, NS de Peggy, pour un bon goût de la chaudrée de palourdes bien connu que nous avons visité autour de ce point de vue rocheuse de la baie de St. Margaret de cette région de la côte est. Man oh man. Ce jour-là, que je ai vu la baie tout en marchant sur les rochers, on m'a dit de marcher d'une manière sûre et regarder mon cul car ce était la marée la plus rapide augmentation dans le monde, avec le niveau de l'eau de plus en plus dans un très court peu de temps. «Donc obtenir l'enfer hors de là et prenez votre temps de marcher sur les rochers là-bas.»

Ce était une première fois incroyable et je ai été surpris à regarder le montant élevé de l'océan vagues de l'eau entrent en collision avec une autre, que la marée a augmenté dans un court peu de temps. Donc, j'ai fait mon chemin vers le rivage le long du bord rocheux. Nous avons ensuite fait notre chemin de retour du phare de Peggy pour une visite de la cuisine avec un grand sourire. Bien sûr, nous n'avons eu notre bol de la chaudrée de palourdes bien aimé avec un biscuit de thé. Oncle nous a dit de la popularité de cette zone de pêche, mais d'être très vigilant pour le facteur de marée.

Lui et sa femme, ce couple de bienvenue, nous a traités très fine avec l'hospitalité de la côte Est pour les trois mois d'été de cette aventure. Certains de mes ancêtres étaient bien connus de la région, comme Catherine Petitpas / Bugaret dont le père avait commencé le commerce de la fourrure au-Acadia puis retour dans les années 1630. Claude Petitpas Jr., son fils, était un commis interprète / de la cour qui a gardé la trace des ventes de bois le long de fourrures d'être renvoyés vers l'Europe. Comme beaucoup d'autres pionniers de l'époque, il était marié à une dame Mi'kmaq de la région, comme le concept tribal est dans l'existence à ce jour dans cette région côtière. Encouragé à avoir de grandes familles de ces jours est pourquoi un grand nombre de Canadiens et d'Américains ont des parents océan à l'autre, avec quelques-uns maintenant dans diverses parties du monde.

Oui, j'avais obtenu l'occasion de rencontrer pour la première fois une de mes tantes, dont le mari était dans l'armée. Elle m'a donné l'occasion d'appeler à la maison pour laisser mes parents aimants savent que je avais fait en vingt-cinq tours. Seulement constaté que plus tard, à écrire ce livre.

CHAPITRE 7

Le Soldat 1975 à 1976

Gradue au camp en Nouvelle Ecosse Juillet 1976.
Poster a Borden ON., age 17.

Entrenement a CFB Cornwallis, NS. 1976-76 mis en guard just apres.

Bien sûr que le capitaine avait raison, la possibilité de rejoindre l'armée à l'âge de dix-sept ans était vraie, comme il l'avait mentionné à moi pendant que je nettoyais les ordures au chantier naval de Halifax. Sa remarque ce jour-là avec la vue impressionnante sur le port de Halifax que je pouvais faire mieux, ce était sûrement m'a encouragé à rejoindre. Comme je l'ai confiance avais hâte de rentrer à la maison et une visite à mes environnement familier chez mes parents demeure, la Force aérienne du Canada était le # 1 en haut de ma liste pour vérifier sur mon arrivée retour à North Bay. Bénéficiant de la tour sur un train de retour à la ville que je ne avais jamais été dans un train avant, était une valeur sûre à chaque instant. Il y avait spectaculairement vues impressionnantes avec le service du personnel grand. Il a battu assurer l'aspect auto-stop des vingt-cinq tours, pour dire le moins. Dès mon arrivée, mes parents m'ont demandé comment le trajet en train était. Je leur ai parlé de la vue arriver, et comment je avais rencontré des gens bien aussi, et je ai appris quelques choses. Ils étaient heureux de me voir après que j'ai voyagé si loin, et ils m'ont applaudi avec quelques gros câlins. Je leur ai dit histoires de mon temps passé dans la région côtière et comment j'ai pu rencontrer nos cousinsmilitaires et ma tante sur la côte est, si son mari était sur un bateau. J'ai dit que je avais appris à voir de belles photos et parlé des nombreuses choses que nous devons faire tout dans la région des Maritimes. Il y avait eu la nourriture légèrement différente de l'océan, et je partage l'humour de la vie quotidienne sur la côte est du Canada. Avec pas de photos à la main, il m'a fait penser que je aurais investi ou emprunté une caméra pour quelques photos.

Eh bien maintenant, ici, j'ai eu une surprise. Ils m'ont dit que ma première lettre était arrivée de l'assurance-emploi du Canada. Fils d'un pistolet, quelque chose d'un manque d'heures de collecte de l'assurance-chômage à cette époque. Alors que c'était correct, j'avais encore quelques dollars à la banque de la cueillette de champ de tabac, et je vous pensais à rejoindre l'armée.

À la mémoire d'être le meilleur de ma classe durant la jeunesse des Semaine Apprécié de 1969 (Novembre 10 à 16) lorsque que j' avais reçu une poignée de main de l'Association des Anciens Combattants de guerre devant des étudiants dans ma cinquième année, avec un certificat pour mon poème écrit et un bonus d'un stylo quatre couleurs, pour l'encourager à continuer à écrire. Avec la sécurité lourde, nous étions dans un petit groupe qui a été autorisé à se rendre ce jour-là. Ce était une visite des élèves du complexe NORAD métro à la Base Militaire sous la terre a North Bay ON, avec une vue magnifique de cet immense bunker, dit-on, 680 pieds de profondeur avec une porte en acier d'un pied d'épaisseur à la voie d'entrée qui se ouvrait. Dirigée par un ancien combattant et un garde de sécurité, nous avons traversé l'allée en tourner exemplaire suivie par un clip. L'écran couleur Algonquin Régiment était en place avec, «Nous nous souviendrons.»

C'était la fierté de la 33e brigade de l'armée Canadienne de la Première réserve de l'Algonquin Régiment A - B entreprise, surnommé "Algoons, Gonk." Motto "Ne -kah- ne -tah (nous menons d'autres suivent) sur le mois de mars. "Nous allons conduire les autres vont Suivre" a été affiché sur leur drapeau.

Je avais intitulé mon poème, "Remember this Day», « Souvenez Vous De Ce Jour La » comme me avait dit par les membres de la famille que nous avions vétérinaires de guerre des deux côtés. La fierté de nos

parents dans l'apprentissage plus est pourquoi je étais ici. C'est pourquoi nous avons porté les coquelicots sur la onzième heure du onzième
jour de Novembre de chaque année, pour un moment de silence à la
réflexion de la prière.

C'était un rappel de notre Première Guerre mondiale "Le Pioneer
Nord" le sang de vétérinaires, qui avait été renversé comme celle de
nombreuses autres troupes qui avaient mis fin aux hostilités avec la
signature d'un traité. Ce temps de paix a été suivi par le total de guerre
impliquant les gens de la Seconde Guerre mondiale de trente pays que
nous ont ouvert les yeux. Nous notre remercié tout le monde, en particulier nos enseignants, pour cette tournée incroyable de passer sur le
mot pour faire savoir aux autres que notre liberté ne existe aujourd'hui
en raison de tous ces anciens combattants - donc les traiter avec rien
d'autre que la bonté. Post-traumatique conscience de syndrome de
stress, je voudrais savoir, a été étudiée et une partie de mon essai, après
ma formation par la suite.

J'avais hâte à mon dix-septième anniversaire dans l'année de 1975
à plus d'un titre: de sorte que ma demande pour la session Boot Camp
a été approuvée - d'abord à remplir les formulaires, suivi avec un droit
médical complet hors pas de problèmes. Cependant, la permission de
mes parents qui ont besoin faisait partie de l'accord. Vous avez l'histoire
prête de mon temps de récapitulation aventureux de la côte pour ces
trois mois, où rencontrer le capitaine du navire avait une influence
militaire qui m'a payé à ce jour. En raison de mon service, mon CV
serait toujours me chercher dans la porte à l'endroit où j'applique. Mon
poème vous avait payé et je serais probablement obtenir une chance de
finir ma douzième année.

Ce matin, je ai dit à mes parents leur signature était nécessaire pour
moi de rejoindre l'armée se il vous plaît et merci. «Êtes-vous fou?» A
demandé à mon père. "Quel est le problème avec vous? Ce n'est pas
la meilleure idée, fils. Qu'en est-il de votre douzième année? Rejoindre
l'armée est bien différent de ce que vous avez fait, alors êtes-vous prêt?
Eh bien au moins vous êtes en bonne forme physique - avec une belle
parler à votre tante à propos de le faire et ne pas faire, vous pouvez
obtenir votre note douze hors de l'affaire. Donc, ce est votre vie, tout ce
que vous décidez qu'il est tout à vous ".

Le lendemain, j'ai eu un tour de la ville à partir de notre maison de campagne à Bonfield. En effet l'éducation était importante que mon frère et sœur avaient également quitté prématurément l'école eux-mêmes pour se diriger vers le lieu de travail.

Eh bien, c'est reparti comme ils m'ont donné le travail du papier doit être signé par mes parents avec un médecin, puis un test complet pour les demandeurs de travail pour rejoindre les Forces armées canadiennes. Ce formulaire a ensuite été à prendre au siège social rue Main, à North Bay. Pour le temps d'attente de juste un peu plus d'une semaine. Et bien ça alors tous à coup, avec un gros câlin pour les parents. On m'a demandé de leur donner un appel quand je suis arrivé, et de se comporter sur cette formation parce que c'est différent de ce que vous avez appris. Je ai eu une offre de prendre un cours de français au Québec que je parlais très bien le français. Cependant, j'avais encore un accent et en anglais était habituellement mon choix de langue.

Ne souhaitez-vous pas le savoir, ils m'ont envoyé de retour en Nouvelle-Écosse, mais cette fois à la BFC de Cornwallis, juste à côté de la baie de Fundy. Maintenant, c'est mon premier voyage en avion jamais, c'était mieux que le trajet en train, ou alors j'ai pensé à notre départ. Nous peu atterri dans la capitale du Canada à l'aéroport d'Ottawa et je ai eu un sentiment d'excitation et de nausées des étourdissements lorsque le garçon assis à côté de moi avec un sourire me tendit le sac à vomi, indiquant mon visage avait tourné au vert. L'agent de bord m'a donné de l'eau et une pilule juste avant le prochain décollage sur la côte Est, et elle a dit que ce qui arrive aux autres ainsi. Le passager sourit en moi plus tard offert la moitié de sa bière dans un verre pour me détendre du mal des transports, qui était tout nouveau pour moi. Le sens de processus d'émulsifiassions a été redéfini pour moi ce jour-là.

Mon corps avait bien calmé que nous avons atterri quelques heures plus tard, mémorable heureux pour le premier tour libre je ai jamais eu, avec une vue magnifique de Halifax de l'air sur une journée ensoleillée. Remercié tout le monde pour ce vol à notre arrivée. Ils avaient un signe comme ils l'appelaient nos noms des civils «mixtes en autre sur le vol. Quelle vue magnifique en avion de la chaîne montagneuse dans les régions de culture de cette vallée. Billets et bagages dans une main, puis nous avons sauté sur un bus de Halifax sur notre façon de Cornwallis pour le procès Boot Camp avec quelques autres dans une histoire des 5Ws pour ce jour-là. Comme certains membres de l'équipage étaient des enfants militaires ou avaient été en éclaireurs garçon-fille / rangers ils savaient certaines des choses qui nous préparer pour les prochaines semaines.

Bien sûr, était vrai à propos de l'importance de leur mesure disciplinaire; amendes pour les erreurs commises, ou déconnectés si vous foiré, ou voulais juste rentrer à la maison. Ici, nous étions sur le bus pour un trajet de deux heures à la base Cornwallis, sentir fier et impatient dans l'attente de ce qui se passerait prochaine, quand tout d'un coup ils tirent sur le bus dans la petite communauté de Sackville et demandez-nous de sortir de l'autobus pour aller ensuite à quai à une ligne. Avec tous nos bagages étant pris de l'autobus, nous avons examiné une autre se demandant ce qui se passait. Cela semble être une zone de stockage militaire où ils ont gardé et nourri le cadre de leur service de bus devrait une panne ou d'autres questions d'urgence se produire. Il n'était pas loin de l'aéroport de Halifax. Un sergent avec un chien se dirigea vers nous sur ce soir Octobre, et nous a demandé deux questions simples: Avons-nous des objets pointus, de drogues ou d'alcool, ou des blessures récentes sur nos corps.

Si vous avez fait, alors cela signifierait devient fouille que ce chien était sur le point de sentir notre seul de l'ensemble du groupe par un. Nous avons ouvert nos bagages pour qu'il puisse avoir un sniff à elle, et juste après que a dit de tirer nos sacs à venir quelques pieds de sauter dans le bus. Notre recherche faisant partie de la commande de deux heures était une première surprise ordre militaire. Si vous avez l'un des venons de parler, ils vous transporter séparément pour une fouille à nu peu de temps après.

Eh bien il n'y avait qu'un garçon sur tout notre groupe qui a été enlevé. Nous sommes finalement arrivés et avons été accueillis à Boot Camp et dit que nous serions envoyés un à la fois à nos dortoirs en face de nous. "Vous êtes n ° 8 peloton."

Le bâtiment a été divisé en quatre parties distinctes et les officiers appelé chaque groupe de trente hommes et le numéro de l'escouade des femmes. «Veuillez rappeler tout cela faisant partie de votre rôle privé dans l'obtention du diplôme. Ajustez vos horloges et montre-bracelet

«On nous donnait un certain nombre de lit et dit que le temps de réveil serait cinq heures -. Pas dormir dans des lits superposés dans chaque deux personnes décrochage, avec un casier long de son côté, et un ensemble de couvertures avec des feuilles sur le dessus. Bientôt, nous étions par le lit pour notre premier comptage de tête dans les dortoirs qui devaient être notre nouvelle maison.

Quand ils ont appelé les chiffres que vous diriez, "Ici," pour être informé plus tard de tous les ordres de formation, afin que tous les aspects aient été couverts. De la consommation d'aliments à des casiers, des uniformes, des chaussures, et des engins que chaque élément devait être marqué avec votre nom de famille, y compris le peloton et peloton d'identifier tout le monde à tout moment. La puissance d'un marqueur magique faisait partie de ratification ou d'autre questions pourrait entraîner des amendes - tous issus de votre salaire.

Nouvelle-Écosse était la maison du peuple Mi'kmaq bien connus, qui avait invité les colons européens à utiliser le sol, pêcher dans ces eaux, et bien sûr profiter de la vie dans cette nouvelle zone côtière est le merveilleux. Si vous voulez, vous pouvez passer à travers le seuil de l'histoire au lieu historique national de Port-Royal, avec une reconstruction d'un règlement rapide du XVIIe siècle français. Des interprètes costumés montrent des choses comme les loisirs dans l'une des premières colonies dans le Nouveau Monde.

Dans la Seconde Guerre mondiale, cette zone Boot Camp était la partie anglaise de mesures disciplinaires pour la formation des soldats dans le commerce militaire nécessaire dans le cadre de la légitime défense. Bien sûr, l'emplacement était idéal comme un moyen d'entrée est. Reconnu comme ayant une bonne pratique et utilise partout dans le monde, mon choix commerciale suggérée était, on m'a dit "Chef / cuisinier." Il a toujours eu des ouvertures, peu importe où vous êtes allé. La nourriture varie, mais est en grande demande partout où vous allez, alors soyez prêts pour votre temps de départ au milieu d'Octobre 1975 à peine deux semaines après mon dix-septième anniversaire. Quand tout a été dit et fait, j'ai suivi les règles des règlements du processus, je vous remercie.

Ici, je suis une fois de plus, passer du temps avec les parents grâce à la signature de la feuille de permission de leur droit légal jusqu'à ce que j'aie dix-huit. Cette façon dont les règles et les règlements de gouvernement pour son système militaire travaillé. Vivre dans une région agricole au large de la Trans-Canada, ma mère sourit et a déclaré un espoir que je serais encore atteindre mon douzième année. Gros bisous aux parents et hors je vais pour mon premier voyage en avion tout le chemin du retour à la Nouvelle-Écosse seulement cette fois de la zone de la base militaire de Halifax à l'infâme camp d'entraînement de la bien connue la base militaire de Cornwallis.

Je partage mon histoire en écrivant ce livre pour propulser d'autres à se joindre, ou au moins écouter le temps des autres passé dans la CAF pour un court peu de temps, ou jusqu'à leur retraite.

Situé sur la petite péninsule qui coule à droite dans le bassin d'Annapolis, plusieurs miles à l'est de la bouche de la Rivière d'Ours jouer son rôle de A à B de la division ferroviaire, un centre de gypse de chargement des navires était situé sur la rive sud droit à Deep Brook, Nouvelle Ecosse. Relativement niveau de l'est de la côte continentale par la marée la plus rapide dans le site de monde que j'avais fièrement joint à faire partie de la division anglophone. Ici, ils formés recrues qui étaient destinés pour le service avec l'un des trois environnements opérationnels de l'ensemble des Forces canadiennes (terre, mer ou air). Deux étages de dortoirs ont été divisés en quatre équipes distinctes de trente hommes chacun avec de bonnes toilettes de taille, et un espace au sol de huit pieds.

Nous avons dormi sur deux lits superposés et de matelas métalliques divisés avec des casiers de l'autre et d'un bac de stockage de verrouillage personnel. Deux grandes cafétérias pour les temps d'alimentation logés environ 1000 personnes. Comme une nouvelle recrue avec la permission de ses parents, je ai vécu la mesure disciplinaire militaire de doubler avec un kit complet sur gradué randonnée de dix mile de la ligne d'arrivée a la cote qui te case la gueule « Heart-break Hill Cornwallis ». C'était de prouver que vos compétences et la formation avaient été adéquatement à être utilisées dans notre vie quotidienne en tant que civils et surtout, comme un bon soldat. Il y avait des salles d'intérieur pour les femmes et les hommes si les pelotons pourraient marcher pour la pratique de l'obtention du diplôme sur une journée froide.

Avec grande valeur historique de temps comme une base de la BFC jusqu'en 1995, la base est maintenant en usage civil comme un espace de retraité publique, toujours ouverte aux cadets. Il est maintenant ouvert au public et dispose d'un parc avec une petite section industrielle, pour un avenir rentable. Comme une ancienne base CAF avec la Mission Garder Unies paix historique, il était sûr bien aimer. Aujourd'hui, il n'est plus ce que c'était à l'époque, en raison de gouvernement en minimisant les dépenses militaires partout au Canada. Cet mémorable à tous les boursiers qui y ont été formés à l'époque, dans le style de l'équipe militaire, pas en concurrence les uns contre les autres. Les nombreux braves dames, aventureux avaient aussi deux pelotons à proximité. Règle numéro un - nous sommes tous traités de la même façon depuis le début. Les trois S est au début de notre journée a été difficile à faire pour certains à l'époque. Je étais avec # 8 peloton qui a été divisée en escadrons. J'étais dans la troisième équipe.

Avec ouvertures annuelles pour pelotons à votre arrivée, les dames ont la même formation que les hommes. On leur a dit de rester fortes d'une manière respectueuse en tout temps - ne pas déconner jusqu'à ce que nous ayons été affectés ailleurs. Se trouvait dans une longue ligne pour obtenir les cheveux coupés en brosse ce jour pour les hommes. Ce était un tout petit peu plus pour les gallons. D'une manière humoristique, les boursiers aux cheveux longs ont été qu'à moitié fait alors dit de se asseoir et d'attendre sur le côté que nous étions en ligne à la boutique de barbier ce jour-là.

Deux ans à l'école secondaire Algonquin, apprendre à jouer de la trompette avaient porté leurs fruits; par Dieu oui, je ai appris à porter un kilt écossais Highland avec mon sous-vêtements pour un jour de vent. Pratiquer dans le cadre de l'équipe de la musique dans notre camp était tellement cool. Le meilleur de tous sur ma semaine d'arrivée, on m'a dit respectueusement par l'équipe dentaire que j'étais un exemple choisi pour les soins dentaires complet pour mon temps là-bas. Une demi-douzaine de stagiaires se tenaient autour de moi ce jour-là en regardant dans ma bouche comme bénévole décrit de mon extrémité sévère. Beaucoup de mes dents étaient comme du bois pourri qu'ils ont dit, mais ça vaut la réparation comme ici dans le bureau militaire dentaires dont ils ont parlé de moi comme un «code rouge» dans l'enseignement, aux apprentis de première année. Je ne peux passer quelques semaines supplémentaires sur la base soit conforme à ce soin dentaire complet, pour lequel je suis pleinement reconnaissant à ce jour avec tous mes dents toujours en place.

Gauche, droite, gauche, oui, j'ai appris à marcher par la commande d'une manière très impressionnante, de maniement des armes à la légitime défense bien sûr avec l'apprentissage technique de survie à effet durer toute une vie. L'ont fait jusqu'à quelques jours avant X-mas là-bas, pour un total de neuf semaines dans, avec un peu plus à venir afin de réaliser complètement, puis être transféré à mon choix de commerce de cuisson. Plein de moments de fierté partageant l'expérience de faire partie de # 8 peloton n ° 3 était Squad. Dès le premier jour, en écoutant les mots de commande pour être un bon soldat était mémorable vaut la peine. Le code vestimentaire est très strict et la formation des compétences de survie était physiquement exigeante.

Une manipulation sans danger pour l'autre sur la plage au même sur les jours de l'hiver froid de vingt-dessous fusil. Nos dix journées en plein air de dormir, vous faites bon usage de notre propre sac de couchage cinq étoiles. Kits Pack-sac pour les femmes et les hommes avaient l'approvisionnement alimentaire de survie de base. Histoires qui avait été dit de me avance par des parents et d'autres militaires de North Bay tout se est avéré être vrai quand je vivais la vie d'un soldat.

Mes parents étaient fiers assurer et impressionné par moi faire cela et me ont donné un salut à mon arrivée à notre souper X-mas. Membres de la famille à la maison me regardaient avec de grands sourires qui étaient A-One.

Eh bien, une semaine plus tard, je pars, de rentrer à Boot Camp pour terminer mon aventure certifié de formation militaire. C'était le meilleur de tous. Nous étions alors dans les dernières semaines.

Janvier mois d'hiver, pour un essai de dix jours de survie dans une zone à proximité, jouer à des jeux de guerre suivies avec un dix-mile marche / course de cette région. Porter un total d'environ £ 80 en prise avec un pack-sac et fusil à la main tout le chemin du retour à Boot Camp sur un pont de l'eau flottant d'eau libre de glace brisée tout autour de la ligne d'arrivée. Il a été observé aux deux extrémités justes au cas où vous êtes tombé. (Colline qui brise le cœur)

Heartbreak Hill était la dernière partie de la survie de dix jours pour y être correctement utilisé en nous façonné comme un morceau de métal sur une enclume. La formation militaire dans Boot Camp avait été modifiée pour un système efficace de onze à douze semaines à l'achèvement après que Noël. Notre certificat est venu avec une présentation mémorable d'un mars, bien sûr, avec un salut à l'obtention du diplôme. Après son achèvement, des photos ont été prises pour vous de garder, avec une crête. Ce soir nous avons été autorisés une bière froide pour profiter de cette célébration. Quelques choix ont été publiés ailleurs pour les métiers. Notre numéro diplôme peloton ID fiers était le # 8 peloton. Je étais dans # 3 peloton avec un nombre soldat ID individuel d'importance à être tenu sur les articles personnels et dans votre mémoire à tout moment ... ou autre.

Le lendemain était un peu une surprise, cependant. On nous a dit par notre commandant que nous étions prêts. Comme le peloton n° 8 était les diplômés les plus récents de cette BFC Cornwallis, on nous a dit que notre formation et les compétences seraient mises à travailler sur "Garde Duty" En Gard. Les vents ont augmenté pour une période d'une semaine juste avant "Groundhog Day" de 1976 (Journée des Marmotte) et il y avait des vents de 188 kilomètres par heure. Les toits des maisons ont été retirés proximité remorque unités du parc avaient capoté. Matériaux en vrac éparpillée comme nous se sont relayés attentivement promener dans les communautés voisines jusqu'à ce que le vent se installe. Que la semaine dernière avant le départ, était mon dernier contrôle dentaire intime de mes dents brillantes - bon pour jusqu'à ce que je vieillis. Eh bien, puis il m'envole pour la BFC bien connu dans Borden ON pour la prochaine étape du mars à une formation de six mois de mon choix commercial d'être un cuisinier de l'armée. Pour ce faire partout dans le monde a travaillé pour moi. Nous avons été félicités pour du travail bien fait, que nous nous sommes préparés à se inscrire à ce cours, pour ensuite être suivi avec un affichage dans une autre partie du Canada, puis après à d'autres parties du monde. Bien sûr, se réjouissait de cette partie. Règles et règlements ont minimisé le niveau moindre que dans le camp d'entraînement, cependant, prendre des commandes faisait encore partie de respect pour la journée.

Il y avait la motivation d'être promu à un grade supérieur avec un meilleur salaire; d'un soldat à caporal, dans votre choix de métier. Maintenant, je avais le droit de mener une vie comme un individu et le droit de se habiller en vêtements civils, toujours avec un respect total de ne jamais oublier que vous étiez dans l'armée. Comme il y avait des rappels amendes pour les coupes de cheveux inappropriées et briser le code vestimentaire, et des fonctions supplémentaires si vous avez obtenu dans toute sorte de déchets. Cela faisait partie du rappel de dépannage pour discipliner. Puis l'étape suivante était bien sûr celle de déshonorant déchargée. Si les événements ne viennent à la procédure légale du temps de prison, c'était plus strict dans l'armée de la fonction publique régulière. Vous pourriez être accusé deux fois, si votre problème était en public avec des citoyens. C'était un rappel que c'était trop facile de profiter de la vie, de bien vouloir respecter votre vocation militaire et être dédié à le faire.

Eh bien nous y voilà. Comme je l'ai appris mes compétences dans la préparation des aliments, il était sûr une occasion agréable et bien apprécié de faire du mieux que je pouvais. Formation avec des hommes plus âgés ainsi m'a taquiné pour être un parlant français, ma langue maternelle a légèrement difficile par moments. Toutefois, les termes de cuisine française à l'examen final ont rendu d'autant plus facile pour moi après cinq mois, pour devenir haut de ma classe. Deuxièmement, pour moi l'offre à envoyer à Montréal pendant les Jeux olympiques en tant que cuisinier représentant la base militaire de Borden ON depuis que je étais première de ma classe était un autre endroit où vous bilinguisme payé. Cela m'a fait encore plus heureux que la prime qui a été donné d'être le chef d'équipe de notre groupe de cuisson pour un peu de temps. Maintenant, c'était un vraiment un moment pour être défini comme «je ne sais quoi," une qualité agréable qui est difficile à décrire.

Tout à coup, les choses ont été faites difficile que je ai taquiné pour être un Français, et je ne aimais pas par quelques-uns comme le plus jeune en charge de la position pour notre classe, qui était de style militaire, d'être obéi par le mot de commande. C'était un moment de tribulation que je n'oublierai jamais. Je ai eu quelques bières froides au bar, écouter de la musique, et le partage de la piste de danse dans la bravoure, à bien poser avec un sourire, quelques dames belles à danser avec. En Nouvelle -Ecosse rencontre beaucoup des nouveaux amis en entrainement a Boot Camp, et maintenant un collègue, qui était né dans la communauté de Come by Chance a Terre Neuve célébrait l'anniversaire d'un soldat avaient juste pris dans une dispute à la porte. Il cherchait à entrer dans un morceau avec le garde du corps sergent à la porte. J'ai essayé de marcher sur le calmer et il m'a repoussé et il a continué à montrer son poing fermé sur un moment stupide d'être expulsé, plutôt que d'être transporté à la cellule de dégrisement pour une mesure disciplinaire qui a été connu de tous.

Eh bien, j'aurais été plus facile en cours. Je vous essayé de mon mieux pour l'époque. Maintenant, c'était le lendemain de ma première gueule de bois; un jour après la rencontre au bar dans la célébration de tout ce qui était à venir à ma façon. Malheureusement, ce soir, à nos dortoirs de quatre hommes, je suis entré dans un peu de ferraille avec un de mes colocataires qui m'a insulté alors dit que si nous étions des civils nous pourrions régler cela dans un court peu de temps. Eh bien, comme un lutteur à l'Algonquin Lycée pesant à £ 200. Et bien en mesure de faire beaucoup push up et tractions, je ai offert de le régler à droite ce moment même sans se rendre compte que cela allait interférer avec le résultat final pour moi dans l'armée. Eh bien, nous ne avons d'entrer dans un morceau, et ce vieux de vingt-trois d'année, de six pieds, £ 170 embout buccal m'a donné ce que dans le couloir. Je lui coup de poing dans le nez puis l'avait dans une prise de tête avec quelques-uns de mes camarades de classe nous laisser être pour trier ce moment sur. Tout d'un soudaines deux agents de sécurité sont venus nous arrêter et nous faire serrons la main sur tout cela. Pour moi, il était une invitation le lendemain à notre commandant de la base pour un essai sur notre dif-férend, style militaire.

Quand tout a été dit et fait, ils me ont donné aucune peine d'emprisonnement mais je ai eu une amende de 100 $ et la perte de ma position de leader de l'équipe, avec des journées restantes des tâches supplémentaires tous les jours et des soirées restantes jusqu'à l'obtention du diplôme. Le pire, ce était que ce comprenait également la perte de mon voyage avec une chance pour nous représenter dans le cadre des Jeux olympiques. Ce que c'était une erreur et une leçon dans la façon dont les choses peuvent se produire rapidement. Il y avait quelques rires de mes camarades de classe comme un rappel de ma réaction exagérée d'être un joueur d'équipe.

Une des tâches supplémentaires était avec mon copain Terre-Neuvien. Après la classe, nous étions déversons toute la nourriture recyclable pour aller à une ferme porcine locale dans un camion benne sloop-halage. Aller sur notre erreur de ce qui se était passé comme nous menions un seau extra-lourd, lui et je suis tombé dans un pied bin 9 X 20 chargé sur le dos de transport de véhicule qui venait une fois par semaine. Avec les plus grands rires jamais que nous sommes entrés en arrière pour changer. Dès le jour de mon diplôme, je ai bien demandé à être libéré de la section militaire de penser que peut-être je pourrais rejoindre à un moment plus tard dans la vie. Oui, ma leçon a été apprise et j'étais reconnaissant pour l'occasion. Être toujours légalement sous le nom de mes parents, je suis retourné à la ferme dans le pays.

Trente ans plus tard, j'ai rencontré le monsieur que j'avais mis dans un morceau avec plus de bêtise, et nous nous sommes serrés la main.

CHAPITRE 8

Auto-stop à Los Angeles en Californie de 1977 à 1978

Photo de passeport pour traverser au Etas-Unis.

Au fil du temps, le travail comme ouvrier combinée avec les compétences acquises à l'école secondaire Algonquin ont ensuite été tous mis à utiliser des outils de construction. Comme un bon travailleur, je ai eu des offres de nos patrons, qui sont souvent des entrepreneurs italiens, pour couper le bois, piler les clous, et d'utiliser un appareil de mesure, ainsi béton à la truelle et le finir pour lui mélanger. Retour à North Bay, ici, j'étais de retour sur la brouette comme un ouvrier de la construction par le côté de mon père. Nettoyage comme si passer par ou partie des dernières étapes de quelques classes avec ajouter, construction de maisons, mes initiales ont été laissés écrite sur les côtés concrets de notre hôtel de ville au cours de cette année bien remplie.

Ce jour d'été particulier, que nous avons nettoyé à un nouveau bâtiment de l'hôtel de la marque, nous avons travaillé parfois à l'intérieur
sur les jours de pluie ou lents. Comme dans de nombreux autres
sites, il ya un nettoyage finale juste avant le contrat est fait, jusqu'à la
prochaine. Rouler avec une charge de dalles de béton qui ont donné
l'homme-de-chaussée le temps de finir sa part, je étais familier avec elle
que nous avons parlé sur la rupture. Je lui ai dit d'être sur le cinquan-
tième étage d'un immeuble au centre-ville de Toronto en 1973, portant
tuiles comme aide, puis plus tard être un installateur de tapis. Un jour,
alors que juste en face de la route, j'ai pu voir la Tour CN en cours de
construction au large de la quarante-cinquième étage. Cette année-là,
j'étais l'un des premiers de milliers invité à visiter gratuitement juste
avant l'inauguration.

Retour au travail, de toute façon ce jour, nous avons travaillé à
l'intérieur sur le nettoyage au Ramada Inn. Une fois de plus, mon père a
couru dans le chef de cuisine et lui a dit au sujet de mon passé militaire
comme cuisinier. Eh bien, ce jour, j'ai donné un avis d'une semaine à la
Construction Winston, pour une position sous-chef de ce nouvel hôtel,
avec dix autres pour une durée de trois mois, pour voir qui était le meilleur cuisinier. J'ai serré la main avec le chef suisse et bien sûr remercié
mon père pour son bon usage du temps de pause.

Pendant un an, Holy Smokes, je puis transférer à l'un des autres
branches dans la grande ville de Toronto dans le centre-ville. J'ai vécu
quelques pâtés de maisons de la rue Carlton, par la célèbre caisse,
Maple Leaf Gardens. C'est là un jour, j'ai rencontré une dame bien
connue sous le nom Xaviera Hollander qui vivait à proximité, avec
quelques autres gens bien connus.

Eh bien nous y voilà, la position sur la deuxième année de la préparation des aliments dans un hôtel occupé sur la vingt-troisième étage,
juste autour du coin, je ai pu voir et applaudir pour un certain nombre
de ces grands matchs de hockey. Il était encore nécessaire pour moi
nettoyer les réfrigérateurs et transporter les déchets vers le bas sur
l'ascenseur dans le cadre de la réalisation de mes heures requises pour
le «Sceau rouge». Le même chef suisse m'avait appris comment prendre
soin de tous les aspects importants de la préparation des aliments
allant sur deux ans. Il vous a payé beaucoup de temps avec une touche

européenne à l'examen. Travailler avec de nombreux groupes ethniques dans cette chaîne populaire très occupé d'hôtels a été grande, rit de petit déjeuner de travail avec une équipe jamaïcaine de trois. Ouais 'homme, à l'homme de sang. Vous avez à apprendre un peu de leur dialecte avec leur style de vie ainsi que quelques-uns de leurs styles de danse dans un pub local pour.

Voici maintenant travailler avec les gens de la Jamaïque, puis rencontré un gars de la Guyane britannique. Comme nous avons travaillé ensemble, il m'a dit de quelques membres de la famille qu'il avait, qui vivaient aux États-Unis et il se déplaçait vers le bas à Los Angeles lui-même. Son jeune frère était venu pour la visite qu'il avait une place et attendait de lui montrer la manière de conduire là-bas avec la possibilité de se déplacer et de vivre dans un climat plus chaud. Ici, je ai eu l'offre de l'auto-stop avec eux en tant que Canadien et on m'a dit si vous trouver du travail sous la table sans tracas pour sept ans, vous pouvez obtenir la double citoyenneté canadienne / américaine. Huh bien, cette aventure sonnait bien pour moi à l'époque, pardi. Un préavis de deux semaines sur ma deuxième année avec quelques dollars dans la poche, en demeure de ma location, et un sac prêt à aller emballer. Oui, je ai dit à mon oncle À où je allais à, juste en cas d'urgence par mesure de précaution et je lui ai gentiment demandé de ne pas dire à mes parents comme ils le seraient en colère. Je lui ai dit que je appellerais que le temps passait, et nous sommes allés à Los Angeles.

Bien sûr, était un voyage mémorable avec mon bienvenue aux États-Unis étant une recherche complète de la bande de corps à la traversée de la frontière Windsor, ON. Cela fait partie de traverser la frontière pour tous comme un protocole de sécurité du gouvernement nous a dit, et est maintenant encore fait.

Nous étions partis juste avant Noël et c'était une offre de chevauchée fantastique à travers sept ou huit États américains. Notre arrivée inclus tout un mois gratuit à son appartement dans le quartier noir de Los Angeles, avant sa femme et ses enfants descendirent de Toronto. Eh bien, je vous le dis, ce était différent de Toronto, Canada. Je ne étais pas le seul homme blanc vivant dans ce district et a été bien traité, sauf pour un jour lors de la marche par un bar local, je ai eu un couteau tiré sur moi alors demandé mon portefeuille. Quand il a été ouvert ils ont trouvé l'argent canadien, puis m'ont demandé si j'étais un Canuck. Quand je signe que oui ils se sont excusés et remis mon portefeuille vers moi me souhaitant une bonne journée quand je leur ai dit que j'habitais juste autour du coin. Bienvenue dans le quartier avec une poignée de main fraîche puis une offre de la bière froide.

Oui, je ne arrive à toucher le panneau Hollywood - assurer faisait partie de l'aventure pour moi. Après mon mois, j'ai dû trouver un endroit de mon propre que cela faisait partie de notre accord de Voyage. Serré la main en remerciement et on m'a dit de les appeler en cas de besoin. Profitez de la vie et bonne chance. Je suis donc parti à la zone du centre-ville de LA. Tout en vivant plus tard dans les rues et la queue des quarts de sommeil comme ils le font pour les soupes populaires, je ai offert à ces endroits, les dons de sang à 9.00 US $ une pinte, et a demandé l'ambassade du Canada pour payer l'autobus pour mon retour mais je étais toujours sur une liste d'attente. Eh bien, un jour, je ai rencontré un collègue mexicain et mentionné être Canadien. Il m'a dit d'un lieu qui fait un peu sous la table embauche pour les gens expérimentés prêts à travailler tranquillement pour argent comptant. Invité à un souper mexicain, je ai rencontré un autre homme qui m'a pris et me présente à un restaurant très fréquenté, où montrant ma carte d'identité canadienne m'a fait embaucher tout de suite. Avec une étincelle d'inspiration incroyable de devenir un citoyen américain depuis sept ans ou plus, si le bien-aimé par le propriétaire, je ai préparé la nourriture à un joint de vingt-quatre heures de pointe pour de l'argent. C'était bon avec pas de soucis, j'ai pensé. Je avais appris un peu d'espagnol au Collège Algonquin et ne arriver à utiliser certaines avec les boursiers mexicains. Wow, tout d'un coup une pressé par avec quelques-uns se déplacer rapidement à laisser. Lorsqu'on lui a demandé ce qui se passait. Ay Chihuahua, je étais alors dit que comme un immigrant illégal, les règles sont de cacher ou si vous êtes pris vous alors faire expulser des Etats-Unis Parce que l'économie de l'ombre pourrait obtenir travailleur et propriétaire en difficulté, l'exigence de l'emploi était à disparaître tranquillement lorsqu'une enquête de votre lieu de travail se est produite. C'était nouveau pour moi. Le chemin de la citoyenneté avait des règles et des règlements inconnus à être respectées ou autre. Via con Dios Muchachos, au revoir.

Ce jour-là je portais un casque et de l'équitation double avec mon copain mexicaine sur son cyclomoteur vers le bas sous le système de drainage de l'autoroute tempête sur une belle journée ensoleillée, allé au centre de Los Angeles de Little Mexico invitation. Pour un couple de jours à la place de la famille de mon chum, on m'a dit que dans le quartier de l'homme blanc qu'ils avaient des soupes populaires, avec des files d'attente pour le sommeil plus de disponibilité. Il y avait juste une poignée par soir et le secret était de manger d'abord, puis d'aller faire la queue. Il a travaillé très bien, oh et garder vos chaussures ou autre. Nous sommes arrivés à dormir sur un peu moins de bancs de parc voyagé avec mon sac de vêtements couverts avec un journal pour le soir sommeil. Je me suis demandé ce qui m'avait vraiment amené ici en premier lieu. Oh yeah right. Aventures de la mine. Je ai regardé dans le ciel et dit, bon Dieu.

Ne cherche pas à le faire pour le reste de ma vie qui était à coup sûr. Quand tout d'un coup, se détachant à l'entrée d'une installation de sommeil plus au début de ma journée avec un toast et le petit déjeuner de café, je jure devant Dieu en grâce qu'un pasteur afro-américaine de la région, se dirigea droit vers moi pour dire bonjour. Nous nous sommes serrés la main sur son approche avec une offre de dormir pour l'aider à rénover son église. Il a dit qu'il serait payé mon billet d'autobus de retour à TO. Je lui ai parlé plus pour s'assurer qu'il ne mentait pas, et je ai vérifié avec la cuisine de la soupe et appris qu'il était bien connu dans la région.

Dans mes trois semaines à son église, j'ai eu un beau lit pour dormir avec trois repas carrés. J'ai aussi pu rencontrer sa femme et ses trois filles. "Aucun fils," dit-il avec un sourire. Ce était l'une des grandes raisons pour lesquelles il me avait demandé de l'aider peinture et faire le plancher, avec levage lourd des bancs pour qu'il puisse avoir sa première messe à la fin du mois. Plus tard, il m'a acheté un billet et me emballé un grand déjeuner la veille Muhammad Ali était dans un match. Nous avons écouté la radio ce soir-là sur mon chemin de la maison. Effectivement mon parrain Viny était là pour me chercher pour une pause, puis m'a envoyé sur le prochain bus retour à la maison. Mes parents vivaient maintenant à North Bay et ils sont venus me chercher à l'arrêt de bus en ville. Alors que j'étais fauché, papa m'a conduit à un locataire passé du nôtre, un grand constructeur de maison de notre ville natale Bonfield.

"Nous partons pour Timmins, en Ontario, une ville minière. Il doit être comme l'endroit où ton frère est à, hein? Ton père m'a dit que vous êtes bon à battre les ongles et la coupe de bois de sorte que vous aurez trésorerie salaire pendant trois mois difficiles travailler sept jours par semaine, jusqu'à ce que nous finissons toute la rue dans cette ville, d'accord? "

Effectivement, c'était le logement préfabriqué en avance. Les murs étaient à peu près là et nous avons utilisé le ruban à mesurer à suivre les lignes sur le sol que vous avez fait pour les clouer ensemble en utilisant le niveau. M›a montré comment faire un couple dans la bonne façon de me dire alors qu›il serait plus facile la semaine prochaine car nous avions une demi-douzaine d›autres travailleurs a expérimentés avec et à de leur passer ca pendant qu'il nous aide.

Droit sur sonne bien. Je lui ai demandé se ils étaient boursiers locaux qu'il a obtenu grâce à l'assurance-emploi pour les ouvertures, car je savais à ce sujet de mon expérience de travail.

"Eh bien. En quelque sorte, "il m'a dit. "Hop dans la camionnette et demain je vais vous montrer." Nous avons roulé un peu en dehors de Timmins, et avec une vue magnifique de la région, nous avons traversé le pont pour arriver à la communauté de McMurrich au correctionnel de Monteith, de choisir six hommes sur la libération anticipée. Eh bien, on m'a dit ces gens-là se sont heurtées à un peu de malchance avec des bouts, ou de boire ou conduire mal, ou quelque chose de stupide et qu'ils avaient maintenant payé leur dette et ont été à la recherche pour revenir à travailler eux-mêmes. Donc, notre équipage serait trois boursiers pour chacun de nous avec des années d'expérience dans la construction. Donc, cela devrait être un jeu d'enfant - nous fournissons tout le transport dans les deux sens pour l'été. Nous aimerions entendre quelques histoires de prison de ces gens-là et que quelques-uns par-laient français, notre langue maternelle, nous devrions avoir quelques rires aussi. Donc, ce jour-là après la paperasse était en place, je ai pu rencontrer ces gens-là car ils nous ont demandé quelques questions sur la zone de travail, ainsi que les détails de la rémunération. Globalement, c'était le travail d'un jour la norme de dix heures avant le retour à notre ferme temporaire. Eh bien, chaque jour il y avait des inspecteurs qui sont venu par le long avec les superviseurs de garde de la montre du site Monteith de garder la tête compté ou ce qu'on m'a dit.

"Sont-ils tous encore ici?" A été dit avec un sourire. En tout cas ces maisons ont été construites sur un cadre de temps dans plus d'un titre. Straight up et nivelé de façon uniforme, qui a été vérifiée par le grand Mike, notre patron, pour une période de récupération de l'argent avec une bière froide à la fin de la journée pour tous les travailleurs acharnés. Le salaire minimum a été battu par quelques dollars de plus que les cinq dollars par jour de nombreux travailleurs au Canada à l'époque. Cela a bien fonctionné pour tout le monde et je tard obtenu un trajet de retour à North Bay pour visiter mes parents avant mon départ pour Yellowknife, et avait appris à économiser quelques dollars.

CHAPITRE 9

La Moitié De Ma Vie à Yellowknife
Territoire Nord West

Jais arriver a Yellowknife, NT en 1979 visiter
mon frere pour un bout de temps

Persuadé de quitter voyager pour aller vivre et travailler dans un endroit au moins pendant cinq ans, et d'obtenir votre douzième année, hein? L'écoute de ma maman et papa vous payé, à que je témoigne. Travailler dans quelques endroits était la preuve avec un autre clip que ma vie était en vérité une aventure. Je ne savais pas de faire les nouvelles, une émission de radio pour terminer ce livre maintenant!

Votre frère et sa dès-à-être la femme sont tout au nord. Ils ont une salle pour vous de vivre à jusqu'à ce que vous obtenez des choses en place pour commencer sur votre propre. Votre frère en Yellowknife travaille à temps plein comme un homme de carrosserie, et il nous a dit qu'il ya beaucoup de travail dans cette communauté minière pour ceux qui font là. Worth lui donnant un appel comme il a raconté l'histoire de la façon dont il est arrivé là en un clin d'œil. Pendant son séjour à North Bay sans emploi, être un requin de la piscine, il a joué la piscine dans une salle locale contre cet homme et lui avait bien battu. Cet homme traversait sur son chemin de Toronto, parce que l'un de ses arrêts aux stands favorisés était à North Bay ON. Être de la "Big Nickel» de la région de Sudbury, en Ontario, sur son perte de quelques jeux, pour certaines espèces, il a offert à mon frère un tour tout le chemin à Yellowknife, où son père travaillait encore dans l'industrie minière. Pour le plaisir d'un rêveur, il devait y avoir quelques mines tout à fait là la recherche de travailleurs avec la disponibilité dans tous les métiers. Je me suis rappelé de s'habiller chaudement car il est très froid.

Ce lendemain mon frère dans ses bras son miel et a appelé nos parents comme il a emballé un sac et il se en alla avec Ron. Enfer de course de plus de 3000 miles. L'une des offres devait être un conducteur désigné pour le rendre plus facilement. Avec une escale à mi-parcours, ils l'ont fait il ya en un temps record sur le quatrième jour pour un repos nécessaire. Ron lui avait dit qu'il travaillait à la prison à Yellowknife et a montré sa carte d'identité. Oui, je l'ai cru et bien sûr mon frère obtenu une offre d'emploi droit à mon arrivée de l'un des bons copains Yellowknife de Ron. Notre Seigneur travaille de façon mystérieuse, donc emballer votre sac comme il sera sûr que vous donnez une chance d'utiliser les nombreuses compétences que vous avez apprises jusqu'ici. Nous avons entendu dire que les températures froides semblent être un obstacle pour beaucoup là-haut, cependant, l'été aux 24 heures de la lumière du soleil. Bien sûr, ne peut pas être battu.

SONNE BIEN BRO, MON FRÈRE VOUS VOYEZ LÀ-HAUT.

Câlins et les poignées de main pour obtenir sur le bus à tirer pour le travail à temps plein était tout va bien. Pour moi. Les parents ont déclaré une fois de plus pour l'amour de Dieu essayer de compléter votre douzième année alors que vous êtes là-haut. Eh! Je suis donc allé avec un gros câlin et une boîte à lunch énorme pour le trajet en bus de cinq jours. Mon cher, mère aimante avait des vêtements propres bien emballés dans l'ordre, avec une serviette et sept paires de sous-vêtements avec autant de chaussettes eh bien pour une semaine. Jamais plus grande partie de la planification. Bien sûr, était un long trajet, bavarder avec d'autres voyageurs et de mettre à utiliser du matériel de lecture laissées par quelqu'un? Il était libre, et certaines d'entre elles avait une bonne mise à jour d'informations à propos de la voie que je étais sûr. Je n'avais aucune idée tout en se dirigeant vers la région supérieure du Canada pour le travail. A propos de la rentabilité croissante et le potentiel des ressources de l'avenir de sa grande richesse en huile de l'exploitation minière et du gaz. Le Nord des Forces canadiennes zone -HQ où je ai eu à travailler plus tard à un commissionnaire certainement rempli ma poche dans l'orgueil. Je n'avais jamais pensé voir le CSA de la base d'alerte dans la région nord du Nunavut. Nous avions entendu dire qu'avec humour qu'une telle annonce serait un jour offerte à nous comme un privé.

Un poste à temps partiel pour rien d'autre que le service aérien de Buffalo Joe alors qu'il couvrait une partenaire de golf du nôtre pour son service de messagerie entraînement de trois semaines de vacances, dans le Grand Nord. Défini par la Communauté permanent de la Défense nationale, notre région du nord du Canada est voisine de l'Alaska. Ils font tous deux partie de l'utilisation essentielle de la voie nord de passage de la mer. Transport à elle par avion est hors de Yellowknife, la capitale du NT. SFC Alert être si loin vers le nord, il était d'humeur à penser à obtenir une affectation là et bien, maintenant je savais pourquoi. Alors que l'OTAN nous connectée à base souterraine de North Bay pour un bon 50 années qui est toujours une partie de la souveraineté dans le Nord partagée avec nos voisins américains et est maintenant également partie de la section du Manitoba. Ils utilisent pour donner des visites à cette installation souterraine à North Bay, pour montrer aux étudiants, les touristes et les visiteurs publics capacité massif de la CAF à regarder avec confiance pour nous tous. Grâce à sa technologie en place pour les besoins de la Terre pour aider les uns les autres, j'étais sur deux tours; l'un d'eux le cadre d'un voyage scolaire supervisé par la sécurité comme ils vous ont visité autour. Ils ne permettent plus que. La seconde était avec des amis de la famille dans l'armée qui ne avait jamais vu eux-mêmes, et dit allons vérifier.

Je suis donc allé à Yellowknife NT en 1979.

Adrénaline, avec une chance de me racheter contre les statistiques, je pars vers le haut dans le nord du Yukon. Voyager dans cinq provinces, c'était mon plus long voyage jamais kilométrage de toute façon. Pour sûr que ce était ma première fois Way Out West du Canada et je ai obtenu un échantillon rapide avec une très belle vue parfois, entre les arrêts pour ramasser d'autres. C'était un long trajet en bus pour dire le moins - globale abordable à environ $ 100. Deux mille miles derrière moi, en arrivant ici maintenant pour l'Alberta, mais un simple mille miles pour un 24 heures de route des aurores boréales. J'avais hâte de la chance d'avoir de nouvelles expériences et de vivre avec les cultures du Nord de l'industrie minière bien connue d'aujourd'hui. Il n'y avait que peu d'entre nous à gauche sur le bus pour les 500 derniers miles de haut niveau de l'Alberta à le Grand Nord Blanc de Yellowknife, bavarder avec les uns les autres à se diriger au-delà du fleuve Mackenzie traversant sur un trajet de vingt minutes sur une fée Merv Hardy navire. Parmi les quelques passagers ont quitté, je ai pu passer du temps de parole à une famille Dénés qui avait été là pendant de nombreuses générations. Un mari avec sa femme et ses enfants étaient également sur le long trajet à Edmonton, en Alberta, au couteau. Il m'a dit l'arrivée du bus devrait être d'environ 12:00 Ce père faisait également partie de l'industrie minière comme il se envole pour les zones isolées plus loin vers le nord pour un sacrément bon salaire. Ha Wee! Enfin, voici que nous avons sauté de l'autobus, fatigué comme pourrait l'être, avec un sourire et dire que vous voir plus tard et au revoir à une autre, à la tête de notre côté en attendant nos sacs et de ce pas. Il faisait encore beau et chaud à notre arrivée. Bien sûr, je me sentais comme je le faisais vraiment bien.

Ici, nous sommes dans une section calme de cet automne l'arrivée à la soixantième parallèle. J'étais sûr sorti pour appeler mon frère à mon arrivée. Après le long trajet, un bon sommeil avec une douche

chaude serait travaillé pour moi. Oui il y avait une cabine téléphonique
à proximité et j'ai eu quelques trimestres pour faire l'appel. Il répondit-
à-dire, "Vous avez enfin fait, hein Bro? Je viendrai vous chercher, donc
accrocher pour bit. Nous sommes justes autour du coin. Soyez là dans
cinq minutes ».

Oui il est là avec sa nouvelle Camry. Wow, je pensais comme il a
tiré par le bus à la pop le coffre ouvert que j'ai traîné mon équipement
à elle. Suivi avec une poignée de main ferme, nous tournions dans.
«Sauter dans un tour rapide,» me dit-il. «Puis à la maison que votre
nouvelle belle-loi et je loue.» Avec un petit Tour-ville rapide des choses
nouvelles, il souligne son lieu de travail et à l›hôpital à proximité,
hôtels, les bars, le théâtre et les épiceries, le tout dans un court peu
de temps. A déclaré à la population était de moins de 5 000 personnes
dans cette communauté minière occupé de Yellowknife avec des gens
provenant de nombreuses parties du monde qui parlent anglais accen-
tués. Alors nous allons à leur maison pour mon besoin désespéré d›une
douche et de dormir une bonne nuit, heureusement enfin arrivé dans
le Grand Nord. «Ce est un week-end, vous devriez obtenir un emploi
la semaine prochaine. Ils sont toujours à la recherche. «Comme nous
sommes entrés, il me fit entrer dans la chambre d›amis, puis la douche.
«Rendez-vous le matin après une bonne nuit de sommeil.» Qu›est-ce
un grand sommeil.

Meilleures jamais avec des rêves de perspectives étonnantes à venir
dans ma vie dans YK.

J'ai pu rencontrer les Autochtones dans de nombreuses parties
du Canada, avec des gens Dénées locales qui avaient été là pendant
quelques générations. Les gens Inuits ont également été autour de
peupler la région que certains sont venus des régions du nord du
Nunavut pour atteindre leur douzième année et donner naissance à
leurs enfants. Le plus impressionnant, en donnant mon nom de famille,
on m'a dit qu'il avait été ici pendant un certain temps, l'épeautre de la
même manière que la nôtre qui avait été là depuis plus de trois générations eux-mêmes. Après ma recherche généalogique du même nom de
famille, j'ai été heureusement inscrit dans le cadre du peuple Métis de
North Slave dans cette région. Cela me assurer inspirer pour finalement obtenir ma note douze éducation, apprendre la PC, et de faire

partie du développement culturel et social en tant que participant à de nombreux événements autochtones. Ambitions valaient bien ayant comme ils ne étaient pas bon marché gagné était vrai pour moi. Faire partie des nombreux événements et compétitions locales était toujours vaut la peine.

L'un d'eux était d'aider à construire un tipi en acier avec des tiges de forage minier pour l'Association franco Culture à Yellowknife près de ma cabane juste à côté de Ragged Ass Road. Après ma première année d'y vivre, je ai été la survie hivernale de la pêche au filet enseigné à la chasse et le piégeage comme ils l'avaient été fait pendant des générations comme ma famille a fait en Ontario. Comme les Métis avaient parcouru depuis les années 1700 de faire partie de la traite des fourrures dans cette région, nos noms de famille des deux côtés faisaient partie des communautés environnantes. M. Goblet dont la femme et le fils je ai travaillé avec au Yellowknife Inn, offrirait des invitations à son domicile pour une alimentation de gibier sauvage avec le dépouillement de sa ligne de trappe au large de la rivière Beaulieu du Grand lac des Esclaves non loin d'un site de la mine que je avais travaillé à l'un des son autre fils. De nombreuses familles qui sont venus dans cette région pour répondre à la forte demande de l'industrie minière depuis 1897, j'ai rencontré quelques-uns de l'Ontario, les gens francophones de notre région qui avaient fait de même. Avec l'accessibilité par voie aérienne, rugueux route de gravier, et chemin de fer à Hay River, NT la population avait augmenté pour répondre aux exigences de l'or, comme les jours du Yukon. Comme les nombreux mineurs avant, qui étaient venus pour des raisons de bon salaire, ainsi que la formation pour les nombreux postes souterrains qui étaient toujours disponibles jusqu'à la fin? Aucune infraction à l'industrie, j'étais un homme de surface après les visites de quelques mines anciennes et nouvelles. Il n'y avait pas

Manière d'être souterrain pour moi, même juste pour une visite de deux heures. Peu de temps après mon arrivée, j'ai commencé à chercher du travail et il y avait de nombreux postes-site de la mine incroyable offerte. Il s'agissait de gros temps sur le conseil au bureau d'assurance-emploi à Yellowknife. Être un bon auditeur dans les rues et tandis que dans les pubs pour quelques pintes, je ai entendu parler des possibilités de promotion avec une formation gratuite. Pour les nombreux mineurs célibataires de se rencontrer dames ils étaient sûrs recherchent toujours plus de travailleurs, avec la musique et de la danse avec la rencontre avec ce coin de pays. Lorsque l'auto-stop sur la route dans le froid -40, vous avez légalement être ramassé si ce ne est par un étranger de passage traversant alors la GRC peut recevoir un appel à le faire, comme une mesure de précaution pour les habitants du Nord. Comme c'était un peu sur le côté rugueux maintenant et encore pour ceux qui avaient un peu trop bu ou qui simplement se faire expulser sans discrimination à tous. Des mesures de précaution très respecté de la GRC étaient là pour la sécurité publique à tous - la cellule de dégrisement a été utilisé 24 heures par jour, en particulier dans la période hivernale.

Me voici a 40 en bas de zero a Yellowknife, NT. en 2009

À 40 ci-dessous, vous pouvez glisser et tomber et pourrait mourir dans l'heure. C'était comme les jours de ruée vers l'or du passé pour pleurer à haute voix. Ici, nous sommes presque dans les années 1980, avec elle étant comme les jours Yukon Gold Rush et puis certains. Séjourner à mon frère est maintenant, et ma nouvelle soeur-frère est qu'ils me ont autour de la ville et me mis à jour avec les choses à faire et ne pas faire. Visites souterraines libres obtenu dans le cadre d›une motivation vivifiant pour amadouer les nouveaux arrivants dans l›industrie minière. Grande persuasion salariale pour les longs jours, même si physiquement exigeant. Il y avait des emplois pour les hommes, mais aussi la disponibilité pour les femmes courageux. Après ma visite passionnante de l›AE pour les perspectives, ce n'était juste pas pour moi. Je avais entendu parler d›un ami ou deux théorie vérité que ajoutée de ce que vous souhaitez entendre au bar ou dans la rue par les parents d›un ami d›une ville de plus en plus il y avait beaucoup de travail partout dans Yellowknife. Ma première semaine de 1979 a été mémorable avec la preuve que le travail était ici.

Ici a Deh Cho pas loin du pont, Northwest Territories.
1988 j'aide batir une maison

Peu de temps après, un dimanche matin, je me suis assis à la YK Inn bavarder tout en ayant toasts et du café, un garçon avec sa femme et ses enfants qui avaient été dans YK pendant cinq ans m'a donné une mise à jour globale. Chacun son point de vue, il m'a dit qu'il allait parler à son patron aujourd'hui de me trouver du travail. Il a dit qu'il était sûr de mon être embauché comme aide d'un constructeur avec lui, la construction de maisons, garages, et quel que soit. En tant que constructeur de Terre-Neuve qui travaillent dur qu'il était au courant de l'expansion de la communauté minière maintenant de plus en plus. Il m'a dit que je pourrais seulement obtenir un salaire de dix dollars de l'heure pour commencer. Hou La La. Cela me semble bien, vous aimeriez une chance à cette offre d'emploi.

Dans l'heure il a appelé le patron et au téléphone, on m'a dit je ai été embauché. Le lendemain, lors de ma première semaine départ, je ai pu rencontrer le patron avec une poignée de main et rempli la paperasse. Ils ont dit qu'ils allaient me donner un procès jusqu'à l'automne a fini, depuis la construction a ralenti à 40 ci-dessous. Je devais aider ma nouvelle collègue les jours de dix heures. Il était de la Bo'y Bay, très bien-aimé, charpentier Newfy qualifiée par le commerce qui connaissait beaucoup de choses. Question avez-vous un permis de conduire valide, que je ai ensuite montré à lui, "Oui Bo'y," at-il dit. "Vous êtes bon pour aller chercher des fournitures." Nous avons commencé lentement avec un tour de la ville, pour que je puisse connaître mon chemin comme il m'a montré comment, où et quand de l'arrivée du matériel. Puis à son arrivée par le sud d'Edmonton, tout le chemin à Yellowknife NT, pour mener la charge en deux parties à l'adresse de beaucoup, pointant la bonne façon de combiner la deuxième moitié de la maison un total de 22 x 66 pieds en cours d'installation. Le camionneur alors tiré le long du côté de deux-pièces mobile home nous serions alors mis ensemble au sein de la grue pièces d'équipement lourd de levage. Ce était sûr que quelque chose d'autre - la première fois pour moi et je ai apprécié chaque moment. Étonnamment, on m'a dit les gens pourraient se déplacer dans la maison quelques semaines plus tard.

Là, j'ai pu rencontrer quelques-uns des camionneurs de la route de glace bien connus, y compris Alex Dobogorski. Quelques semaines avant, il avait travaillé sur un énorme morceau de chenille de l'équipement à proximité de notre emplacement de beaucoup préfabriqué. Oui, ce jour-là j'ai travaillé seul à l'extérieur le jour d'un hiver froid, clouer loin sur une unité de garage pour les maisons préfabriquées. Quand tout d'un coup, vient de sortir de nulle part un grand gaillard, également vêtu de son équipement d'hiver, a couru à travers les bus vers moi dans un peu d'une grande hâte. À bout de souffle et debout environ cinq mètres de moi, il sourit et me dit son nom, ensuite demandé si nous avions de papier toilette ici. "Oui, bien sûr. Aide-moi. "Il était là juste à l'intérieur du camion, avec un plastique, cinq gallons seau poly sac avec un siège de styromousse à l'arrière. "Nice à vous avoir rencontré," je dois y aller et il s'en alla retourner dans la brousse. Quoi qu'il en soit, car il ya eu plus froid dans le Grand Nord, une position intérieure pour mon premier hiver vous fait sens pour moi.

Invitation chez les Dene en 2001 a Detah, NT

Début de mon année 1980, je travaille à la Yellowknife Inn, un cuisinier tout autour de nourrir les incroyablement grands groupes de la YK INN. Comme aucun autre centre-ville animé, cet hôtel particulier avec un salon à manger qui assirent 65, a servi deux fois plus pour une nuit animée. L'attraction principale était une vue à la gastronomie Salon entrée-chemin, avec une des plus grandes fourrures d'ours polaires dans le monde, qui plus tard a été volé, oh bien. Juste à côté ce était l'entrée principale à sens unique avec une capacité de plus de 120 à un, une cafétéria de style buffet de plain-pied avec un line-up matin tous les jours à l'ouverture. Capacité d'Hôtel était plus de 100 chambres, et à ce moment précis, ce était l'endroit le plus fréquenté de la ville, ce est sûr. Sur le côté entrée-par a été une grande salle de banquet de plus de 250 places. Il a été considéré comme le numéro un, pour de nombreux événements spéciaux; mariages, événements sportifs, fêtes X-mas, le jour de St Patty … la liste continuait. Des événements autochtones de toutes sortes, des réunions du gouvernement, à des danses pour la célébration de la vie dans le Grand Nord.

Bien sûr, était une excellente suggestion de mon collègue Newfie l'hiver la disponibilité de travail ralenti pour une raison, le travail intérieur avait des options, avec des tout-en-un hébergements dans le cadre de l'accord de travail sonnait bien pour moi? Changements à long utilisant ma militaire préparation des aliments habileté avec l'offre d'être leur avenir Sous-Chef dans la cuisine à cet endroit occupé couvert toutes les bases. Le jour j'ai été embauché par une BC canadienne. CHEF extraordinaire, l'armée formés, nous nous sommes serrés la main et dans les cinq minutes, il m'a dit "Il vous en coûtera une boîte de bière après changement, vous commencez maintenant."

Ils avaient un garde à la porte entrée-chemin pour les énormes files d'attente, vous quelque chose à penser que ce était très exigeant dans tous les aspects, mais je bien apprécié tout mon temps passé là-bas. Je ai continué à travailler de longues heures de restauration les exigences du service alimentaire au Yellowknife Inn et vivant dans les logements, impressionnants gratuits dans le cadre de la transaction. Ce était une maison du parti pour tout le personnel, et bien sûr valait vraiment le coup comme ce fut le permettez-moi d'y aller sur les pauses, qui était sûr un grand besoin. Vivre dans un petit centre communautaire avait beaucoup à offrir comme il pouvait aller à pied à la barre de rock and roll de la ligne de trappe ou le salon Mackenzie. Travers de la route a ce pub très combattant sur nommée, Gold Range, alias la barre de Curieux Pays Étrange était juste en face de la route. Avec secrète, le jeu de grand temps tenue au deuxième étage que je avais le droit de regarder l'intérêt potentiel d'être l'un des joueurs un jour. Il était une entreprise conjointe de la bande, qui a également été très apprécié, un peu caché sur le côté en ce qui concerne les dames de jeter un regard ou non.

Mettre leur argent durement gagné à travailler pour la tentative de retraite anticipée semblait être l'intention de beaucoup. Deux emplois ont été détenus par quelques-uns à faire de ce rêve devenu réalité avec un peu de jeu à la fois. Il a travaillé pour certains comme ils ont gagné au poker et également investi dans des actions et le marché des actions, qui a été également en plein essor.

Au fil du temps nous avons rencontré lors d'événements plus favorables que nous avons tous deux aussi allés en taxi ainsi, et joué au football contre les détenus locaux pour des événements de plaisir d'hiver. Alex a rebondi au Gold Range parfois, ce qu'un gars.

La ville a grandi, je vous le dis, il n'y avait pas de déconner sur un quart de travail de dix heures avec un choix de six ou sept jours par semaine, mon patron m'a dit quand il est venu sur ma première semaine. Je ai eu une augmentation de l'ensemble de un dollar, et a été aimablement dit de ralentir un petit peu, à un rythme soutenu, et de prendre chaque deuxième dimanche off. Vous ne travaillez pas à l'une des mines pour un bonus - les mineurs qui travaillent dur le font pour une raison ... les grands mâles et la retraite anticipée et cet est une charge de travail très exigeant. Avec mon premier salaire, je ai pris mon frère et maintenant sa femme à une soirée sur la ville. Ils étaient là depuis quelques années maintenant, et ils savaient que Yellowknife était une communauté minière occupé avec les travailleurs dans de nombreuses parties du monde. Bien sûr, il y avait des Métis et des Inuits Deneh, ainsi que quelques Autochtones du Canada; les gens d'autres régions minières du Canada qui sont venus pour travailler ensuite mis leurs familles. Surtout, ils ont travaillé dans l'industrie de la production d'or occupé avec salaire de bonus pour ceux qui étaient de mieux en mieux, et les options de promotion. D'un site à l'autre il y avait concurrence pour ces compétences que l'hiver a été exigeant et traîtres pour certains.

Ce était la preuve que les minéraux détenus encore un grand intérêt depuis le XVIIe siècle de l'arrivée de l'Européen, et plus encore aujourd'hui partout dans le monde. Les jours ruée vers l'or du passé étaient encore en jeu, quatre-vingt-dix pour cent de ce encore là-bas, ou ce qu'on m'a dit. Vous entendrez des histoires dans les bars et restaurants de la ville minière avec des pics et des casseroles sur les murs que les rappels, et je ai été plus tard dans l'or et le diamant canadienne me précipiter. Bien que maintenant, dans le temps de la manipulation du marché boursier d'aujourd'hui a été et est toujours en place pour provoquer des conflits avec les autres sur les questions de la ville. Les parents avaient raison sur le Grand Nord, il était enfin temps de se attaquer aux difficultés de la vie avec sensibilisation à l'éducation. J'ai entendu la vérité à l'Hôtel de Rec et Gold Range et bien sûr entendu pendant la conduite de taxi au moment de la clôture.

Please add caption: L'hiver 1981 en vielle ville
a Yellowknife NT a mon chez nous.

Il y avait des hivers froids avec la vue impressionnante des aurores boréales. Quelques-unes des personnes que j'ai rencontrées vivant dans la vieille ville, près de Grand lac des Esclaves avaient souvent des suggestions. Comme il était difficile de trouver un logement à louer, je ai été présenté à et a parlé à l'homme droit. Plus tard j'ai rencontré le propriétaire avec quelques bières froides pour avoir une chance de vivre au coin de(Chemin du Cue) Ragged Ass Road, pour un loyer abordable dans une petite cabine. Assurez-vous que vous aviez beaucoup de bois niché avec un sac de couchage cinq étoiles de la quarante-dessous les mois d'hiver. Sourire à la pensée de seulement huit heures de lumière combinée avec le bonus pensée des 24 heures de la lumière du soleil en été.

Adventures-1980 de MÂS'KÉG MIKE à '82 continuer, après avoir rencontré un gars de Orangeville, en Ontario, au volant d'un taxi sur le quart de nuit en concurrence avec un autre trente pilotes obligation de fournir des services bien payé à Yellowknife, NT. Les gens ont demandé souvent si c'était normal de demander le numéro de ma voiture. Oui, c'était. Appelez-moi sur le plan personnel. En l'absence de brousse fonctionne encore réellement en place maintenant en 1982 de travailler à l'hôtel Yellowknife INN, conduire un taxi à temps partiel sur le quart de soir, je ai rencontré un ami de longue date de l'Ontario, aka Ace / Skinny Cudney.

MÂS'KÉG MIKE a pu voyager et de pêcher sur les nombreux cours d'eau dans diverses régions du Canada. J'ai presque attrapé le plus gros brochet jamais avec mon bon copain Ace sur le système de la rivière Yellowknife le long des sentiers. Nous avons rencontré un mineur dont la femme était un enseignant de l'école - l'homme appelé "Mad Dog". Comme le lutteur canadien bien connu, j'avais moi-même rencontré sur notre bien aimé l'équipe de lutte de l'école secondaire Algonquin. Il m'a dit qu'il a travaillé de nombreux postes de douze heures à la mine et ce est pourquoi ils lui ont donné ce nom. Skinny était un camionneur de jour - Ace, l'homme de taxi de nuit vs MÂS'KÉG MIKE qui est également mentionné dans son livre intitulé, Comme une question de fait de Skinny. J'ai ramené un jeu sauvage et parfois du poisson pour l'alimentation.

Après trente ans, nous parlons encore amener ses fils d'attraper des poissons, puis jouer crèche après que nous avons consommé quelques bières fraîches ensemble après un long déplacement avec une pause entre-deux, de dormir à son deux-pièces uptown maison juste Kitty -corner de l'Armée du Salut, qui dirigé par quelques grands gens de Orangeville, sa ville natale. A cause de cela il a nommé son chien d'amusement Sally Anne. Après une nuit de crèche elle avait six petits justes sous mon lit location.

Quoi qu'il en soit de retour dans le couteau en 1982, voici maintenant la conduite de taxi au début du printemps, j'avais rencontré une jeune femme de la région de Québec qui ne parlait pas très bien anglais.

Elle venait de s'installer à la ville que son frère avait une place pour elle de vivre, et il lui a trouvé un emploi dans un petit pub. Elle avait également été donné un surnom même - "T" comme son nom français était Thérèse. Les Anglais avait du mal à prononcer le droit chemin et qu'elle avait alors avez-vous réessayé pour la prononciation correcte de celui-ci. Travailler dans un bar un tag de nom a été souvent utilisé dans un environnement de travail bruyant pour une identification rapide, avec quelques autres aspects de gens avec le même nom. Vos compétences de travail de qualité peuvent parfois être la raison de votre nom a été donné à vous ou pour une autre raison.

MÂS'KÉG MIKE a été donné à moi parce qu'il y avait beaucoup de Mikes vivant ou passant par ce occupé la zone de travail de l'exploitation minière. Pour certains leur réputation était le moyen idéal pour rebaptiser eux, et ils pourraient être nommés pour les zones de travail à fort trafic, ou l'une des routes de glace de l'exploitation minière dans diverses régions du Canada. En tout cas je ne me dérange pas. Dans ma jeune vingtaine. Je étais parfois appelé Frenchy oh que ce était ma première langue. Bien sûr, mieux senti à appeler ce nom que l'armée alimentaire prep de style de l'isolement faisait partie de maintenir un niveau élevé. Se il ya beaucoup d'autres gens français qui vivent autour de vous, il est préférable d'avoir juste un nom brousse. Globalement-à-dire quand je étais dans l'armée anglaise avec mon accent, je ai été appelé Frenchy il y avait un par équipe.

Dans les premiers jours noms ont été changés ou un deuxième nom a été ajouté à individualiser. Parfois, les fautes d'orthographe de noms ont eu lieu en raison de manque d'éducation. Après avoir ouvert un compte bancaire à quelques banques au fil des ans, celui-ci à Yellowknife était juste comme celui de ma ville natale. Il a eu quelques autres boursiers par oui, le même prénom, aussi le dernier nom. Morceau de conseil de la banque je ai obtenu était d'ajouter un «a» à mon prénom avec mon milieu initial par mesure de précaution car il y avait deux fois plus nombreux avec mon nom aux États-Unis Donc, comme beaucoup d'autres un nom de code a été utilisé de façon à ne pas souffrir d'une erreur d'identité dans une petite ville de 5,00

CHAPITRE 10
Un Pied Dand Le Bois Et L'Autre Dans Le Taxi

Voici un de plusieur taxi chauffer et vendue a Yellowknife, NT. depuit 1981

Lettre au client qui était pressé comme elle me signe de s'arrêter sur une route principale très fréquentée, alors plaint:

Lundi 21, 2008

Cher Monsieur / madame

Le bureau de permis de conduire YK et de nombreux bureaux ont un signe qui indique dans le cas de non-respect des droits fondamentaux des employés, il vous sera demandé de quitter les lieux. J'ai parlé à un représentant des droits de l'homme sur cette question. Je suis attristé par le fait, on a supposé que l'incident était mon erreur, sans première audience les deux histoires.

Comme un chauffeur de taxi professionnel dans la ville de Yellowknife, je traite souvent avec de nombreuses situations difficiles tous les jours. Lorsque ma sécurité personnelle est compromise ou mes droits humains sont violés, ces règles existent pour me protéger même dans les limites de mon petit espace de travail.

En ce qui concerne le passager difficile de 5617 Franklin Ave. YK, NT, qui a fait une montagne d'grain de sel - pour la sécurité de moi-même et d'autres, je avais refusé de fournir notre service pour cette dame sur un vendredi après-midi 4: 30afternoon l'heure de pointe avec des routes d'hiver extrêmement glissantes.

Comme je suis entré dans l'allée large de ruée vers le trafic de l'ordre de 4 heures: 30-ish h, la dame se tenait trop près du bord de la route principale pour moi de fournir un coffre-fort pick-up. Je me rendis devant elle et me suis tourné autour en toute sécurité pour quitter le terrain de stationnement de manière sûre et professionnelle, car cet un endroit difficile à sortir.

En tant que conducteur, je ai souligné le danger et la raison pour laquelle je ne ai pas arrêté exactement où passager voulait. (J'ai demandé que si elle était un pilote afin qu'elle puisse mieux comprendre la raison.) La dame semblait bouleversé et dit que je l'appelais stupide, que je ne ai pas, et elle m'a dit qu'elle ne voulait pas en entendre lèvre et à la conduire à la Nouvelle Cour. J'ai même proposé de lui appeler un autre taxi. Pourtant, j'ai respecté à la demande de la dame, et son conduit en toute sécurité à sa destination.

Comme la dame prête à sortir du véhicule elle a offert $20,00 pour le paiement. Je ai refusé de paiement et lui ai demandé de bien vouloir quitter mon véhicule, et de ne pas reprendre mon taxi. Elle a ensuite quitté.

Se plaindre au bureau en ce qui concerne cette question a été, à mon avis, une tentative pour couvrir les pauvres, les commentaires insultants à courte vue qu'elle a fait, et elle a renversé la situation pour les faire sonner pire que ce qu'ils étaient en réalité. Personnellement, après je ai laissé tomber la dame hors Je ai oublié à ce sujet. Elle a dit qu'elle avait eu une mauvaise journée, mais ce ne ai aucune raison de le ruiner pour les autres.

Si elle se est excusée je pouvais changer mon esprit - nos clients à prendre les chèques de paie.

Nous avons rencontré plus tard et serré la main. Pas de soucis. La vie continue.

Conduire en toute sécurité est le numéro un pour tous, et le service public est une priorité dans le traitement des personnes de tous les groupes d'âge. Certains vont à leur lieu de travail ou à l'aéroport au sein de la fluctuation des délais. Ils peuvent être obtiennent le baby-sitter, ou d'aller à l'école ou de nombreux autres événements. Le paiement est parfois subventionné si nécessaire dans le cadre de l'emploi, ou non, est d'aider les personnes handicapées de tous les groupes d'âge, en regardant les enfants pour la maman, la manutention des bagages avant et après les arrivées, portant épicerie sacs à la porte, ou en tournée autour à des événements. Conseils sont bien appréciés et il est courtois de le faire. Coût et argent gagné est égal à quatre-vingt-les heures, plus de travail d'une semaine.

Les parents ayant des enfants vont à l'garderie, alors le lieu de travail dans les voyages de combo, ou ils peuvent aller dans les magasins alimentaires ainsi que des bars, pour couvrir tous les autres aspects de cette communauté minière occupé. Avec de nombreuses excursions dans les villages en bordure de route de Dettah - Fort Rae Fort Providence tout le chemin à Hay River, parfois ce était très long et retour pour certains. Droite dans la ville il ya des églises effet pour accueillir les religions de beaucoup d'autres parties du monde qui se travaillent dans divers aspects de l'industrie minière par contrat ou pour un bon salaire horaire. Avec des gens bien connus à des manifestations sportives, chaque année comme une promotion, les joueurs de hockey retraités joué contre l'équipe de la GRC, acteurs, politiciens, ou musiciens dans les festivals Frantic Follies été, ou le Carnaval Caribou dans le pays du soleil de minuit Yellowknife.

Avec sur les communautés de la ville qui a également besoin de services de transport de l'année, ils ne dépendent la ville désormais capitale de Yellowknife pour soutenir de nombreuses façons. Comme les sites d'exploration et d'exploitation minière se sont rapprochés de leurs domaines communautaires, avec un grand potentiel pour l'avenir, il est toujours partie d'aujourd'hui. Parce que des équipes du Canada et de diverses parties du monde, dont beaucoup ne vivent en YK et il ya des prix élevés de l'immobilier ainsi que l'extrême manque de choix en hébergement local. Maintenant la demande minière n'apporte beaucoup de leurs villes d'origine, mais en été, hébergement de temps est plus disponible parce que vous pourriez apporter votre tente. Le parc a du potentiel et je l'ai fait quelques fois juste à côté de Long Lake. Diamants, l'or, le pétrole et le gaz sont en grande demande et les communautés autochtones du Nord connaissent-il.

Oui, il ya des mauvais jours pour les gens de tous les groupes d'âge en particulier sur un jour de pluie, très froid, ou à la fermeture d'une barre de théâtre. Les périodes les plus achalandées de la ville sont amplifiés par une combinaison d'heures, les arrivées d'avion à l'aéroport, et des délais de terminaux. Des voyages plus longs paient plus d'un court trajet en voiture en ville. Le client doit simplement appeler l'envoi à l'avance. Planifier à l'avance empêche simplement difficulté. Il ya répartiteurs méticuleux pour les appels entrants et sortants pour les heures de pointe de la journée. Ils aident les autres trains sur la prise de conscience des défis de conduire qui pourraient perturber le service continu. Habituellement, ce est ivrognes sans argent, ou des arguments sur des sujets comme les plaintes des clients pour un service fourni. Ils paient le même tarif soit riche ou pauvre - qui est tout au sujet de gagner sa vie pour nourrir les familles, et de payer les factures, tout comme vous. Dieu merci pour payer l'autobus si la communauté a ce service. Célèbre ou non devrait y avoir plus nécessaire, des choix comme limousines sont généralement possible en réservant en avance.

Retour sur la piste pendant de nombreuses heures, fournissant au public un service de taxi et de prendre quelques jours de congé. Répartiteurs nous ont aidés à prendre soin de nos voitures que les chauffeurs publics sûrs. Si une voiture était sale ce était d'être lavé, ou pas de voyages. Des contrats ont été offerts au début pour voir comment je ferais pour commencer. Une fois votre réputation avec un nom de code a été okayed, afin d'isoler les sites miniers j'irais. Bien que les marchandises sont parfois transportés dans, souvent les routes de glace d'hiver sont aussi un facteur de transport pour les fournitures; en elle-même un service moins cher que de vols vers les mines quand il est fait au bon moment. Bien sûr, le transport à la ville comprenait l'aéroport. La route de glace a été bloquée deux fois par an pour un total de douze semaines environ.

Maintenant, avec un nouveau pont en place, les choses ont changé avec plus accès toute l'année à une ville minière aujourd'hui très occupé de Yellowknife avec plus de 20 000 de la population. Retour ensuite dans le début des années 80 l'hiver transport temps dans YK était en grande demande, et le service de taxi a joué un rôle très important pour les équipes de la GRC et de lutte contre l'incendie, suivie par une assistance aux EMT, et pour les vols entrants avec Buffalo Joe et d'autres Airways. Taxis contribué à divers aspects des soins hospitaliers comme nulle ne part ailleurs. Certains jours, cinq cents dollars a été fait - que le pain était décent pour de grands services à la communauté Dene proximité. Dans la formation pour la sécurité de tous les pilotes était n ° 1, car c'était un service public et il n'y avait aucun service de bus adéquats à l'époque.

Dans les années 80, je travaillais sur les zones isolées dans les explorations de diamants, au moment d'une terrible explosion qui a mis la communauté en désespoir de cause, pour dire le moins. Nous lisons dans les nouvelles Yellowknifer.

Quoi qu'il en soit une seule station de taxi était ouverte alors, mais plus tard il y avait des possibilités de concurrence, car une deuxième et troisième société ont été ouvertes pour répondre à la demande. Cependant, la plus ancienne compagnie de taxi ville avait de longue date le plus, les pilotes bien connus et il a été plus tard vendu aux particuliers actionnaires. Avec l'aide de mon amie Denyse Simba de Niagara Falls et spécialiste de PC M. Amerik de l'Inde, avec bien entendu notre avocat, j'ai rejoint en cela. Mes 50 parts valent maintenant beaucoup plus que le $ 6000 je ai payé tout chez Tim Horton, ce jour-là. L'offre de vente a eu lieu chez Tim Horton sur un samedi matin, milieu de l'été 1992, je crois. Ce vendredi soir, nous avions joué quarts et crèche au

Range étrange, et le propriétaire, qui était un bon copain yougoslave de moi, me ont dit tout droit que si je être intéressé par l'achat d'actions, d'avoir juste la somme forfaitaire de l'argent le lundi matin ou autre.

"Combien?" Demandai-je avec un sourire.

"Eh bien, pas de mensonges," at-il déclaré. "Un total de $ 300 000 dollars, en gardant à l'esprit mon fils obtiendra vingt pour cent dès le départ. En ce lundi à venir ou autre. Premier arrivé, premier servi, d'accord? "

Ici, nous sommes ce samedi matin, avec une pile enroulée d'argent un pied de haut, pour les parts offres transmises par notre dame répartiteur ami qui ont acheté un elle-même, je crois, ce qui permet sainement groupes de trois pour le rendre facile. Parmi les 50 parts qui étaient disponibles que pour ceux qui les voulaient bien sûr, nous savions qu'il y avait un avocat en place pour confirmer la transaction. Certains ont acheté plus d'une action avec douze. Je crois que son fils couvert un morceau tout de suite, comme il était tout en.

Grâce à l'utilisation d'un téléphone cellulaire stylo suivie par le bouche à oreille, les pilotes ont sauté pour vérifier que c'était tout lieu de prendre. Assez sûre pour une part $ 6000 dollars ce jour-là était tout à fait vrai.

Avec une bouteille de champagne dans l'accord final, et a été témoin ce lundi à notre bureau avec quelques-uns des actionnaires, nous nous sommes serrés la main dans la célébration de cet événement. Bien sûr, il était l'hôtel de ville registre du nom de l'entreprise en raison de l'exigence de règlement local de le faire. Il était approprié de couvrir tous les aspects de l'entreprise. La sécurité est # 1.

Avant cette grande vente du 1993 City Cab Compagnie, comme dans les années 80 début des années mon bon ami Ace aka Petit et moi, comme beaucoup d'autres étaient des chauffeurs de taxi de temps plein / partiel. Souvent comme un deuxième emploi, avec un bon salaire pour les nombreuses heures. Skinny était au bar Gamme d'or à Yellowknife le taxi décrochage à deux de voiture qui l'attendait pour un voyage avec la fenêtre vers le bas que nous avons discuté avec un de l'autre sur une nuit ensoleillée lente. Oh si ennuyeux hein! C'était un jour de congé pour moi de l'YK INN.

"Avez-vous joué toutes les cartes?" Il m'a demandé. Armée formé sur la côte par l'équipe Newfie, oui garçon. Nous sommes allés à jouer cartes sur son lieu juste autour du coin en face de l'Armée du Salut, où les gens qui couraient il est venu de sa ville natale d'Orangeville, en Ontario. Bien sûr, pourquoi pas? Il pourrait payer avec une petite pause et peut-être assez pour une boîte de bière. Comme ce était lent, nous avons tourné la brise, regardé les sports à la télévision, et collé autour pour une alimentation avec un peu d'autres chauffeurs de taxi qui étaient également de l'Ontario. Nous avons appelé l'expédition un peu plus tard, mais il semblait que c'était très calme, c'est parti pour garer la voiture, puis ramasser une boîte de bière pour un match de douze jeu - gagnant garde tout à cinq dollars par jeu.

Nous avons regardé les sports et les nouvelles, et a joué beaucoup de crèche dans les périodes creuses, ainsi que backgammon pour quelques dollars ici et là. Nous avons continué à le faire avec l'accès d'expédition, au cas où il s'est vraiment occupé tout d'un coup. Pas de bières autorisés; la GRC à Yellowknife était très strict pour une bonne raison ... pour sauver des vies. Oui, nous avions mis le jeu en attente et sortir là tout de suite, parfois avec le jeu en attente pendant un jour ou deux. Après une nuit bien remplie, nous avons joué cartes par le poêle à bois qu'il y avait. Bien sûr apporté souvenirs de la maison et nous avons chassé avec une bière froide après. Fatigué après une nuit cribbage tard, je ai eu l'offre pour un sommeil-sur au cabane de Ace, dans la pièce de rechange. Oui, son chien laboratoire mélange nommée Sally Anne mis sous le lit pendant que je dormais, et elle a donné naissance à six chiots par le temps du matin. Quelle surprise ce fut pour moi en ce dimanche matin.

Comme tous les bars étaient encore fermés à l'époque le dimanche, le service spécial des bootleggers de très forte demande a été très apprécié. Dieu merci, ils ont ouvert enfin les magasins de bière le dimanche dans certains endroits. Conduire taxi sur ces jours, si vous étiez confiance par une personne pour prendre un client à un coup de pouce des gens de toutes nationalités ok vous aimait l'alcool et qu'il soit une petite communauté, il a été connu par la moitié de la ville. L'alcool était pas vendu au groupe d'âge des moins de dix-neuf-, qui est toujours la loi. Ace et je ai conduit pirater le soir parfois avec un jeu de cartes et une carte de crèche dans une zone mi-ville, donc si ce était lent, comme six voitures en attente nous avons eu beaucoup de temps.

Bar clôture était comme les jours de la ruée vers l'or. Il y avait de bonnes bennes et je ai rencontré des gens de partout, certains d'entre eux célèbre. Partager un taxi avec quelqu'un quand on arrive, parce que le réservoir est ivre menace pour une vraie bonne raison.

Souvent, la nouvelle de la ville étaient à la recherche d'un emploi ou avaient trouvé un et attendaient d'être volé en toute sécurité dans un endroit isolé pour un meilleur salaire, en attendant les grands lacs de geler dans le froid extrême. Bien sûr, les musiciens de la bande seraient passent soit six semaines au Gold Range car la disponibilité de route de glace était en attente jusqu'à ce que le gel jusqu'à. Ce était un tout petit peu d'une lente, moment difficile pour certains. Oui envoler était possible. Ce serait la définition de Cabin Fever Gone Wild qui rendrait la GRC a mis des heures supplémentaires dans la fonction publique.

Aujourd'hui, trente ans plus tard, un pont est enfin là. Parfois musiciens célèbres là-bas pour des événements d'été ou les joueurs de hockey bien connus, retraités joué contre la GRC en compétition dans les jeux d'hiver dans le cadre du Carnaval Caribou. A pu rencontrer quelques-uns tout en regardant les jeux à l'aréna qui était populaire et que les sports promus pour grand moment de local. Surtout dans les visites d'été, je ai rencontré quelques-uns de nos politiciens et les premiers ministres, avec notre famille Monarchie anglaise qui est venu pour les visites et nécessaire courses en taxi maintenant, alors. Un soir, à la plage je me suis fait signe par le célèbre actrice de cinéma Margo Kidder, née à Yellowknife. Il y avait beaucoup de musiciens bien connus dans les festivals d'été avec beaucoup d'autres gens juste là dans l'espoir d'attraper un gros poisson au large de la Grand lac des Esclaves ou chasser un orignal ou le caribou. Pour les chasseurs, il était un rêve devenu réalité. Oui, un peu de danse dans les pubs après le travail d'une longue journée a été apprécié par beaucoup. Il y avait des bandes de style du pays et les pubs ont été remplis avec des gens locaux et de nou-veaux visages et il y avait beaucoup de danse passe.

Prenant une pause d'été pour les 24 heures de la pêche de la lumière du soleil avait quelques moments de temps en temps que la chasse impliquer pour la viande de caribou qui vous donnerait un long pet puant. Les gens me demandaient, «Êtes-vous d'accord?" A quelques bières froides peuvent avoir été les coupables de combo pour la mésaventure gastrique, mais la marche a pris soin d'elle. A la maison, jouer crèche, le bail et le gaz paiement hebdomadaire étaient sans aucun doute payé par les changements de la cabine de douze heures ou la version longue de changement si le propriétaire ne était pas là.

Nous chauffeurs regardaient les uns les autres pendant les périodes occupées avec beaucoup de transmettait hors célébrant ce que il y avait des événements ou de temps de l'année il était, avec des appels aux parties après-heure si vous aviez trésorerie ou de la bière. Et la recherche de ce droit quelqu'un pour partager la nuit avec la demande était grande année.

CHAPITRE 11
Diamond Tooth Gerty

AVENTURE AU VILLAGE DE DAWSON YUKON 1982

Ville de Dawson Yukon, 1982 Chef cuisinier aux hotels

Travail a ville de Dawson au Yukon, 1982

L'hiver à Yellowknife je conduisais un taxi, alors maintenant ici ce était l'hiver de 1982 et je avais rompu avec une petite amie et se installe à la place de mon ami Denyse Kutelsa car il était difficile de trouver une place dans le Grand Nord de Yellowknife. Donc, comme elle a travaillé à la section militaire de Yellowknife à l'époque, je lui ai dit que j'avais été dans l'armée avant et elle a dit qu'ils sont toujours à la recherche. Le lendemain, je suis allé et réappliqué à leur bureau pour une position avec les communications radio navales. Je cherchais une nouvelle demande comme officier de marine de communications radio et oui pour la deuxième fois que je passais, m'a pris dans et a travaillé avec les communications radio sur le navire. Ils allaient me renvoyer à Boot Camp à Cornwallis, en Nouvelle-Écosse et refaire la formation de douze semaines, alors voici ce était. Sur un jour de printemps, je ai donné mon préavis de deux semaines à ma propriétaire de taxi yougo-slave et lui ai dit que j'étais de rejoindre l'armée.

J'ai remercié Denise pour l'info et un endroit pour rester pendant un mois, et je suis parti. Donc ici, j'étais à la BFC Edmonton. Je étais sur un vol direct retour à Boot Camp quand tout d'un coup que je me tenais là avec mon sac à la main, je ai entendu mon nom sur le système de recherche de personnes, et que je ai eu un appel de Yellowknife. C'est Denise. La dame que je avais rompu avec était juste à côté d'elle vouloir me parler. Dès que nous sommes arrivés à parler à un autre, elle se est excusé pour me donner des coups hors de l'appartement et a offert pour nous de rencontrer à Whitehorse chez un ami et nouveau départ. Un militaire du monsieur qui me avait parlé à propos de l'appel de téléphone m'a dit que l'avion quitte en quelques minutes et de dire au revoir et de raccrocher. Je ai fait signe et lui dit merci, mais con-tinué à parler à Theresa. Avec ses excuses et son offre de prendre un nouveau départ, elle a dit qu'elle avait à payer mon billet d'avion retour à Whitehorse si je serais autorisé à quitter par les militaires. Je pour-rais être accusé de ne pas se présenter. Comme je continuais à parler avec Teresa au téléphone, elle pleurait et encore une fois m'a demandé si j'étais prêt à voler et se retrouver avec elle et ne pas rejoindre l'armée. Elle a dit de leur dire qu'elle était enceinte.

Je ai eu à signer certains documents pour faire mon officielle de congé. Voilà comment je me suis retrouvé dans le Yukon. J'ai pris un taxi pour un motel et Theresa à proximité et je ai eu une chambre et composé. Le lendemain, nous avons commencé à chercher un emploi. Elle a obtenu un emploi comme serveuse dans l'hôtel où nous étions. J'ai regardé pour le travail et j'ai pu rencontrer d'autres gens de Yellowknife qui étaient également à la recherche d'emplois. Le centre d'emploi m'a aidé avec mon CV. En attendant, nous avons visité le centre-ville et de se familiariser avec la région. Donc finalement, que la semaine s'écoulait, j'ai trouvé du travail à l'Hôtel Westmark où deux lave-vaisselle et le cuisinier ont récemment quitté leur emploi. Je ai été embauché sur place comme sous-chef, mais on m'a demandé de faire la vaisselle d'abord parce que le lavabo était pleine. Puis, plus tard, j'ai mis les compétences de cuisson que j'avais apprise dans l'armée à utiliser. Puisque le travail du chef / cuisinier était saison, je me suis fait trop. J'ai entendu de quelques mineurs dans la région que j'aimerais faire un plus grand dollar alimentant les travailleurs dans les mines. Ayant rompu avec Teresa encore une fois, je pris l'avion pour Yellowknife à l'automne.

Comme je suis retourné à Yellowknife du Yukon qui tombent, en préparation pour l'hiver, je ne me obtiens une cabane à prix abordable dans la vieille ville juste autour du coin de Ragged Ass Road où je ai pu rencontrer un bon copain Skinny / Ace ce jour-là.

Je ai touché base avec Skinny lors de nos journées de travail de piratage, comme nous nous sommes assis dans l'une des zones d'attente pour l'expédition à nous appeler sur un voyage de la partie vieille ville de Yellowknife à la zone de la ville de back-up. Nous traversions les doigts pour un voyage de l'aéroport de vingt dollars. La ville a été divisée en zones et nous étions dans la grande aire de stationnement de ce club de remise en forme, en attendant notre tour. Tout d'un coup, un matin Walker avec le surnom Comminco sortit de la commune racquetball / douche.

C'était un homme que j'avais appris à connaître dans YK et il nous a dit que quelqu'un avait une cabane à louer juste sur la route. Bien sûr, ce jour-là avec le numéro de téléphone et l'adresse de la location de cabane, je lui ai offert une bière froide en remerciement après mon quart de travail. Effectivement, dans l'heure j'ai eu la cabane d'un résident de longue date de Yellowknife avec les règles et les règlements et le loyer du premier et du dernier mois. Au pub appelé le Wild Cat Cafe un peu plus tard, avec mon copain Ron, l'homme qui me avait dit de la cabane, nous avons rencontré un autre gars de Cobalt, en Ontario, que nous étions assis tir la brise de travailler ici dans le Nord. Je suis arrivé à raconter mon histoire sur mes aventures du Yukon, comme il était un foreur de diamant qui venait d'une communauté minière bien connue par le passé, qui est maintenant une zone de la retraite parce que certaines personnes ne quittent jamais - cet où ils restent à leurs derniers jours.

C'est là que je suis venu à entendre parler de travail dans les régions isolées pour les gros dollars. Bien sûr, à long, journée de travail difficile sont une partie de celui-ci. Arriver à être les jours froids ici maintenant à l'automne, nous avons couru dans l'autre sur un début de matinée, en plus de couper et transporter bois à l'extérieur avant qu'il ne soit à quarante-ci-dessous à Yellowknife. Il a vécu à droite sur Ragged Ass Road, juste au coin de mon beau, chaud vieille cabane. J'avais déménagé au bord du Grand lac des Esclaves en vue des aurores boréales. Nous avions tous les deux travaillé pour Midwest forage dans deux endroits différents de la Great White North. Le bureau principal de cette tenue était à Winnipeg, au Manitoba et ils ont travaillé à rendre la meilleure offre après que les échantillons d'exploration des géologues commencent une mine.

Comme nous avons parlé de l'exploitation minière, après avoir été dans le Yukon, je lui ai parlé de la similitude dans les histoires que vous entendez. Nous sommes allés pour une croisière plus tard cette semaine au bureau de Yellowknife pour voir quand le prochain tronçon qui allait se passer. Le patron nous a dit nous préparons parce que la glace était suffisamment épaisse avec un gros contrat en place pour un équipage de deux forage.

C'était tout simplement génial. Nous avons eu au début, et mis en place le camp de six tentes pour un couple de semaines à l'avance.

Maintenant, après une période de douze semaines brousse tronçon, nous avions fait seulement environ soixante-dix miles passé Yellowknife juste à côté de la rivière Beaulieu où une mine précédente des années 50 qui avait existé avant était juste maintenant revérifiée par un groupe local dans le cadre de l'exploration équipage. Souvent, cela a été fait au début de l'hiver, lorsque la glace est correcte pour le début de forage-découverte de l'exploration, au prochain être déplacé à l'exposition sur la terre ferme pour la finition du forage, à la recherche de minéraux pour l'industrie minière. Au fil du temps, en collaboration avec les équipes sur les deux quarts de travail de douze heures, vous apprendrez beaucoup sur beaucoup de choses qui se passent sur ce projet. Comme nous avions été sur quelques courses il m'a dit qu'il avait lu un livre qui a déclaré seulement un dixième de l'or au Yukon ne avait jamais été trouvé. De mes quelques visites précédentes, il m'a juste dit qu'un jour il se dirigeait là-bas, donc si jamais vous êtes dans le quartier regardez-moi et je vais obtenir une cabane dans ce coin de pays.

"Très bien," j'ai dit. "À un de ces quatre. Avoir un bon voyage là-bas, hein? "

Corner Jake, un restaurant à proximité que je ai travaillé au, possédait une cabane dans Tagish, juste de l'autre côté de la rivière. Avec un virage de la route Tagish en Colombie-Britannique du nord, avec un peu de paillettes d'or dans ce domaine, sous votre casserole. Le Territoire du Yukon borde la Colombie-Britannique, au Nunavut, TN-O, et de l'Alaska. Il est connu pour ses paysages de montagnes spectaculaires, avec génial

GLACIERS INTÉRIEURES JUSTE À CÔTÉ DU FLEUVE YUKON.

Les chefs de la route jusqu'à quelques petites communautés, tout le chemin à Inuvik, TN-O. La route de Dempster, qui entraîne tout le chemin jusqu'à l'océan Arctique, dépend du tourisme, certaines mines, et les histoires légendaires d'autrefois, de l'orpaillage, écluse, boîtes et à ciel ouvert comme l'une des plus grandes mines de la Serpentine monde.

Nous sommes arrivés à Whitehorse pendant le temps du carnaval d'hiver en Février 1982. Ce était un hiver doux et les gens du pays nous a dit que trouver du travail serait difficile. Selon eux, l'hiver n'était pas particulièrement occupé. Ce était une période lente et avec une mauvaise économie, mais il pourrait y avoir des emplois avec hébergement inclus si vous ne savez pas l'esprit de travail hors de la ville une façon. Une dame qui travaillait à l'Hôtel Chilkoot nous ont dit qu'ils avaient de bons taux d'hiver avec toutes les commodités. Nous avons donc cependant frappé le centre de l'emploi, avec peu de succès,. Comme nous l'avons fait notre chemin vers certains des magasins et des pubs locaux, mon ami Theresa eu de la chance et a obtenu un emploi dans un salon, à temps partiel. Eh bien ce était un début, donc nous nous sommes dirigés vers les hôtels, et a passé un mois la recherche autour d'une voiture, car nous avions des amis qui avaient roues.

Je travaillais une saison estivale à l'Hôtel Sheffield, l'ancienne Voyage Lodge à White Horse. Ma position était celle de cuisinier oscillation de décalage, se approvisionner en articles de menu pour le lendemain, le travail de préparation pour le bar à salade, et couvrant des changements en désavantage numérique. L'hôtel se vantait un coin garanti de 300 personnes, surtout des Américains entonnoirs dans et hors des excursions en bus pour les Frolics Frantic montrent -deux une journée.

Après environ deux mois de cela, le chef m'a approché avec une offre de transférer à un petit hôtel appartient à la société, à 350 miles au nord de White Horse. Je n'avais jamais été à Dawson City, au Yukon alors j'ai sauté sur l'occasion pour soulager le chef là-haut. Il se dirigeait à l'hôpital pour la chirurgie et serait mis en place pendant un certain temps. Je ai donc fait mes valises et a attrapé un tour avec l'un des bus de tournée. En 1982, l'année où je suis arrivé, vous pourriez encore un sac brun de bouteille d'alcool dans la rue et acheter de l'alcool sept jours par semaine, et le bar de la capitale à Whitehorse ouverte à 09h00 précises. Chaque année, ils ont une reconstitution d'un événement des hommes des bois (bushwhacker).

Mon travail a été remplacé Larry, le chef du occupée Gold Nugget Hôtel qui a servi des excursions en bus et la population locale. Il y avait environ 3000 personnes dans l'été. Le personnel de l'hôtel se composait de quatre cuisiniers et une demi-douzaine serveuses. L'hôtel lui-même était un set-up pittoresque d'une vingtaine de chambres. La cuisine était petite mais efficace pour le siège 80 repas au restaurant et alentour qui a été élégamment décoré dans le style des berlines. La zone de service alimentaire avait deux grandes tables de vapeur, bar à salade, et un menu complet avec petit-déjeuner et le saumon frais cuit au four de la rivière toute la journée. Ouvert sept jours par semaine pour accueillir la haute saison.

Mas'Keg accueilli le défi. Cela allait être amusant; huit semaines de cela, plus un hébergement gratuit - une autre raison d'aller .Bien ne serait pas vous le savez, deux mois plus tard, je étais toujours là.

La fille que je voyais au moment venu pour le long week-end pour découvrir la ville. Elle ne avait jamais été à Dawson soit. Je étais là une couple de semaines et je avais commencé à se familiariser avec la ville, alors je l'ai pris sur un tour. Alors que nous marchions par l'un des pubs locaux, celui surnommé le Snake Pit, la musique et les sons de personnes exerçant et ayant un bon moment versé dans la rue. Les larges trottoirs en bois de six pieds à l'avant de la pub avaient certains des canines locales tout autour de la pose. Ce était un peu étrange, nous avons entendu un chahut de la pub du centre-ville sur la route; un joli pub avec des escaliers en accordéon et les portes battantes comme Gunsmoke et les films de cow-boy Old West. Tout d'un coup, ce gars est venu en trébuchant et a atterri au bas de l'escalier, la guitare d'un côté et le chapeau sur le sol à côté de lui, suivi par ces mots célèbres. "Ne pas revenir ici." Ma fille et je ai regardé les uns les autres et a commencé à rire, heh comme à la télé. L'homme se leva, et se dépoussiéré. Son orgueil a été blessé, c'est à peu près tout. Il sourit et dit, "Votre mère porte des bottes de l'armée et des robes que vous drôles," pour le portier. Puis il saisit ses affaires et avec un peu d'une oscillation de puissance a fait son chemin à l'Snakepit, juste en face de la route.

Le bar du centre-ville ressemblait à un lieu passionnant donc nous sommes allés à avoir un coup d'oeil autour et bien sûr, il avait l'étoffe mais il y avait seulement une douzaine de personnes assises autour. Donc, nous nous sommes assis avec le dos contre le mur. La serveuse est venus, et nous avons commandé une bière et vérifié les environs. Il y avait un stade où des artistes s'effectuer plus tard, on nous a dit. Peu de temps après nous avons eu nos bières, ce monsieur bien habillé avec une barbe et un chapeau de capitaine s'approcha de nous et il s'est présenté. «Je suis le capitaine Dick, un rat puissante de la rivière, à partir de ces pièces ici," dit-il avec voix rauque et un peu d'accent. Il a dit qu'il avait été autour depuis des années et il avait couru bateaux et navires. Il a demandé se il pouvait se asseoir pour une bière.

"Ouais, bien sûr," nous avons dit. «Pourquoi pas?» Alors il tira une souche et s'assit entre nous avec un grand sourire sur son visage suivi d'un sourire, comme il l'avait demandé très poliment! Il nous a dit qu'il savait où panoramique pour un peu d'or. Pourrions-nous lui en acheter un et il nous parler de la riche histoire de Dawson City, avec des histoires vraies de cette région montagneuse du Klondike? L'histoire de Dawson, hein! "Eh bien le capitaine, tu chercher une bière," était ma réponse. «Donnez-nous la verité. Pourquoi cet homme ne faire expulser plus tôt? "Nous avons demandé.

"Eh bien," dit-il en riant et répondit qu'il était probable pour glander bière hors les clients. Nous avons tous commencé à rire et après environ quatre bières, nous avons commandé quelque chose à manger. Avant la nourriture est venu, le capitaine a sorti cet objet noueux prospectifs de sa poche.

"Good Golly, ce est que ça?"

«Mon fils, mon fils,» dit-il, «Ce est la pointe aigre infâme. Bon, alors comment ça marche? «Il m›a alors raconté l›histoire sur la façon dont un Français avait perdu son orteil dans un accident minier et qu›il avait en quelque sorte fini avec elle comme un souvenir ou gagné au poker. Il avait alors été mariné dans du vinaigre ou quelque chose. En tout cas, pour une somme modique je pourrais devenir un membre de l›Association des Sour Toe Buveurs du Yukon. Comme nous l›avions acheté quelques bières, il jeta l›orteil dans mon verre de bière et a dit, «Cheers, boire votre bière et ce est tout», comme il a tiré un certificat de sa poche.

"Cheers", j'ai dit que la bière descendit suivie par le grand aux pieds avec l'ongle noueux sur la fin.

«Oh ho ho», «le capitaine a dit qu›il m›a serré la main et m›a donné le certificat.» Bienvenue au club des Buveurs Sour Toe. «

Je ne pensais pas que ce était un vrai orteil humain à l'époque, cependant, je ai découvert plus tard que ce était. OOOH mon !!

Nous avons terminé la nuit avec des promenades autour de la ville et une promenade à travers le fleuve sur le Yukon Lou, un petit bateau à aubes, qui a acheminé les gens à le terrain de camping à une courte distance. Il nous avons couru dans un monsieur qui jouait de la guitare. "Hé, vous êtes le gars que nous avons vu au bar plus tôt."

Mon ami, quelques bons souvenirs de Dawson City ... Trop drôle, les petites villes hein?

Environ un mois plus tard, je étais au Diamond Tooth Gertie est le pub local qui est un jeu et le poker endroit bien connu pour les Canadiens et les touristes américains. Il ya un spectacle de style Can Can qui vaut bien la vue. Comme je jouais un jour, il y avait ce monsieur local qui avait misé le pot sur la dernière main de poker ce soir. Il m'a montré sa bonne main, mais fut de courte 200 dollars pour ce pari. Il a offert la moitié du pot ou la propriété de sa voiture. C'est suffisant. «Est-il travailler pour vous?" Demandai-je.

«Hell yeah,» répondit-il.

Je ai serré la main, acceptés, et lui a donné l›argent. Nous avons attendu le résultat du distributeur pour raconter l›histoire. Ah zut.

Il n'a pas gagné et nous avons pris la voiture à Eagles Plains pour un essai routier. Enfer, nous avons vu un énorme grizzly. Oui, a eu de faire du stop retour - a pris le premier tour. Environ une semaine plus tard, je me suis arrêté pour une visite à l'endroit où l'homme m'avait vendu la voiture et frappé à la porte. Sa femme m'a dit qu'il dormait et d'aller le réveiller. Je ne ai donc, juste pour lui faire savoir qu'il pourrait avoir sa voiture parce qu'il ne avait fait à mi-course. Quand je entrai dans la chambre, l'homme dormait avec une jambe qui dépassait de sous les couvertures. Le gros orteil de son pied gauche manquait.

Souffrant succotash, j'ai pensé. Peut-être qu'il a perdu pour le capitaine dans un jeu de poker. Oh non, plus tard, il m'a dit qu'il avait perdu dans un accident minier.

Donc, hors de Yellowknife je reviens, à l'automne de 1982 à droite à l'YK Inn avec un endroit pour vivre, ou alors j'ai pensé. Malheureusement, en raison de trop jouer avec les rénovations et son expansion, quartiers d'habitation avaient disparu. Cependant, la position de sous-chef était toujours en grande demande. Retour à elle pour moi. J'ai fait une visite à mon frère et la femme au nouveau lieu qu'ils ont appelé le Dog House. Eh bien, c'était un lieu de fête de son propre et j'ai été finalement confiance pour être mis en charge du loyer avec les locataires. Ayant gratitude séjourné pendant un mois, je ai eu ma première tard cabane à prix abordable dans la vieille ville. Ce était comme les jours en arrière, avec une salle d'un 12 x 16, distribution de l'eau une fois par semaine, une lanterne pour la sauvegarde, et un vieux poêle à bois de style sur la rue principale, juste à côté de Ragged Ass Road à louer bon marché et un club de remise en forme à une courte marche pour les douches. Vous ne pouvez pas demander plus. Je ai conduit encore bidouille à temps partiel, avec le temps de rivaliser dans le lit avec mon maigre Ace et quelques autres avec des noms utilisés comme mesures de précaution, vous devriez en difficulté avec une soirée au bar étrange Range, comme beaucoup l'ont fait pour abaisser le niveau de quarante-ci-dessous le stress hivers. Bientôt, je cherchais à faire un autre tronçon de brousse pour dollar bien méritée pour payer les factures

En l'absence de voiture à la main pour me contourner, je prenais quelques taxis à quarante-dessous de bavarder et obtenir des conseils de quelques autres chauffeurs de taxi sur l'obtention de ma classe F / 4. Eh bien nous y voilà, j'ai commencé à conduire un taxi à temps partiel en 1981, avec le potentiel des offres jour par d'autres propriétaires de taxis à l'avenir. Dans une autre ligne de travail, je ai pu rencontrer mon ami de longue date Ace Cudney, qui était un chauffeur de taxi la nuit / camionneur par jour, et les copains avec Alex Debogorsky. Nom de code Skinny / Ace, mon bon ami à ce jour. Comme il m'a battu par écrit un livre, il m'a aidé à écrire le mien que nous avons voyagé dans de nombreux endroits, parfois avec le même groupe ou avec d'autres au fil du temps.

Grâce à ce processus, nous avons en effet l'occasion de rencontrer beaucoup de gens et leurs familles que je suis toujours en contact avec à ce jour. Et maintenant, avec l'accès en ligne d'aujourd'hui de la communication par e-mail, Facebook, et envoyer des SMS, il est tout aussi facile. Bien sûr heureux d'avoir appris à taper. Lui et moi avions datée quelques dames, il a ensuite, à trente-huit ans s'est marié à une belle dame des Philippines. Ils ont maintenant deux garçons qui vivent non loin de l'autre. Mon épouse aimante est également en provenance des Philippines. Nous avons obtenu ensemble pour parler du bon vieux jours passés dans le couteau. Comme beaucoup de ceux qui avaient l'inspiration à venir vers le nord et être les travailleurs acharnés, avec leurs enfants, ils continuent à être des amis de la famille. J'ai obtenu de l'aide dans des rappels pour écrire ce livre. Et Ace m'a donné de l'aide en passant par une blessure acquise Brian comme il est lui-même un survivant d'un accident de retour dans les premiers jours, vivant en Ontario.

Oui, je ai fait des erreurs, et appris à la dure tandis que dans la fonction publique sur les règles à respecter.

Comme la ville de Yellowknife Cabs a été achetée et vendu aux propriétaires individuels plus d'une fois sur un temps, il avait une bonne réputation avec des pilotes provenant de diverses régions du monde comme un deuxième emploi. Certains d'entre eux étaient mineurs, et d'autres étaient les habitants à temps plein. Les heures de travail supplémentaires pour les gros dollars, surtout en hiver était en grande demande. En début des années 80 dans le couteau, je ai travaillé encore des jours dans les hôtels, alors commencé à conduire un changement de taxi le soir pour faire quelques dollars supplémentaires. Fin de semaine presser assurant le transport pour une grande partie de la communauté grandissante de l'ordre de 5000 à l'époque, y compris de nombreux Dénés locale des gens ainsi Inuits volant dans une pause d'autres collectivités du Nord. Surtout pendant les hivers de quarante-ci-dessous, les taxis étaient en effet en grande demande à ce jour, et beaucoup en voiture seize heures.

Avec quelques autres pilotes, nous avons joué crèche ou de backgammon se il était lent, ou après le passage que nous avons tourné pour la 29-virage pour le mouvement de cheville avec ce jeu de cartes sur le plateau de criblage. Après changement, notre groupe avait une bière froide à la maison de quelqu'un ou nous avons joué parfois aux bars sur lentes jour où Sam de la Gamme avait quelques tables dans la forme d'un conseil de crèche et de la disponibilité de nouvelles cartes. Pas un joueur de poker moi-même, je ai rencontré quelques-uns qui a joué et a gagné ainsi que certains qui fait malheureusement pas. Ils ont détruit leur vie par le jeu trop, soit sur le marché boursier ou les nombreuses autres avenues disponibles. Un peu va un long chemin. Il y avait quelques dames qui nous contestées maintenant et encore. Si vous vous êtes cassé Sam lui-même serait vous offrir un revers de médaille pour le double ou rien à rembourser à votre prochaine visite.

Ace et moi avons parlé d'écrire un livre pendant des années, mais que le fils d'un pistolet me ont battu - il a déjà écrit deux. Ron est son vrai nom et qu'il avait joué au poker une fois contre un chauffeur de taxi pour gagner la moitié de sa voiture, puis plus tard à le revendre à lui ou quelque chose. Possibilités de camionnage lui sortis de l'eau du couteau comme il avait décidé de passer à Whitehorse, au début des années 1990. Nous avons gardé toujours en contact par téléphone et maintenant par e-mail, il m'a aidé à écrire mon livre. At-uns brousse fonctionne au Yukon, a eu une friterie sur la route pour un peu, donc à chaque fois lors de mon arrivée il y avait un appel pour une bière avec un jeu de crèche à rattraper son retard sur les dernières conversations Whitehorse.

Nous sommes toujours amis à ce jour. Un de ses fils joue au hockey et l'autre joue un trombone. Ils les deux filles de date qui feront leurs parents fiers dans leur avenir comme les grands-parents.

CHAPITRE 12

Industrie minière du Nord

N'hésitez pas à parler de moi et, alors qu'il pourrait être un coup dans l'obscurité, à contacter Phil également de la possibilité traquer ce documentaire. Le 1 janvier 2015 sur l'e-mail.

Bien connu journaliste M. David Miller a 25 ans dans la radiodiffusion à CBC avec un prix d'excellence de l'Institut canadien des mines. Tenir 26 prix dans la radiodiffusion MÂS'KÉG MIKE a été bien contente de faire partie de ce qu'il a volé à notre site d'exploration de passer une journée avec nous comme une tempête de neige était sur la façon dont il est resté presque presque deux jours. Lac du Sauvage 195 miles au nord de Yellowknife NT, se connecte à Lac du Gras le système hors tension Copper mine de la rivière où les mines existantes d'aujourd'hui ont beaucoup de durs travailleurs de toutes les régions du monde. Oui, c'est celui que j'ai aidé départ dans de nombreux aspects ainsi que de fournir le transport en commun entre la douille fonctionne à participer à des événements locaux à Yellowknife NT.

Carnaval annuel du caribou de Yellowknife NT avec les chien qui tire (mushing) événements, courses de motoneige pour ne en nommer que quelques-uns. J'ai appris à monter les chiens de traîneau sur le Grand lac des Esclaves avec quelques-uns des meilleurs coureurs à Yellowknife NT. Événement de l'été avec des festivals de chanson avec touristiques célèbres et les gens qui viennent à une expérience de poissons dans 24 heures de la lumière du soleil. Commencé à conduire Taxi Yellowknife en 198, plus tard, au Yukon et ON. Opérateur propriétaire de nombreux taxis à Yellowknife avec City Cabs 93, une entreprise que j'ai aidé commencer en 1992 à Tim Hortons YK. De mes une demi-douzaine part je possédais comme de nombreux mineurs de toutes les régions du monde a fait pour de nombreuses années. Mon habileté militaire m'a permis d'enseigner deux cours de cuisine pour les Dénés une l'autre pour les étudiants Inuits. Main construire des garages de toutes tailles ainsi que des bateaux en contreplaqué avec quelques canots d'écorce de bouleau je ai aidé avec. Petit bateau de maison sur des barils de 45 gallons vendu à un local pour vivre. J'ai pêché sur tous les trois côtes du Canada dans de nombreuses régions isolées de l'industrie minière au Canada. A aidé à lancer quelques mines de cuivre dans une Yukon l'autre de diamants que Prospecter enregistré. Une demi-douzaine de clips vidéo comme preuve de ma réalisation festival de contes à Whitehorse et Dawson.

Mines du Canada situés à proximité des lacs et des rivières, je ai travaillé dans les villes, les sites avec Géologue / Les équipes de forage / mineurs: Mines recherchant, Or-Argent --cuivre-uranium kimberlites / Diamants.

J'équipages de petits et un grand nombre vivent dans des tentes de toile avec une priorité de montre à l'ours printanière essentiellement nourri. Ma compétence acquise comme un niveau PSW / secouriste 1- 2, pour supplémentaire prime salariale qui a été nécessaire pour être embauché pour un travail avec beaucoup de ces pourvoiries. Comme un prospecteur enregistré aidé claims jalonnés pour deux de ces mines au Canada. A travaillé pour RTL, camionnage de route de glace de route de l'aéroport de Yellowknife NT sur différents arrêts aux stands entre les deux pour les zones minières. Fractionnement de base pour un géologue pour une formation de six semaines avec un un mois comme aide de foreurs apporte que le travail d'un jour à la réalité d'une journée de travail d'autres. Chauffer du taxi durant de grève amère Giant Mines 1992 . Pêché et chassé sur les deux extrémités de la rivière de mine de cuivre, une partie d'un clip radio et film dans 1992, les mines de Diavik. Chèques de paie Midwest forage avec plus de 10.000 heures de sécurité dans les collines de là plusieurs parties de nord. Enseigné un cours de cuisine aux étudiants YK Dénés, puis un Inuit dans Kuglukyuk.

Voici quelques-unes des plus des trente sites de MÂS'KÉG MIKE travaillé au 1981 à 2011

Quyta lac Con mienne éperon, la mine Giant éperon Pointe Lac 1991, la mine ABC rivière Beaulieu, Lac du Sauvage, (film documentaires -Radio) claim jalonné pour Diavik Mines d'aujourd'hui. Sections de mines Salamita / Tundra Ruth, Midwest forage YK-Thompson / Lundmark au large de North Slave, Echo Bay mine / Lupin en ville et sur le site de la glace camion routier chargeur et Hercules C-130, BBT Expediting de YK comme ouvrier transporter des boîtes de base complètes sur place au lac George NT. Midwest forage YK Slemon / Courageous Lake, NT pour le nettoyage, la mine Colomac comme aide de foreurs, Fortune aux minéraux Colville Lake près de Fort Ray / Becheko NT. Discovery Mining Services à leur site d'origine de la découverte des Mines et jambes longues Lake, poulet lac pour quelques bons étirements.

De Beers du Canada, je ai travaillé autour de Baker Lake à une direction est, Snare Lake canot de système de Route de la rivière Lower -Upper Carp / Snap Lake pour Gahtcho Kue (Kennedy Lake) zone Fingers lac. En 2000, j'ai enseigné un cours de cuisine à Kugluktuk au Nunavut.

A travaillé au Marshlake Marina juste au sud de Whitehorse droit en angle pub Jake avec une vue superbe. Prospection dans le cadre de la ceinture de cuivre au sud de Whitehorse avait utilisé mon nom au site de la mine ventes 1990. M. Carter de la communauté minière Cobalt ON était un diamant Driller collègue que j'ai fait avec. Marchandé à une table de poker Diamond Tooth Guerty de la ville de Dawson a remporté une vieille voiture, échangé plus tard un autre véhicule pour une cabine. Cabine occasion en Taguish hors du fleuve Yukon, à 40 km au sud de Whitehorse près de la frontière Skagway en Alaska.

Aurum Ressources Ketsa mine, 70 km. Au sud de la rivière Ross, 1700 fts projet de forage Yukon. Enrobés d'or à Dawson City que je ai travaillé à l'Hôtel Eldorado - Westmark Whitehorse au Yukon à la fois. Whitehorse deux semaines commencent visité le Top of the World Highway.

Domco Foods: 1986/87/88 Pickel Lake ON, Red Lake ON, Situé à proximité de la vieille Diefenbaker Hwy Geraldton ON, Nakina, puis à Foleyet site de la mine très près de Timmins ON. Train à Moosenee ON. Au cours de toutes les heures deux années de sécurité à une douzaine de sites miniers, les pompiers équipage, Forêt des Rangers juniors de l'Ontario. Arrêtez-vous à Empress site de la mine, 12 semaines de travail étendues dans le cadre des accords de temps de Voyage et.

J'ai donne un cour de cuisine aux Dene a Yellowknife NT en 2000

Dès mon arrivée retour à Yellowknife, j'ai conduit un peu de taxi avec la graine d'espoir dans le dos de mon esprit sur le travail dans les mines comme un cuisinier. Au printemps de '83 dans Quyta Lake. J'ai fait ma première séance en camp comme un travailleur de remplacement pour mon ami l'épouse de Robin qui était en congé de maternité, elle a travaillé pour un camp de rééducation. C'était mes trois premières semaines dans la brousse, vivant dans une tente de toile avec toute la nourriture, et nous avons eu un générateur comme notre principale source d'électricité. J'ai travaillé avec les peuples autochtones qui étaient dès le début programme de libération de la prison. Un aîné autochtone nous a formés comment vivre de la terre, même si nos produits de base étaient achetés en magasin. Après trois semaines, avec la session touche à sa fin, je étais quitté le camp avec une maison de prise de poissons et de la viande de caribou. Ma première brousse fonctionner que m'a impressionné. Il m'a aussi donné la chance de se rattraper avec Robin et de rencontrer son premier fils, nous avons tous deux vécu dans Trails End Remorque Park.After l'hiver '83 conduire un taxi à temps plein, une entreprise de restauration Crawley & McCracken Co. Ltd. m'a embauché sur le téléphone, la position se est avéré être comme cuisinier de Bull à la mine Salamita. Je étais la main droite du cuisinier et fait les petits boulots dans le camp de pommes de terre - Épluchez, lavez la vaisselle, aller chercher de l'eau et de garder le camp propre faire les lits. J'ai mis dans quatre semaines complètes jusqu'à ce qu'ils obtiennent un travailleur de remplacement pour le travail que je faisais, parce que ce n'était pas ma position initiale. J'avais été des tâches supplémentaires pendant son service militaire, il m'a donné que de bons souvenirs. Même à ce jour, les Forces armées canadiennes font une inspection d'hiver avec une force de volontaires des Rangers canadiens dans le Système d'alerte du Nord, je les ai vus de l'air à l'occasion.

Peu de temps après, je suis retourné à la ville et je ai eu une autre position comme ouvrier, transporter des boîtes à noyaux et les ré-empiler dans l'ordre des échantillons précédents, que je ai fait pendant quatre semaines. Se faire payer 100 $ par jour. Nous avons utilisé deux vidé barils de 45 gallons avec un wagon improvisé de roue sur la base des tiges de forage que les essieux et 2x4 clouées ensemble pour les maintenir en place pendant que nous levions le cœur lourd à travers la toundra. C'était mieux que le portant sur le dos.

Voici quelques-uns de mes conseils pour la planification de votre propre survie dans le Grand Nord: Conseils de survie de l'isolement a appris avec quelques nouvelles idées de MÂS'KÉG MIKE et d'autres. Ces compétences ont fait partie de ma formation militaire, passé à simplement survivre un jour. Pour travailler dans l'industrie minière isolée classes d'infos MRN comprennent l'utilisation de fusil bon, et la sensibilisation des ours et tout autre gibier. Les pompiers de Yellowknife ont une classe un jour d'utiliser correctement l'ABC de tous les extincteurs.

Je me suis entraîné comme un travailleur de soutien personnel combiné avec mes Niveau Deux cours secouriste, une douzaine de fois pour l'isolement. Compétences de la sécurité comme une conduite sûre commissionnaire combinée au service de chauffeur de taxi, qui a apporté mon niveau de sensibilisation aux soins personnels d'un cran ou deux transports publics. Équipages militaires, gardent encore la formation isolement survie à ce jour, je sais de première main, après avoir parlé avec eux juste avant qu'ils la tête hors de le faire.

Maintenant étant partie du code du travail au Canada, l'éducation SIMDUT constate la compréhension qui couvre les aspects importants de la sécurité d'ensemble. Un bon exemple: un an à cinquante-deux en dessous de zéro, au milieu de nulle part-terre, sans chauffage pendant trois jours entiers, nous avons eu notre huile diesel gelée dans notre milieu de travail. Nous étions dans l'isolement à proximité de la région du pôle Nord pour un projet d'hiver de l'exploration de diamant avec un géologue et un équipage de base de moins de dix. Il y avait trois quarts de tentes pour nous tous de faire usage de l'hôtel cinq étoiles des sacs de couchage, où le froid peut geler vos parties du corps facilement, comme il l'avait déjà fait à de nombreux habitants du Nord. Garder un œil sur l'autre est un rappel que nous ne sommes pas faits en acier et d'utiliser vos mains pour se réchauffer l'abri du vent, - devrait y avoir un ciel d'urgence ne plaise, travailler ensemble est essential. Prête à préparer aux urgences commence avec un plan c'est juste comme le camping et une trousse de premiers soins est la priorité numéro un.

Combien de temps faudrait-il pour vider vos magasins d'alimentation? Moins d'une semaine? Gardez un bon approvisionnement sec. Ramasser des objets dans les ventes de garage que vous construisez votre trousse de survie pour être prêt à l'emploi des bâches, des filets, et le camping choses. Montrez à vos enfants certaines compétences. Faire plaisir utilisation cinq seaux en plastique de gallon avec couvercle pour le stockage. Enveloppez engrenage de sorte qu'il peut être facilement transporté et la marquer comme Équipement de survie (£ 30). Ce ne est qu'un exemple - Toute configuration de base où les minutes comptent est un projet intéressant de commencer. Doubler sur un sac de transport avec des sangles et de faire une liste des points importants. Gardez poids à une valeur raisonnable de Styro-mousse est aussi bon un dispositif flottant que le bois est. Barils de carburant ou des éléments en plastique parfois gauche ou capturés par le vent peuvent être trouvés à utiliser.

- Compass - ax - pelle - scie -2 Couteaux- silex et un fichier, extincteur.

- Les produits secs de produits alimentaires comme les bars, le riz, les fruits, les légumes et la viande peut articles

- Nécessaire de couture Ciseaux - coton bourre - bonne sifflet (caisse claire bande de corde Wireless)

- Plein Premier livre de l'aide et kit - Tarp - briquets et les allumettes imperméables, Kleenex

- tapis de toile de tente, sac de couchage emballé dans l'ordre, un toboggan.

- Casseroles et poêles, tasses et ustensiles - pour deux ensembles de vêtements de pluie (poubelle et les sacs)

- Lampe de poche de les bougies - tissus en papier sèche - ongles corne -air

- détenteurs sec fumé produits alimentaires en plastique / (riz, pâtes, farine, thé, conserves)

- Des vêtements chauds - la pêche de vitesses fronde - manivelle fusil à plombs pour la pratique.

- bois d'allumage, même si c'est juste assez pour un jour, conservé au sec dans un sac plastique

- téléphone cellulaire - des jumelles - des lunettes de soleil - grill - porter fusées macération

- Skis et pôles- bâton de marche - béquilles - filets ou la chaîne -

- Loupe - la survie brochure - chaîne à faire filets

- séchage de pratique –légume et de la viande - décapage de sel, une feuille d'aluminium

- pousser quelque chose. Toutes les graines germent - Plantes clone composables

- Apprenez à faire des nœuds - tissage pourrait être utile de faire filets

- Hoggar Ice lames de rechange avec burin attaché à une longue lignée de sorte que vous ne le perdez pas

- Deux pôles avec une veste attachée ou une bâche peuvent être idéal pour transporter, faire un joug pôles pour les épaules ou le style traditionnel, marquant néon, lampe de poche à manivelle ou à l'énergie solaire.

- nouage / armure ou faire des pièges filets en utilisant des matériaux à portée de main ou une chaîne / tissu rien

- Dans le nord, vous avez canneberges fraîches, bleuets, framboises - articles profondes

- Moss est bon pour de nombreuses utilisations - branches d'épinette ou des lances de bois ou de cannes.

- Connaître le pH dans l'argile - trous pour creuser le sol de plus en plus - laisser un peu d'espace marqué pour graver ultérieurement comme des loups ours coyote pour ne en nommer que quelques-uns se faire des amis avec vous

- abondance des poissons de l'heure d'hiver peut être utilisé pour faire un battant comme les gens ne Inuits à manger puis, plus tard, on m'a montré comment faire partie du traîneau rendu plus efficace.

- congelés ensemble pour créer une longueur pôle de 6 pieds et recouvert d'un matériau de bâche ou toile pour forme d'un traîneau est l'un des nombreux os de baleine comme bien connu enveloppé avec de la graisse pour faire une boule.

- Construisez un petit bateau en moins d'un jour - vous avez besoin 3/8 ou ½ en contre-plaqué, ou quoi

- Scie - batterie forage alimenté - - un dispositif de mesure marteau ou un crayon

- Deux 4 x 8 feuilles de contreplaqué. Utilisez 1 pour faire un V avec un nez d'un pied

Dans le nord, vous avez les canneberges, bleu, baies, et les framboises - articles profondes

Moss est bon pour de nombreuses utilisations - branches d'épinette ou des lances de bois ou de cannes

Connaissant le pH dans l'argile trous pour la culture creusée le sol -Sortir quelques-uns zone marquée pour brûler plus tard

L'abondance d'hiver de poisson de temps peut être utilisé pour faire un battant comme les gens Inuits ne puis manger plus tard

Douzaine de poissons de bonne taille, un peu mangé garder la peau et les os à la confiture avec de l'eau chaude. Congelés ensemble pour créer deux skis de six pieds de longueur, par groupage le poisson ainsi tête à la queue avec de l'eau se tournant vers la glace, le tour de la peau du poisson autour d'elle pour garantir que l'un. Puis connectez-côté à l'autre avec une broche et un trou pique aux poissons de fées que la peau de l'utilisation nécessaire pour envelopper, de la glace pour le fixer.

Construire un petit bateau en une journée - vous avez besoin 3/8 ou 1/2 pouce tout ce que vous avez. Une scie - marteau ou une perceuse-appareil de mesure alimenté la main-crayon / batterie

Deux 4 x 8 feuilles de contreplaqué. Utilisez 1 pour faire un V avec un une - nez de pied

Six 2x2 huit pieds de long pour fixer tous les joints ensemble

De la fin de 4 pieds 18 pouces prendre coin du "milieu de la feuille 4

Coupez une feuille en trois tranches égales de longueur, environ 16 pouces

1 quart de goudron pour sceller tous les joints ou recueillir la gomme d'épinette mélange de cendres £ 1 de clous de l'anneau ou les cloisons sèches Vis colle est bon de se lier à l'intérieur

Pagaies fabriqués à partir de deux arbres de bois dur et deux pièces jointes de coin

Attachez un mat de gouvernail d'une bâche de pièce pour attraper le vent

Une pièce ou une corde et une roche d'ancrage ou morceau de métal

Doubles comme abri les poissons sont dans les taches profondes faciles à attraper

Utilisez le baril vide comme un stabilisateur ou de styromousse ou Javel bouteille -air sacs de toute sorte.

Utiliser un sac de sable roche ancrage, les vents peuvent être forts parfois le faire tomber dans la neige. Un radeau avec douzaine de pôles de 8 pieds ou plus liés avec du ruban adhésif ou des cordes que vous-ont dans la main.

Radio Communication au ruches que le site / incendie, fûts de carburant vides / Pyramide / zone d'atterrissage marquée / peinture en aérosol - sacs de plastique orange - tous les éléments de bois disponibles qui assurent une bonne adhérence.

Compas n'est pas aussi efficace en raison de l'inclinaison magnétique près de l'emplacement poteau. Double chèque avant à la main, comme une confirmation verbale d'un compas magnétique pour assurer l'exactitude directionnelle est dans l'air peut causer une différence partiellement votre direction.

Marquez vers le bas; Double Check endroits, avec une deuxième opinion alors vous aurez une meilleure idée pour les régions nordiques ou des zones de bas niveau. Lorsque les pilotes sont par confirment leur vol directions pour les atterrissages; Gibier sauvage ont pistes avec leurs emplacements internes sur le côté sud.

Si vous êtes coincé quelque part, vous avez besoin d'une radio et émetteur avec un de rechange qui fonctionne. La main de haute qualité a tenu émetteurs radio. La plupart sont alimentés par batterie et nécessitent une antenne set-up. Aller au point le plus élevé sur une belle journée à l'arrivée avec une sauvegarde de technologies modernes. Antenne robuste pour durer son utilisation à l'aide de lourdes roches, sacs de sable ou de creuser un trou autour de lui en premier.

Alphabet phonétique (Internet)

Un Yankee Alfa I Inde Q Y du Québec

B J Juliet Bravo R Romeo Zulu Z

C Charlie K Kilo Sierra S

D Delta L T Lima Tango

E Echo M Mike U uniforme

F Fox Trot N Novembre V Victor

G Golf O Oscar W Whiskey

H Hôtel P Papa X Xray

Créer une piste d'atterrissage pour hélicoptère ou spot. Vous recherchez endroit ouvert plat, ou d'un lac. Pelleter la glace certains.

Broyeur de glace pour vérifier l'épaisseur de la glace, de la distance avec les lames de rechange pour glace épaisse. Piste d'atterrissage de 1000 pieds de longueur marquée à tous les 50 pieds avec des objets à portée de main.

Mark avec des couleurs vives (sacs à ordures) de diamètre 50 pieds carré pour hélicoptère et avion-plans passant par voir de la surface de l'air. Le brouillard glacé est un vrai sujet, gèle dispositifs aériens de pièces.

Lorsque donnant des bulletins météorologiques se réfèrent à ciel comme plafond bas ou élevé à la radio 5 de 5 signifie A-1. Faire prendre conscience que tous les moyens inférieurs visualisés et vents rendent difficile à la terre en ce moment. Pulvériser de la peinture en tant que marqueur. Petits arbres de pin si possible, des rochers, ou une pile de branches ou des cendres du feu à gauche dans un site évident.

Le code Morse (série de points et de traits tapper ou avec flash de lumière)

A . - B - C ... -.-. D -. . E . F ..-. F ..-. G -. H .... I . .

J . - - - K -.- L .- .. M - - N -. O - - - P .- -. Q 'R .-. S ...

T - U ..- V ... - .- W - X - .. - Y - .- - Z - - ..

1 .- - - 2 .. - - - 3 ... - - 4 ... 5 .... .- ..

6 - ... .7- - ... 8 - - - .. 9 - - - - 0 - - - - -

Dans la zone nord

L'accès à cette info marqué à un endroit apparent, avec une carte de grille bordée, marqué par votre position exacte pour commencer puis la zone que vous venez. Utilisez une boussole pour faire attention à la déclinaison, comme le soleil levant à l'est est minimisée dans l'hiver de grandes voies d'eau coulent du nord au sud que les décideurs.

Une pointe de survie est en utilisant les signes et base langue des signes que parfois d'autres ne parlent pas très bien anglais. Laissez les gens savent à l'avance où vous allez dans le cadre d'une façon intelligente de planifier.

De tous ne mettre en place des feux pour alerter les sauveteurs à vos allées et venues - savoir la sécurité incendie pas trop près de la zone de la forêt afin de causer un pire scénario. Gardez de l'eau à portée de main et les branches comme une mesure préventive, il pourrait y avoir quelqu'un vivant à proximité. Marquez votre région par ordre alphabétique avec des roches de bois ou un matériel à portée de main, afin qu'il puisse être lu facilement de l'aide de l'air, utiliser des drapeaux rouges, des sacs à ordures de couleur ou des articles d'habillement liée à quelque chose comme un bâton.

Faire la forme d'une flèche sur le terrain pointant vers votre emplacement près d'une pile de bois prêt à être allumé

Le potentiel de tous les produits chimiques dangereux pour provoquer un incendie fait partie de la sécurité dans tous les lieux de travail.

Remarque: Retirez soit carburant, - l'oxygène, ou la chaleur en journée venteuse, à une lente ou mettre fin à un incendie, ASAP

Classe A Triangle Vert Mettre en œuvre des mesures correctives

L'un des trois doit être retiré de carburant / oxygène / chaleur pour éteindre le feu

1re classe B de la Place Rouge à remarquer feu et Yell Fire Fire Feu

Alarme de déclenchement - notifié Département d'incendie (alarme)

Classe C Cercle bleu superviseur initie rapport note

POINT D'ECLAIR EST 200% F

Déversements Classe D Jaune étoiles traités en conséquence

Nouage est très important et la peine d'apprendre les bases, les techniques de la vieille école sont encore utilisables.

Survive jour de notre passé se appliquent toujours à un moment donné, avoir une idée de ce qu'il faut faire tout coincé, au milieu de nulle part.

Cet ce que la conception de banderole métis a été fabriqué à partir de, par tricotage avec vos doigts de diverses manières, tout comme un réseau pêche Ce ne est pas seulement une chose gal et vaut l'apprentissage dès le début.

Utilisation isolée et stockage des eaux lacustres -Été contre l'hiver

Ayant approché à quelques reprises, l'alimentation de l'équipage dans l'isolement, je voudrais juste tenir à distance sur commande de plus que nécessaire pour éviter d'avoir à le recharger à nouveau sur son vol sur. Il vous a fait une différence de coût.

Communiquer avant que votre commande avec des distributeurs locaux pour éviter les erreurs de plus de commander des biens.

L'eau est une denrée précieuse, et la consommation est toujours une priorité. En hiver, faire fondre la neige ou la glace. Si l'eau est rare pour œil glaçons. Habituellement, vous trouverez un endroit profond dans le milieu du lac ou près de l'eau en mouvement. Utilisez seulement si elle a été bouillie première ou a été exécuté par un kit de l'environnement. Dans obtenir de l'eau d'un lac, ont une personne expérimentée vous montrer comment travailler pompe à main. Pompe à eau 101- Obtenez une formation. Premier correctement, puis les égoutter pour le stockage. Utiliser du carburant et de l'huile bien marquée, et de ne jamais laisser d'eau dans le réservoir pendant l'hiver.

Gardez un chiffon ou un extincteur à portée de main humide, ne pas fermer la rive et stabilisée sur une plate-forme fixée à la zone de roche. Extrémité du tuyau doit avoir un écran ou un filtre, utilisez de grandes poubelles et rincer à l'eau de Javel une fois par semaine. Gardez cruches remplies d'eau. Heure d'hiver vous devez trouver les taches profondes dans le lac. Assurez-vous que vous êtes familier avec l'utilisation sécuritaire des pics à glace et des ciseaux (corde à l'extrémité) Bobo (lames supplémentaires) tronçonneuses.

Une heure avant tout le monde Rise and Shine - habituellement environ cinq cloches

Avoir un œil pour gibier voyagé autour. L'hiver est moins, cependant, l'été est plus.

Vous servez le grand petit-déjeuner avec une attitude joyeuse et de la musique d'écoute facile. Il est important d'être un bon auditeur. Première chose le matin, obtenir le spectacle sur la route et mis le café pendant les premiers oiseaux. Si il y a pouvoir, avoir un pot cuisinière de café préparé la veille, ou instantané à être sur le côté sécuritaire.

Avoir un endroit mis en place pour les travailleurs de faire des déjeuners. Certains cuisiniers aiment avoir des offres de tous les éléments du matin tous les matins, tandis que d'autres font des œufs un matin, crêpes autre ou en français toasts et bouillis ou pochés. En raison des deux quarts de travail, de nombreux travailleurs bénéficient d'un petit déjeuner copieux de haricots, pommes de terre, bacon, saucisses, steaks ou des restes de la nourriture d'hier. La plupart des travailleurs comme une routine. Vous vous habituez à elle et le mélanger dans le vôtre.

CONSEILS

Utilisez Saran Wrap feuille ou sur des assiettes en papier ou des plaques régulières pour économiser l'eau

- # 1 de la sécurité dans tous les aspects. L'isolement peut être la vie en danger.

- Premiers secours est de couvrir tous les aspects. Un vol est à l'étape suivante si trop grave

- Heures long, demande de boissons - céréales préférées, des collations et des desserts quotidiens

- Petit déjeuner, si vous pouvez le gérer, laissé aux choix individuels

- Déjeuner -Soupe et un sandwich, desserts, la fixation ou repas chaud pour 25 hommes seulement

- Souper - deux choix tous les soirs, de riz ou de plats de pâtes, steak et-patates une fois par semaine

- Marchez jusqu'à poêle ou compteur pour le pick-up de votre assiette avec des choix alimentaires

Si quelqu'un a été blessé ou nécessaire pour aller à la ville, l'hélicoptère était notre véhicule d'urgence, en particulier avec une cinquantaine de gens qui travaillent dans ce domaine, car nous étions environ 150 miles de l'hôpital le plus proche. M. Shapiro était notre pilote japonais expérimenté. Il était familier avec la région, et un bon sens de l'humour. Shapiro a été fiable et très apprécié pour son habileté hacheur, dans les équipements de forage de chargement d'un site à l'autre. Sans frais supplémentaires, je étais souvent l'homme de branchement à notre site principal, et je ai eu un bon nombre de tours gratuits avec une vue splendide sur la région pour les photos et bons lieux de pêche.

Le délai pour un voyage en avion vers une ambulance, puis l'hôpital pourrait être quatre heures coupé en deux. Maintenant, puis la nécessité d'aller à la ville allait surgir, et certaines personnes avec un horaire flexible seraient capables de voler à la ville avec une liste des objets personnels à ramasser pour tout le camp. De reprendre l'avion le lendemain avec les vols à l'arrivée, tous avaient des vues superbes avec une idée des lacs et des rivières pour le voyage de retour.

Légalement, toutes les blessures sont tous d'être signalées. L'élimination de tous les déchets si elle fait partie de à la fin de la mine. Par exemple, "Procédure de traitement ou de" porter un équipement de sécurité devrait être un facteur d'un lieu de travail clos, étant immédiatement signalé par le travail de papier de téléphone en ligne par mesure de précaution.

Exposition aux produits chimiques ou le manque d'oxygène monoxyde exemple de carbone en raison d'un masque bouché ou mal vous raccord tout en une roche d'exploitation de concassage / grèves pour ne en nommer que quelques-uns, sont certains des dangers possibles et ont été faites partie de notre processus de sécurité de sorte qu'ils ne ont pas se reproduise.

Les lois naturelles de la vie saine

By Carlson Wade avec une impatience par HW Holderby, MD

La info.0.1 de North Bay bibliothécaire au Canada, le contact général -CCOHS -Hamilton ON. 905 572 2981.

Centre canadien, Santé et sécurité 1 (800) 668-4284 (sans frais au Canada et des États-Unis)

Bureau international du Travail (BIT) Par téléphone au: (905) 572-2981 ou 1 (800) 668-4284 -www.ccoh.caWorkplace faits de l'industrie minière canadienne à jour, utilisés dans les lieux de travail miniers d'isolement pour la sécurité. Formation sur place pour tous les aspects du travail Area- PPE, équipement de protection individuelle et la note règle de pad - Arrêtez, Take 5, Pensez, Reconnaître, évaluer, contrôler, Gardez la sécurité comme la première dans toutes les tâches!

Classement SIMDUT: A - Gaz comprimé; B1 - Gaz inflammables; D1A - Très toxique; D2A - Très toxique (cancérogène, mutagène, toxique pour la reproduction); E - Corrosif; F - dangereusement réactives.

CASRegistryNo.75-21-8

Autres noms: EO, ETO, le 1,2-époxy-éthane

Principales utilisations: Utilisé pour fabriquer d'autres produits chimiques, pour stériliser les instruments médicaux, et comme fumigent. Apparence: Incolore-gaz.

Odeur: Doux

TMD canadienne: UN1040

Loi sur la santé et sécurité au travail

RÈGLEMENT DE L'ONTARIO 490/09

Substances désignées

Période de codification: Du 1 er Janvier 2013, et le jour de change e-Laws.

Dernière modification: Règl. 148/12.

L'oxyde d'éthylène.

Ce règlement s'applique, par rapport à l'oxyde d'éthylène, à tout employeur et le travailleur à un lieu de travail où l'oxyde d'éthylène est présent. Règler. 490/09, s. 8.

L'oxyde d'éthylène lui-même est une substance très dangereuse: à température ambiante, il est un gaz inflammable, cancérigènes, mutagènes, irritantes, et de l'anesthésie avec un arôme agréable trompeuse.

La réactivité chimique qui est responsable pour beaucoup des risques de l'oxyde d'éthylène a également fait un produit chimique industriel clé. Bien trop dangereux pour un usage domestique directe et généralement peu familiers aux consommateurs, l'oxyde d'éthylène est utilisé industriellement pour la fabrication de nombreux produits de consommation ainsi que des produits chimiques non-consommateurs et les intermédiaires. L'oxyde d'éthylène provoque une intoxication aiguë, accompagné par les symptômes suivants: légère rythme cardiaque, des contractions musculaires, bouffées de chaleur, maux de tête, perte d'audition, l'acidose, vomissements, étourdissements, perte de connaissance transitoire et une (odeur) goût dans la bouche. L'intoxication aiguë est accompagnée d'un mal de tête lancinant forte, des étourdissements, de la difficulté de la parole et de la marche, des troubles du sommeil, douleurs dans les jambes, la faiblesse, la raideur, la transpiration, augmentation de l'irritabilité musculaire, spasmes transitoire des vaisseaux rétiniens, une hypertrophie du foie et de la suppression de son fonctions antitoxine. L'oxyde d'éthylène pénètre facilement à travers les vêtements et les chaussures, provoquant une irritation de la peau ct la dermatite avec la formation de cloques, de la fièvre et une leucocytose.

CHAPITRE 13

La Peau Du Mouton

Départ de Yellowknife au pour arrive Collège Canadore a North Bay ON. Chez nous

Eh bien, en accordant une attention aux conseils de ma mère sur ce qui devrait être fait, entaille de conduite n'a pas me donner des semaines de travail officielles, je ai donc dû utiliser une approche réglable pour l'assurance-emploi. Semaines devaient avoir lieu, oh bien. Voici maintenant en 1985, je pars lentement de Yellowknife.

Au moins, j'ai eu quelques semaines sous ma ceinture pour cette année sur le lieu de travail dans les régions isolées avec un peu d'argent dans ma poche. Je ai prié pour que de tomber en place. Alors je ai dit à mon ami Ace nous avions le temps pour un dernier match de crèche jusqu'à la prochaine fois. Être comme des frères, nous a serré la main de cours et avait une bière froide en compétition.

L'hiver était presque terminée, avec la traversée de tomber, et le mode de verrouillage pour le départ. Le temps pour quitter le Grand Nord était maintenant, ou il n'y aurait pas de trafic pendant six à huit semaines. Il y avait des rappels au sujet de cette distribution sur la radio. Les camionneurs pourraient prendre un jour par offre de jour, ou que vous êtes hors de la chance. Ou vous pouvez simplement rester coincé dans le Couteau à moins que vous marchiez ou se est envolé avec un ensemble de bottes maladroit sur la route de glace.

La route de glace devait être utilisé pour traverser près de Fort Providence, les terres de la communauté Dene / Métis Band, juste en face de la région de Hay River, NT, avant que tout se évanouit. Où le pont n'avait pas encore été construit, est aujourd'hui connu comme

185

(DBDC). Cela dit, laissant le transport requis en voiture pour faire passer les aurores boréales pour le voyage vers le bas sur la route du Nord à Edmonton. Puis largement de A à B sans aucune ventilation à la plaque de la maison de ma ville natale, à North Bay, bo'y. Bien sûr, se sentait bien que je avais pris quelques sacs de Voyage lumière juste au cas où vous éperonné par un mauvais conducteur, un buffle, ou ne pas se rendre à la traversée du fleuve dans le temps, en raison du temps de fusion des 24 heures de soleil sur le chemin. Je vais manquer, ce est certain de revenir à YK.

Juste après cabine de conduite pour un salaire de trésorerie au cours de la fête de l'hiver dans les soirées, maintenant très bien connu et aimé Caribou Carnival de Yellowknife que vous a donné les droits de vantardise de la région nord.

Alors maintenant, avec mes 1970 Dodge Coronet tous ensemble, qui, initialement, me avait prises pour le couteau, une fois de plus, on y va pour le retour. Malheureusement, à cette époque de l'année pas trop voyagent la route. Il est encore un peu froid et la fonte plus bas.

Avec le temps ferry départ annoncé sur la radio et la télévision pour éviter que votre attente, l'heure de votre arrivée à la vue de printemps étonnant du fleuve Mackenzie, jusqu'au croisement Ferry houblon dans. Aujourd'hui, heureusement, le nouveau pont est finalement construit. Les gens du Nord savent de ce moment pragmatique.

Comme nous le rendre à savoir que le passage ressort de rupture est partie de la saison; court et doux, avec le flottement dangereux ou de la glace coincé empilés pas loin, il ya parfois un bruit comme une explosion, parce qu'elle ouvre. Oui en effet, j'ai entendu une fois en attendant au passage pour le navire Merv Hardy Ferry.

Pas de soucis sur une journée ensoleillée, d'être premier chargement à 06h00 départ pour traverser le fleuve Mackenzie, une promenade d'une vingtaine de minutes avec une vue magnifique de Fort Providence cet est la banque qui est maintenant appelé Deh Cho NT qui est finalement connecté pour le reste du Canada.

Donc, hors je me dirige vers la région sud de l'Alberta avec quelques arrêts aux stands entre les deux. L'Ontario est dite être un lecteur de quatre à cinq jours, selon quelques questions de la route. Se il ya lieu, utiliser votre cinq étoiles aptitude à la conduite, bonnes chansons, et le sommeil court dans la voiture. Ya sûr, pourquoi pas? Avec un sac de couchage tout était bon. Jusqu'ici, tout va bien; plus de 400 miles sur la route sur une merveilleuse journée. Avoir un peu sur les numéros de contact des amis de la province de la planification est en avance en vaut la peine.

Eh bien j'étais là, à vingt miles de High Level AB, l'un des premiers trappeurs de la région montagneuse des années 1770. Ils étaient juste un peu au sud de là à partir du nom de famille du côté de ma mère. Il ya un Foisy Ville dans AB. Oui, a rencontré quelques personnes dont le nom de famille est Foisy même à Yellowknife, car ils ont un rendez-vous annuel dans Edmonton-vous racontant l'histoire de l'endroit où le nom vient de; France / Québec hein? Il ya encore gibier sauvage à surveiller. Être prudent pendant la conduite est tout respectueusement fait, en ralentissant.

Quoi qu'il en soit, à High Level AB, était un bon copain de chasse français de la mine avec un invité à aller à la pêche à tout moment. Il était marié à une belle dame autochtone, et a eu quatre garçons qui aimaient chasser l'orignal, le poisson et piéger un petit peu. Ils m'ont toujours invité pour s'arrêter à tout moment sur mon passage, avec un rappel; oh ouais ne oubliez pas une bière fraîche dans le cadre du coût d'escale, avec un peu de barbecue choses pour son épouse pour traiter les garçons. Avec sourire dans l'âme, mais, impatient de simplement passer la nuit ou deux pour faire une pause, et l'écoute de certains morceaux comme nous allons rattraper les nouvelles sur la vie familiale des garçons dans ce col notamment des bois. Oui, en effet, là, j'ai de faire le plein à la sortie Première nation à proximité.

Mon ami était à l'origine d'une zone nord du Québec lorsque son père est venu à Yellowknife pour travailler dans l'industrie minière. C'est là que nous avons rencontré;"Eh bien. Donc ici, je suis.

Ça m›a bair bien. Tout à fait. Eh bien nous y voilà.

CHAPITRE 14
Vendredi 13 1986

MÂS'KÉG MIKE mis dans de nombreuses heures de sécurité pour les dix prochaines années en Ontario, Yellowknife NT, Nunavut, au Yukon et en Colombie-Britannique, je ne peux pas vous dire à tous mes histoires ici une courte quelques-uns à les nombreux sites et communautés travaillé à visité entre aussi conduit taxi à trois d'entre eux. De mes petites aventures.

Deux années complètes à faire de la cuisson avec Domco Foods (A)

Je ai obtenu trente autres à partir d'un à six mois, bien sûr de coupeur de viande incroyable en 1986, puis je ai eu pour une croisière autour de la recherche pour le travail avec un autre coupeur de viande quelques-uns. Notre classe dons de sang pour montrer que nous étions assez bonne santé pour être embauché pour la fierté de notre certificat. Nous avons mis en peu de temps et nos CV à quelques magasins chaîne d'épicerie, et les abattoirs. Les demandes ont été mis en à tous les endroits dans les environs de North Bay. Nous cherchions un bon payeur, poste à temps plein avec les compétences que nous avions appris. A été visiter mes oncles dans la grande ville de Toronto, la région de Kitchener / Londres. Oui ces positions étaient en grande demande, vous devriez être en mesure de se déplacer loin de chez eux à un emploi bien rémunéré. Mais plutôt que de s'éloigner Je voulais rester à North Bay pour être près de leur famille. Bonne chance à des aventures de carrière de mon ami, car cela semblait être une était venu à ma façon. Quand j'ai appelé la maison pour toucher la base, ma mère m'a dit, "Get maison maintenant. Un camarade a appelé au téléphone avec une offre d'emploi et il a besoin de vous tout de suite. Dominion Catering vous veut ".

Big Jim, un ancien joueur de football, était notre patron au bureau principal de North Bay comme nous avons discuté l'offre de contrat pour nourrir un groupe de 150 hommes et de femmes pour une période de douze semaines avec un équipage de deux dames et deux hommes. Ce site étant un futur bassin minier, il était ouvert 24 heures pour nourrir les équipages des trois quarts de travail, avec des déjeuners à emporter. $ 110,00 par jour avec un bonus à la fin du contrat avec liste d'inventaire. Si tout va bien, le coût de la nourriture était à un niveau approprié, et l'équipage a donné de bons commentaires que je aurais probablement être renvoyés vers le même site.

Bien que les camps étaient plus grands que ceux de Yellowknife, par dieu sonnait bien pour moi. Poignée de main, puis on m'a dit que je ai été embauché dès le départ, et d'emporter un sac et attrape un vol sur North Bay, aller à Thunder Bay, en Ontario, le vendredi 13 Juin 1986. Puis le lendemain je être piloté à partir là pour Pickerel Lake.

Heure de départ sur cet horrible vendredi 13 il pleuvait des chats et des chiens, avec des éclairs de tir du ciel. Effectivement un billet m'attendait ce jour-là que je suis arrivé avec des sacs emballés à la main et un équipement complet tous ensemble pour un séjour de douze semaines. Je viens d'avoir un café chez Tim Horton avec Big Greg signer mon contrat de contrat. Il avait dit bonjour à mes parents et il s'en alla de l'aéroport, comme il a dit qu'il allait sortir pour une visite près de la fin. Compétences militaires que payé, hein! Il m'a dit que je courrais le spectacle tout en alimentant une grande équipe de l'exploitation minière de 150 hommes et femmes, sortie au milieu de nulle part, de dormir avec accès à un fusil et de porter le macis déjà sur le site selon les normes du groupe sur là.

Avec mes parents, ma sœur et neveu de me voir partir, nous avons attendu la reconnaissance que la météo nous permettrait de voler. Comme ils étaient tous pleuraient, enfin, le capitaine nous donne les pouces vers le haut, et dit oui mais le plus drôle c'est que vous êtes le seul sur ce vol.

Le ciel était bleu ensoleillé fois que nous avons passé les nuages, mais il y avait eu des annulations de quelques autres. L'équipage a souri et a dit qu'il n'y aurait plus de petit déjeuner plaques pour nous tous. Comme je suis entré dans l'avion, je ai vu que, oui je ai été le seul passager avec ce sourire équipage de conduite. Notre avion a atterri à Thunder Bay, sans la moindre difficulté.

Nuit à Thunder Bay, séjourné à l'Hôtel Valhalla merveilleuse, et nous avons mangé la plus grande pizza ever de ma vie, que je partageais avec deux autres avant le vol du matin. Sur le chemin de Pickerel Lake ce matin, je avais encore quelques pièces de rechange de pizza, en marchant autour de raccorder à l'aéroport pour le transport nous a dit que Pickerel Lake était situé sur la Transcanadienne. Si vous conduisez un véhicule, c'est environ 300 miles au nord avec un virage à droite à la communauté de bon vieux Ignace, en Ontario. Alors que nous marchions par l'entrée-chemin il y avait un couple avec la famille ayant un mariage des années 1600 de style, avec un cheval et le buggy extérieur. Au début nous avons pensé qu'ils pourraient être en train de filmer un film avec ce que toutes les caméras, mais on nous a dit qu'ils nous savons que nous sommes allés à la section extérieure se asseoir et regarder avant que le véhicule de l'aéroport est arrivé à 10h00. Oui, nous faisions parties de la foule et fait probablement dans un clip après tout.

Ce était tout simplement incroyable que nous regardions la fin de mariage avec sa longue robe étant porté par une fille et un garçon avant que le couple, en robe de style britannique faite hors du cheval extérieure et poussette avec deux hommes en uniforme qui rend le son d'un coquillage de conque en utilisant une longue corne comme ils partirent. Bien sûr, l'impression d'être dans un film.

Puis peu de temps après, notre aéroport en limousine est arrivé pour notre départ pour la région nord de l'Ontario. Nous l'avons fait à l'aéroport pour prendre l'avion à Pickerel Lake, où nous avons été ensuite ramassés et conduits à un hôtel pour la nuit par un M. Steinko, qui nous a dit l'heure de départ de l'avion plus petit à la zone du quai. Il était notre contact en ville devrait y avoir des besoins, ou des urgences personnelles, de n'importe quoi. C'est l'un de ces jours, il me sourit un peu dans une zone de discussion privée à me parler de certaine question qui s'était passé dans ce camp. Nous volerions avec un agent de la Police provinciale de procéder à une arrestation et trier ce qui se était passé.

Il serait accusation d'agression en ce qui concerne la ferraille grave qui s'était passé à l'un des membres du personnel que je remplaçais.

Initialement, le patron m'a dit d'écouter, prêter attention, et prendre des notes pour un appel radio tard dans la journée. Il a dit que nous avions besoin de prendre soin d'incidents comme celui-ci afin qu'ils ne se produisent pas à d'autres dans l'avenir. Puis il m'a dit d'y aller mollo.

Ce matin, nous avons atterri à "lac Hour" aka Pickerel Lake et l'agent de la Police provinciale m'a demandé de parler à notre collègue dans le cadre de la 5W est pour aider nos deux rapports. J'étais pour conférer avec mon patron par la radio comme il a été plus tard vole en lui-même pour assurer tous les services étaient en place pour nourrir l'équipage de l'exploitation minière et l'exploration de plus de 150. Dans l'heure, nous avons atterri au petit quai, vingt pieds en bois pour commencer le déchargement mon équipement avec certains produits alimentaires. Deux chercheurs se tenaient côte à côte avec un peu d'un sourire pas loin, que l'officier et je hochai la tête à l'autre. Le gars sur le côté gauche était mon collègue là pour me dire ce qui s'était passé. Comme nous l'avons serré la main dans une zone plus privée, l'histoire s'est déroulée sur les événements qui se sont produits, qui étaient liés à l'alcool.

Apparemment, le toupet de cette Québécois Français avait mystérieusement disparu au cours de l'apparition de ce bout de vie en danger. Le cuisinier, je ai remplacé, avait une sorte de désaccord avec l'un des travailleurs d'une autre équipe de contrat; quelque chose à faire avec la préparation des aliments et le genre de magazines qu'il lisait, avec la consommation d'alcool dans la cuisine, où il n'a pas été autorisé.

Peu de temps après, alors que sur le site encore de quai, la Police provinciale locale a trouvé son homme, l'ont arrêté, et le mit dans les poignets. Nous avons brièvement parlé avec lui et ensuite à la cuisinière. Il avait une marque de couteau sur sa gorge, où il avait reçu dans la bagarre. J'ai serré la main avec la Police provinciale et je lui ai demandé de bien vouloir m'envoyer une copie de cette histoire détraqué avec plus de détails à passer quand mon patron a volé plus tard aujourd'hui.

Le monsieur que je remplaçais quelqu'un joliment dit lui avait volé son toupet mais qu'il ne avait aucune idée de qui. Parlant avec un peu d'une blessure zézaiement gras lèvres, dit-il, «Bonne chance mon pote, ils sont un tas dur tapageuse pour se nourrir," alors qu'il attendait de sauter dans l'avion pour charges de presse plus tard à en ville le bureau de la Police provinciale pour le préjudice subi la veille.

J'ai aidé à les charger sur le plan pour le vol retour. La Police provinciale de l'agresseur a sauté sur les sièges arrière et ré-menotté son homme, comme mon collègue s'est traîné devant. J'ai attrapé mon équipement à la tête de l'Office national du diamant Foreurs juste en haut de la colline, à une cinquantaine de mètres de la station d'accueil.

Comme je l'ai fait mon chemin jusqu'à la piste pour le bureau du contremaître, certains des travailleurs chuchoté, que je dois être le nouveau cuisinier et a exprimé l'espoir que j'étais mieux que la dernière. Je ai fait signe à la tête de l'équipe de forage, qui a dit que quelques-uns des foreurs me connaissaient de Yellowknife et avait dit que je étais un putain de bon cuisinier, afin de ne pas salir avec moi. Après une discussion préliminaire avec le contremaître, il m'a montré mes quartiers.

"C'est une toile de tente à côté de la cuisine et voici les congélateurs pour garder un œil sur. Je vois que vous avez votre fusil de chasse de calibre douze en cas il ya des ours. CAF formés, pour la sécurité sur place, il avait un cabinet pour moi.

Je ai déposé mes sacs à mes dortoirs alors dirigés à la longue cuisine trois de la tente où il y avait une bonne vingtaine de stagiaires de différents métiers; certains géologues et les coupeurs de ligne allant de North Bay. Tout d'un coup, une perruque vient voler à moi avec un grand cri de: «Je espère que vous êtes meilleur que le dernier gars, hein!"

Comme je tenais le toupet à la main, je me suis retourné et joliment dit au jeune homme que mon armée formée le chef compétences était la raison que j'étais là. J'ajoutai que j'avais aidé l'un des assistants du foreur du site actuel et que je pouvais soulever une tige de forage cents livres d'une main, de sorte qu'il devrait aller porter la perruque au monsieur qui possédait ou qu'il serait sur le prochain plan lui-même. Il s'en alla. Comme nous l'avons serré la main, il se est excusé et je lui ai dit la PPO pourrait lui poser quelques questions également.

Au moment où je me suis installé dans les quartiers de la cuisinière, j'avais rencontré les quatre autres membres du personnel de cuisine. Sur le quart de nuit était Rosie, une très gentille dame autochtone originaire de la Saskatchewan. Elle m'a dit qu'elle aimait beaucoup ici.

Puis le taureau cuire, alias Henri Oh, un homme corpulent Manitoba avec un grand sourire. Il a nettoyé les trois dépendances, nous alimentée avec du gazole, et vidé la poubelle du prochain avion dans sa zone d'ours protégé. Puis il y a eu deux lave-vaisselle. L'un était Elvira, une dame d'âge moyen qui pourrait brandir un couteau à éplucher mieux que quiconque. Son neveu était une aide pour garder l'endroit propre et en bon ordre. Il y avait un menu en place pour les équipages qui travaillent dur. Je ai ensuite reçu le grand tour du camp 150 hommes; salle de télévision, bureaux et atelier de mécanique. Il s'avère que je savais Rick le mécanicien d'autres sites de brousse. Bien sûr, était un petit monde.

Il commençait à être temps souper, et si ce était Juin, le temps était assez beau pour un barbecue. J'ai vérifié les congélateurs; trois grands mis en place par la tente cuisinent. Eh bien quelle surprise. Tous les trois avaient été débranchés pendant une semaine par les regards des choses. Il y avait beaucoup de viande décongelée sur le dessus, heureusement le fond était encore gelé, donc nous avons vérifié et tous branché remonter. Vérification de la viande correctement, nous avons constaté que nous avions quelques bons plats de viande avant toute détérioration. Ils me encourageaient, je leur ai demandé de me appeler MÂS'KÉG MIKE !!! Je étais sûr prêt à mettre mes douze semaines sur ce site sans crainte.

Comme beaucoup de ceux qui jamais eu surnommé pour une raison, je ne me dérangeais pas celui-ci, car il y avait un bon nombre d'autres Michael sur notre site figurant sur notre calendrier afin cela a fonctionné très bien.

J'ai sorti tous les trucs décongelé. Il y avait beaucoup de bœuf, mais avec une foule de 150 personnes, le steak est généralement populaire. Nous avons donc préparé tout ce qui a été décongelé et eu un peu de viande de déjeuner et le plus à gauche pour les ragoûts et les soupes; choses qui pourraient être recongelés pour une utilisation ultérieure. Dans l'ensemble ce n'était pas trop mal.

"Espère bien que vous êtes mieux que le dernier gars."

.... .Premier tronçon était du 13 Juin à Septembre., 1986

Le rôle d'un cuisinier est différent isolément que dans la ville. Parfois, vous êtes un booster de moral qui garde les choses cartes à jouer gaies et affichant une bonne attitude. Ou vous aider l'équipe sur une pause, la mise en place camp pour rendre votre environnement plus confortable et prendre des commandes personnelles, la communication à la radio, ou aller au cinéma.

En général, vous êtes vivant et travaillant dans des tentes de toile, selon le délai, ou de la taille du camp isolé vous êtes à avec les équipages. Il importe de rappeler que le professionnalisme et le respect sont essentiels dans cette affaire. Longues périodes d'isolement et de nombreuses heures de travail peuvent rendre les gens irritable, solitaire pour la maison, ou stressé à propos de problèmes personnels. Être un bon auditeur est utile. Ne pas donner de conseils - il est préférable de rester neutre. Se il ya des blessures ou des conflits, signalez-le à votre superviseur ASAP.

Beaucoup de gens partout dans le monde ont une réputation bonne ou mauvaise, et avec qui peut-être un nom comme le mien est donnée: MÂS'KÉG MIKE ou Frenchy.

Quelques-uns des grands, je ai travaillé avec remplacés ou sont:

Rosie Pose - Twisted Sisters de la Saskatchewan - Pirogi Paul - Macaroni Marcel, Art D Head, Down Town Dominic - Guy avoir un oeil, La folle grec et beaucoup d'autres.

Foreurs appelés: Marvellous Marvin - Digger Dag - Hector le Directeur, Knivan Ivan- Laval it All, ces noms ont été donnés à ces travailleurs acharnés avec comme ils le faisaient très bien régulièrement. La réputation fait partie de cas soi bon ou moins bon aussi.

Bataille des Sexes (B)

Je ai apprécié que le premier tronçon de douze semaines à un site minier proche avenir Pickerel Lake, en Ontario, avec un salaire décent et un petit bonus à-dire je ai couvert toutes les règles d'or. Maintenant sur mon deuxième tronçon j'arrivais à nouveau avec plus de confiance ou alors j'ai pensé. Beaucoup de l'équipage que j'avais été alimentation a été maintenant partie d'une équipe qui était ailleurs, et il y avait un tout nouveau groupe d'employés. Après mon bien nécessaire pause de deux semaines, j'avais hâte d'aller au même endroit pour un autre tronçon de douze semaines. J'étais en charge d'un tout nouveau groupe de personnel, deux femmes et deux hommes, ce qui devrait être beaucoup plus facile maintenant.

Voici maintenant, après mes deux semaines de congé, ce futur site de la mine a été officiellement à l'étape suivante qui avait quelque chose de familier pour moi, ce allait être la première explosion sur notre site. Là où la création d'une seconde voie d'entrée comme je l'avais vu faire avant sur un autre site de la mine. La première explosion à l'arbre sur l'entrée côté sud du futur site de la mine. Fume saints! Rocks voler partout avec beaucoup de cacher sous les arbres assez loin de nos quartiers. Quel bruit avec un spectacle effrayant de voler roches peut-être venir à votre rencontre. Oui avant l'explosion, il y avait le bouche à oreille, klaxons, et double contrôle par radio. La sécurité d'abord. Ce était fini en moins d'une minute avec de la fumée provenant du sol. Personne n'a été touché par un rocher, ouf!

Ce était un rappel que le travail dans les mines de même que, aujourd'hui encore, peut être dangereux sur la surface, et encore plus souterrain. Le temps nous dira à quel point la découverte de cette mine était. Lorsque l'industrie s'est établie dans divers endroits partout dans le monde, le Canada est devenu très bien aimé. Tout est dit et fait, désormais à la cuisine pour l'alimentation d'un grand groupe avec une liste de chaque entreprise et leurs employés. La tête de cette compagnie minière était là avec un personnel comprenant un géologue / prospecteur avec six apprentis, les foreurs de diamant, un équipage de douze hommes, et beaucoup de métier, comme ils ont commencé à construire les structures réelles. Le temps de travail en Ontario est également influencé par les incendies de forêt qui vous permettent de garder juste un petit groupe sur le site avec le ministère local des ressources naturelles (MRN) escale. Les pilotes volent dans le camp avec de nouvelles fournitures, tous les deux jours, ou avec de nouvelles commandes pour les changements d'équipage, ou pour apporter aux patients de l'hôpital de la ville en cas de besoin. Souvent, un hélicoptère est sur le site pour une évacuation immédiate. Tout d'un coup, on peut tous être priés de quitter le plus tôt possible en raison de menaces de la vie dans la région. Oui en effet ce est là que l'aviation - MRN Rangers / incendie de forêt (AFFES) ne est trouvé, le partage des connaissances des incendies et de prendre soin d'eux rapidement que possible.

Ici va maintenant sur ma sixième semaine, avec tous les aspects couverts, le personnel va très bien, et aucune plainte, ou alors je ai pensé, tout à coup il y avait une rumeur que quelqu'un abandonne cet équipage dans un court peu de temps. Ouf, ce l'excitation, il peut être, même si loin de la grande ville ou partout où vous êtes, hein? Ici nous allons, car nous avons continué avec les activités quotidiennes ou alors j'ai pensé. Ensuite, les deux nouvelles dames de notre site sont approchées de moi avec une pétition signée par des travailleurs sur place. Il avait été signé par quelques-uns des contremaîtres et a eu un total de cinquante signatures. Comme nous nous sommes assis dans la cuisine avec une boisson, ils ont juste vers le haut me ont dit, MÂS'KÉG MIKE, qu'ils étaient maintenant les patrons et que je étais de feu aujourd'hui. Oui, remballer votre équipement et préparez-vous à laisser sur le prochain avion. Ils me ont dit que ce était toute leur idée et qu'ils voulaient prendre le relais pour exécuter le spectacle, de sorte que lorsque la mine a ouvert qu'ils avaient les formes de prouver une offre de contrat. Donc, après avoir été sur le site fait un excellent travail, je viens de confirmer avec les responsables que ce était vrai, et a demandé si les femmes avaient des relations sexuelles avec les dirige- ants de la tête. Il y avait quelques visages souriants pour répondre à mes questions. Je ai juste fait mes valises et se envole pour Pickerel Lake sur le prochain avion, alors appelé mon superviseur, Big Jim Craig, que nous ne avons pas eu accès privé aux téléphones sur les collines il isolés où la mine pourrait bientôt être ouvert.

Oui, en effet, dans l'heure je suis rappelé par notre patron Dominion Restauration avec un petit peu d'un rire. Pas de soucis, ont juste une bière et de rester à proximité de cette pièce jusqu'à ce que je arrive là dans quelques jours avec un équipage de remplacement pour rem- placer ces deux dames. Pas de soucis, courent un onglet et regarder des films. Nous avons une unité de stockage en ville - de bien vouloir vérifier. Eh bien avec tout dit et fait, je ne me dérangeais pas ce que les dames avaient retiré pour une raison quelconque, parce que c'était une belle petite pause pour moi.

Effectivement, quelques jours plus tard Big Craig, notre ex-joueur de football qui est et impressionnante 6'7 "et £ 300, est arrivé à la bonne humeur et à son arrivée m'a donné une poignée de main ferme. Vous avez les deux autres boursiers une chambre à l'hôtel en me disant que l'un d'eux allait être de nuit et l'autre était bon sur la vaisselle et une expérience tous azimuts. Nous étions tous de s'envoler pour le site demain avec la charge suivante. Il m'a demandé de m'en dire un peu plus sur ce qui s'était passé à l'approche de demain. Travailleurs isolés sont difficiles à garder constante de sorte que ces deux dames recevront une courte pause bien sûr, et un rappel disciplinaire vocale à notre discussion que je suis leur patron et que leur chèque de paie vient de Domco Foods. Notes pour un rapport et nous avons eu réunion de bière froide avant le départ tôt le vol du matin. C'était un rappel de qui est de faire votre chèque de paie, et qui peut botter le cul sur le site.

Oui, en effet, une autre journée d'automne ensoleillée avec un vol agréable à site "Lac Hour" avec une charge de fournitures maintenant souvent amené tous les deux jours. Là où je me dit que un groupe d'actionnaires sera présent quelques jours dans un proche avenir, afin de garder les choses A-One pour le salaire de bonus. Les coûts des aliments permettront d'améliorer avec des éléments provenant d'autres sites à proximité, qui seront envoyés à celui-ci, de sorte que l'inventaire fait une fois par semaine va travailler pour vous. Donc voici l'affaire vous allez jusqu'à la cuisine, appeler ces deux dames pour une réunion du personnel et ne dites pas de moi pour l'instant, comme je vais vous parler aux autres qui veulent être le patron de ce site ... ceux qui signé. Tout le monde a la responsabilité de collaborer avec tous les patrons de tête à venir cette semaine afin de couvrir toutes vos bases avec de bons choix de plats principaux, soupes, desserts, et déjeuner choses. Je ai dit oui patron, lui serra la main, se est entretenu avec les deux nouveaux boursiers sur le chemin de leur dire ce que le site était sur le point et leur faire savoir qu'il avait le meilleur de la pêche du brochet jamais. Ils aimaient tout. Leur a demandé de regarder comment cet censé fonctionner.

Alors maintenant, c'est mon tour, je joliment se dirigeai vers une table et j'ai attrapé un café avec ma page de notes, avec leurs noms sur elle seule. Ils me ont demandé ce que l'enfer je faisais de retour à ce site. A déclaré que je étais là pour une bonne raison et a offert de se asseoir avec eux pour une discussion juste pour leur faire savoir exactement pourquoi. Juste demandé quelques visiteurs de nous donner un peu de temps ensemble pour une réunion privée.

Bien sûr, je l'ai fait court et doux en déclarant que quelques nouveaux boursiers assis à l'extrémité étaient là pour les remplacer, et qu'ils ne ont pas été tirés, cependant, serait transféré aujourd'hui pour un autre site, ou ce qu'on m'a dit par notre patron. Quand ils marchaient à moi de poser des questions sur ce qui était le patron, tout d'un coup le grand gars arrive, comme il écoutait à la porte. Oh par contre notre patron ne volez avec nous comme il a parlé à des gens en charge ici pour leur faire savoir ce qui se déroule actuellement. Vous deux se relogé, ou vous pouvez payer pour votre retour à la maison. C'est la façon Domion Catering fait des choses pour tous les employés d'un salaire décent. Je ai eu l'occasion de vous laisser dames savez faire vos valises maintenant que l'avion est en attente. Vous prenez l'avion aujourd'hui dans l'heure. Oui, j'ai fini de mes douze semaines pour environ un salaire $ 7000 avec un bonus pour se préparer pour un autre site qui vient d'ouvrir dans la nouvelle année.

Dominion Catering Boss (C)

Nouvel An 1987, je ai pris l'avion pour la communauté minière de Red Lake, ON, et dit par notre pilote que notre dernier site de Pickerel Lake, Ontario était juste cinquante mille. Ceci étant une autre région isolée à fort potentiel pour un futur site de la mine qui pourrait tout aussi bien être là depuis des années. Au moins, ils savent qu'il ya l'or dans ces collines pour la manipulation du marché boursier. Big Jim Craig a dû utiliser une ligne terrestre par un groupe de camp de géologue indépendant, en tant que Co-travailleur Olga avait articles pour sa huit hommes camp pour ramasser en ville ce jour-là, MÂS'KÉG volontaire pour aller avec elle pour la une de un jour de vol pour aider à ramasser des objets personnels et de l'épicerie pour nos deux équipes de travail. Ici, nous étions de retour en ville avec tout le monde trop occupé à une tâche pour chaque de notre propre équipe -le week-end l'heure de pointe d'une petite ville, même à Red Lake, en Ontario. Je ai pris un taxi et je ai fait un pick-up de tous nos articles commissariat, y compris un voyage au magasin d'alcool pour une fourniture de bière que nous étions sur notre la semaine dernière pour ce site, ou alors nous avons pensé. Pour assurer un nouveau six semaines équipage se dirigeait sur.

Olga avait vécu dans la région depuis quelques années, et je savais que beaucoup de gens trop bien. Elle et je ai visité autour de la ville pour la liste de courses, de double contrôle pour tous les articles. Bien sûr, nous sommes retournés à l'héliport de charger les marchandises ASAP. Nous étions derrière jusqu'à tôt le lendemain pour prendre une pause après cinq semaines puis volerions avec l'avion avec des fournitures sur le lendemain. C'était une chance de visiter et faire le tour à l'épicerie pour les articles que nous n'avions pas encore trouvé. Quelle agréable surprise, maintenant nous sommes ici. En raison d'une tempête de neige la nuit brutale le lendemain, nous sommes restés coincés dans la ville pour un autre jour de congé payé. Tant pis. Juste trop mauvais au sujet de la météo. Olga et je devais partager une chambre (platonique) pour l'utilisation d'une douche, et de faire un peu de lessive. Nous ne avons allé boire quelques bières pour couper lâche dans un pub local appelé le Screaming Eagle(Aigle Crieur). Je ai pu rencontrer certains de ses bons amis - elle avait vécu ici pendant quelques années maintenant. Comme nous avons apprécié la bande et a passé la nuit à danser et agir idiot, Olga annoncé qu'elle dormait chez un bon ami que je avais la chambre pour moi tout seul juste au cas où je pourrais avoir de la chance. Humour a toujours fait partie de l'isolement aussi souvent votre journée de travail pourrait être votre dernier.

Je ai fermé la barre et l'a appelé une nuit pour obtenir un bon sommeil et prendre l'avion le lendemain. Quelle surprise - il avait neigé un peu, mais la prévision attendue a été maintenant va être deux fois plus d'une chute de neige de la semaine, ce qui rend presque impossible pour une mouche de retour au camp. Tout semblait être mis en attente. Que pouvons-nous faire? Le jeune homme qui me aidait dit qu'il pourrait être trop pour lui tout seul, donc nous leur avons donné un coup de laisser les connais tous. Quarante travailleurs durs pour nourrir autour de l'horloge.

J'ai parlé à Fast Freddy, notre homme du camp de la tête, pour lui dire les mauvaises nouvelles.

"Ya," at-il dit. Il n'y neigeait aussi, mais il avait une idée de proposer un itinéraire alternatif parce qu'il n'y avait aucun moyen de Super Dave le cuisinier haussier pourrait nourrir le grand équipage est seul pour un autre jour encore moins une semaine. Je ai accepté de son offre, ce qui était pour moi de prendre un taxi vers le sud sur de Ear Falls, puis faire un gauche rapide une fois là, sur une vieille route toute façon de la fin sur le site de la mine South Bay. Carlos, notre veste guide de camp / sentier extraordinaire me rencontrer à South Bay par Ski-doo. Je devais faire un appel au contact radio sur Ear Falls pour confirmer mon arrivée. Bien reçu. D'accord, nous étions sur elle, je l'ai dit.

La cabine m›a emmené à la mine site de la baie du Sud abandonnée pas un instant trop tôt. Il avait peur de rester coincé sur cette route de dix mille. Je lui ai payé et nous nous sommes serré les mains avec confiance que je étais assis à attendre plus de quelques heures. Puis, bien sûr, il y avait une lumière venant droit sur moi. Il est ex-militaire américain, ce n'était pas de soucis à tous.

Merci, Seigneur. Yep ce Carlos avec un traîneau en bois massif pour me ramener sur deux et une demi-heure, cinquante-mile tour au camping, sur un sombre, orageux, nuit enneigée. "Ne vous inquiétez pas," at-il dit. "Je sais que ces sentiers comme le dos de ma main. Voici maintenant, c'est une combinaison de flottaison Ski-doo à porter, juste au cas où nous avons atteint les eaux libres d'accord? "

Je ai ri et lui a donné un cinq, et cet quand il a sorti cette bouteille en plastique de l'une des poches de son pardessus. "Vous voulez un grognement de cette?" Il a demandé.

«Qu›est-ce que ce est?» Je lui ai demandé.

«Cet est bière maison. Matilda fait à la main avec un sourire et il emballe un gros coup sûr. «

Eh bien pourquoi ne pas bien.

«Ok,» dit-il en riant. «Vous pouvez avoir celui-ci, coz je en ai une autre.» Ce n'était pas mixte et goûté comme, ouf, alcool Everclear que j'avais eu en Alaska échantillon de quelques années en arrière.

Nous avancions comme le vent à un bon rythme et un peu moins de deux heures plus tard, nous sommes arrivés dans l'île où, l'année secrète ferme de Carlos est niché. "Vous obtenez le tour complet," at-il dit. "Pas beaucoup de gens ne arrivent à, si gentiment ne dites à personne que je vis de cette façon. Nous sommes à moins d'une heure de notre site. Je vais vous montrer pourquoi et où je brasse la Matilda, avec une bouteille de prendre la maison de ma maison-infusion maîtresse pour vous-même. "

Wow l'endroit ressemblait à un magasin de seconde main cour de choses tout en, ce vieux hangar construit à la main, décrépit faite de lambeaux conseil grange. Il y avait une maison encore, quatre pieds de haut avec une largeur de dix pieds et une capacité d'environ cinq cents gallons. Ce n'était vraiment pas une grosse affaire comme il m'a dit la composition de tout cela. Avec un couple de caisses de bouteilles vides et un cinq bouilloire vapeur gallon plein air avec un manomètre sur le dessus, à dix mètres de tubes de cuivre ont été enroulés puis légèrement inclinée pour se asseoir hors de l'élément de propane, qui a conduit à une attente, vide, quarante- bouteille d'once. Après l'affichage complet de l'installation, Carlos a mis le doigt sur ses lèvres. «Chut. Personne ne sait ou doit savoir. Viens, je vais te chercher une ".

Il y avait une marque nouvelle lot prêt à tout gargouiller loin dans un style ancien 500 gallons, bois baril de whisky avec les bagues en acier, et un couvercle en bois. Un minerai canot de pagaie couper court gisait là, prêt à remuer le mélange de temps en temps.

"Lors de mon prochain jour de congé, je vais y arriver. Que pensez-vous, MÂS'KÉG Mike? Voici une bouteille pour vous-même. Conseillé pour les gâteaux ", at-il dit que nous sommes retournés à la station de ski-doo. Nous étions seulement dix mille jusqu'à la route.

Oui, monsieur, ses six semaines ont augmenté, et Victor le dictateur a été de rentrer chez eux à Toronto. Il y aurait un autre foreur volé dans pour son tronçon de demain, et d'autres personnes à venir pour rendre le vol fonctionné coût sage. Le taureau cuire et je avais conspiré sur cette journée et alors que Victor a été distrait et dire au revoir au reste de la bande, Super Dave coincé un sac latrines / merde orange dans son équipement comme un paquet en aller rembourser. Quand ils partaient dans l'hélicoptère avec ses copains, je ai dit à l'un des assistants de lui faire savoir je ai emballé Victor un repas chaud pour le voyage sur. Il a même dit merci. N'était pas jusqu'au printemps que j'ai attrapé avec un des gars de l'autre camp. Il me disait qu'ils ont fait à l'aéroport et se est dirigé à attendre le vol de correspondance. Après un certain temps de s'asseoir dans le terminal le dictateur cherchait sous ses bottes de cowboy vérifier quelque chose malodorante, et l'un des assistants d'ambiance et a dit, "Oh ouais, le cuisinier a dit qu'il vous a emballé un repas chaud." Il savait tout de suite et décompressé son sac. Heureusement pour lui le sac avait un nœud en elle et rien filtré, juste une forte odeur d'entrailles de poisson avec une note collante qui disait: Bon appétit, à vous, pot léché individu.

IL AVAIT QUARANTE-DESSOUS (D) 1988

Une matinée croustillante pour être sûr, au Pantalons île avec sept semaines derrière moi et prêt à faire autant que nécessaire. Nous sommes à la recherche d'un gisement de minerai de cuivre. Vivre dans des tentes de toile peut être un peu rapide au cours des mois d'hiver, lorsque vous lever première chose le matin. Même si vous avez un cinq étoiles sac de couchage, avec de la neige misé sur les côtés de la tente, et un four diesel travailler avec une efficacité maximale, vous pouvez toujours voir votre souffle. Ouais, elle met vraiment et si vous êtes chanceux, vous réel peut obtenir un revêtement d'hiver hors de l'affaire. Le plancher en contreplaqué d'un pouce pourrait ne pas s'en tenir à vos pieds quand vous sautez du lit assez première chose rapide le matin. Quelques travailleurs conservés un sac ou un seau pee l'intérieur par le lit, assez bon jusqu'à ce qu'un se habillait pour les besoins en plein air.

La piste de la route de glace a été conçue pour transporter du matériel en préparation pour plus tard transporter l'équipement de forage à l'emplacement d'hiver des géologues pour un prochain site potentiel de la mine. Mon collègue, le pauvre M. Carlos, avait lui-même un diable de temps. Une semaine plus tard que lui et je ai montré jusqu'à notre camp principal, il était couvert de glace et figé dans la position assise derrière moi sur le ski-doo. Je lui avais repoussé au camp principal pour la première aide immédiate dont il avait besoin.

La assurer crier a attiré mon attention, que nous sommes arrivés au camp. "Ce est quoi?" Demandai-je. Carlos regarda derrière son Halley hansom flottante combinaison de survie, avec un sourire figé et dit: «Yaw je suis encore en vie, juste me sortir de ce procès pour que je puisse parler à Matilda." Nous lui avons ramassé dans la position assise et le menèrent à la douche pour un moment mémorable de l'eau chaude jusqu'à ce qu'il pouvait se déplacer assez que nous pourrions le faire sortir de la combinaison. Puis dans la douche chaude pendant dix minutes. Carlos ri et a dit, "Gee Whiz, ne me souviens pas quand je ai pris une douche dernier, d'habitude je attends le dégel du printemps."

Un vrai homme brousse sait comment conserver l'eau dans le temps de l'hiver, je ai plaisanté. Oui, monsieur, nous lui avons emmitouflés dans une couverture, et mis ses vêtements à sécher dans sa tente de changement. Ensuite, nous le mettons buck-nu dans une couverture de feu avec ses mocassins, de sorte que la soixante-cinq ans, Carlos pourrait faire son chemin vers sa tente. Lorsque nous lui avons jeté dans son sac de couchage cinq étoiles, avec une serviette autour de sa tête pour la protection contre la pneumonie, il a souri et nous a demandé d'atteindre sous le lit de sa bouteille de Matilda, mais dit de faire attention à son pistolet de l'armée parce qu'il avait un déclencheur sensible qui réveiller tout le monde à partir de nuit. Peu de temps après, je ai ramassé la trousse de premiers soins pour les coupes sur le front qui ne étaient pas profonde, alors je les ai nettoyés et lui scotché pour une sieste. Il avait glissé et était tombé au large de la pièce d'équipement il a conduit à créer un chemin sur le lac pour le prochain trou dans le sol.

Puis je suis allé voir notre patron pour lui faire savoir Carlos a été enregistrée jusqu'à bien et la blessure ne était pas mortelle.

Pourquoi pas? Ha ha.

MÂS'KÉG MIKE s'essaya dans des actions (I)

Contrairement à la Cash Cab émission de télévision, cabine de conduite tout au nord avait une légère torsion. Je ai conduit un taxi principalement au Yukon et en Ontario pour un peu de temps; pas beaucoup. Il n'y a pas vraiment de différence où vous allez - juste prendre les gens de A à B. Les gens qui ont besoin d'un tour quelque part et qui ne font pas une voiture pourrait vous charter également. Fondamentalement, vous fournissez un service en retour pour le tarif. Vous avez le droit de refuser des gens se il y a affichage d'armes ou de comportement agressif ou saignement qui a besoin de soins médicaux. Appelez le 911. Cet à la discrétion du conducteur, mais la plupart du temps ça marche bien aussi l'expédition est là pour vous. Vous familiariser avec les routines, les clients et les horaires. Les hivers froids du nord vous donnent la popularité accrue. La plupart des gens paient comptant pour leur trajet en taxi, cependant, à l'occasion, il ya le troc, ou le paiement différé. Si quelqu'un n'a tout simplement pas d'argent pour payer le tarif, ils peuvent vous payer un an plus tard.

Un homme du nom de Bob Allexine et sa femme, avec Hans Veros de l'Allemagne, a eu un grand intérêt pour City Cab. Il y avait aussi bon vieux Ed qui a habillé en Père Noël chaque année pour plusieurs familles pour un bon prix pendant la saison de Noël. Amis du couple Hanson j'avais commencé de choses à faire avec les conseils d'autres

Malheureusement comme j'ai conduit de nuit plus tard, Bob était en dialyse. Au cours de sa dernière semaine, nous avons parlé du bon vieux temps. Ville Cabs avait une petite flotte d'environ trente-cinq taxis à Yellowknife dans les années 1980 quand j'ai commencé. Il y avait des gars de différentes parties du monde qui ont fait ça à temps partiel et à temps plein. Beaucoup d'entre eux étaient des mineurs de conduire pour un revenu supplémentaire. Vingt-quatre heures par jour, ils sont toujours à la recherche pour les bons conducteurs. On m'a dit par quelques anciens propriétaires des années 1960 et 70 que si la population de Yellowknife était inférieure à 5000, il y avait encore un forte demande pour les cabines à l'époque, à quarante-dessous de zéro ... avec eux étant la seule compagnie de taxi dans la ville.

L'un des trois propriétaires précédents, le boursier allemand Hans, qui était maintenant octogénaire, m'a parlé de désaccords entre les propriétaires quand sa femme était répartiteur et la gestion du bureau. Oui, dans la fourniture de transports publics elle l'a fait de manière efficace, dans tous les aspects conformément à la loi. Les taxis étaient en grande demande pour tous les contrats médicaux 24/7 et la compagnie respectée règlements locaux de la GRC au sujet des soins de véhicule.

J'ai commencé la conduite de taxi en 1981 pour un monsieur qui a travaillé dans l'industrie minière ainsi. Paul était de l'Est de l'Inde et lui et son épouse ont été soulève quelques enfants tout au nord de Yellowknife. Je ai été invité plus pour dîner bien sûr rencontrer la famille vous a appris beaucoup d'eux, élever une famille et a pu voir leurs enfants jusqu'à ce qu'ils étaient dans le lieu de travail eux-mêmes. Je ai roulé à temps partiel pour un revenu supplémentaire et de faire quelque chose de différent dans les soirées. Mon changement aurait commencé à dix-sept heures après la journée de travail, très souvent.

Après ma première année de travail au Yellowknife Inn, entaille sur le quart de soir de conduite, et de sauver un peu d'argent, je suis arrivé à acheter une maison de remorque End parc de roulottes de Trail, avec un taxi de ma propre.

Tom, le boursier grec, a également fait partie de l'industrie minière, mais a pris sa retraite. Donc, avec une poignée de main en fiducie, la moitié de l'argent à l'avant, et une bière froide, il m'a dit que je pouvais juste lui donner le reste plus tard cette année, et il m'a vendu mon premier de nombreux taxis. Plus tard, j'ai roulé pour un gentilhomme de l'ancienne Yougoslavie et a acheté son taxi, qui était en meilleure forme que mon premier achat. Il était d'une couleur jaune, mais celui-ci était un bleu foncé Chevy Impala. Où d'autre pourriez-vous faire vos propres heures, rencontrer des gens intéressants, et faire de l'argent décent?

Avec un meilleur salaire, Yellowknife n'a beaucoup de choix disponibles. Plus tard, tout en travaillant dans les camps en utilisant mes compétences militaires en cuisine, je aurais un conducteur responsable de prendre soin de la voiture, puis après une courte pause aurais quelque chose à faire à mon arrivée retour du camp. Comme le temps passait, les deux s'adaptent bien ensemble. Il ya deux quarts de travail de douze heures pour que l'autre pilote a toujours eu un emploi à conduire un plus grand hack dollars dans les hivers. The Midnight Sun a occupé plus tard dans la journée ...

Tout se est bien pour une couple d'années, puis un jour, je suis revenue du camp et il y avait une rumeur d'un nouveau propriétaire et que les choses allaient changer pour le pire. Eh bien j'ai parlé à quelques-uns des gars et il y avait préoccupation. Je savais que le propriétaire et il a expliqué que ce était d'ailleurs d'être et il y avait quelques personnes qui cherchent à acheter l'entreprise. Le montant nécessaire est 300 000 dollars. Eh bien j'ai eu trois voitures sur la route cet hiver que le propriétaire avait vendu pour moi. "D'accord," at-il dit, "vous avez jusqu'au lundi matin." Je lui ai dit de mon idée sur une coopérative comme se ils avaient le sud, il a accepté de laisser les pilotes ont première fissure à elle.

J'ai eu avec mes bons amis de Super D et le Maverick. Nous prenions un café chez Tim Horton, le lendemain matin nous avons appelé un avocat nous savions, et nous avons appelé les pilotes à un à la fois, et leur a dit de notre plan. Au début il y avait un doute quant à savoir si nous pourrions le retirer. Le café arrivait gauche, à droite, et au centre et à la mi- après-midi, nous avions vendu la plupart des 50 parts, nous avions discuté. Enfin, le gestionnaire de Tim Horton est venu demander ce qui se passait avec tous ces gens qui entrent et sortent. Nous avons expliqué les choses à tout le monde, et l'a gardé simple et directe. Les mêmes règles pour la route se appliquerait, tout le monde auraient encore un emploi, et la vie serait formidable. Eh bien, il a travaillé comme un charme - les pilotes sont venus et remis plus de 6000 $ pour une part, qui couvrirait les coûts d'exploitation pour l'année et payer les honoraires des avocats. Les neuf yards .Donc nous avons appelé le propriétaire pour lui dire les bonnes nouvelles, et nous avons célébré avec une bouteille de champagne. Toute houle qui finit bien.

La seule chose était si nous avions un gros sac de chèques et de l'argent en espèces, et qui allait se accrocher à elle? Nous avons donc fait notre avocat a demandé, a donné l'argent, et a obtenu un chèque personnel pour chaque action vendue. Dans la banque en ligne jusqu'à, nous étions premiers à faire un dépôt et ont plus tard un chèque pour la vente. Il se est avéré être divisé avec son fils mais dans l'ensemble un fait accompli pour cette journée.

INVESTIR DANS LES RESSOURCES DU NORD (J)

Quand je ai commencé à conduire il ya des années, les taxis ont fourni le service de courrier et des livraisons de pizza ainsi que le transport au public dans toute la ville et à de nombreux événements. Ils ont également fourni le transport pour les services médicaux pour les personnes à Medi-vac des communautés voisines, ainsi localement pour tous les pompiers. Un jour, j'ai été envoyé pour un voyage vers le bureau de l'Ambulance Saint-Jean en ville. Première voiture sur la liste sur le stand de taxi, je suis arrivé, et une infirmière m'a demandé de faire éclater le coffre ouvert pour un pour charger des fournitures. J'ai ouvert mon beau tronc propre et nous étions en route pour l'aéroport alors qu'elle se dirigeait vers la communauté pour une urgence et elle serait de retour avec ces gens. Elle avait été envoyée à une communauté de voler sur King Air Twin Otter de Buffalo Joe et d'aider un patient pour le voyage de retour en ville pour être transporté à l'hôpital de Yellowknife. Alleluia loué le Seigneur. Comme le travail d'équipe était en jeu, il fonctionnait assez bien alors.

Plus tard, bien sûr, que la population a augmenté, EMT a amélioré et les gens ont été pris en charge très bien. Il y avait des événements annuels amusantes qui était super pour assister et je ai été souvent invités à prendre part à certains d'entre eux tels que Forum Geo Science, Folk on the Rocks, Caribou Carnival, Ours polaire nager, Gumboot Rally, les événements de jour folle Raven cours de ces festivals la rue est fermée pour un moment de plaisir par tous, y compris la peinture de visage et beaucoup d'enfants des trucs. Une fois une coupe de cheveux pour une réponse à quelque chose. Conseils boursiers étaient souvent échangés à la barre.

Le Nord a des gens de diverses régions du monde, principale-ment en raison de l'histoire de l'exploitation minière le long avec une bonne pêche et le piégeage étant un autre, qui est ce qui a amené les Autochtones il en premier lieu. Oui, après avoir fait un petit peu de dépouillement je ai aidé les vendre à North Bay trappeurs de l'Ontario en tant que jeune, trouver quelques-uns comme les fourrures d'ours polaires, qui viennent du Grand Nord. Ni ici ni là, en soi. Le troc existe encore à ce jour. Alors que je conduisais un taxi dans les gens de Yellowknife parfois payés avec des sculptures ou des fourrures. Ces tarifs ont été parfois payés en visitant les gens Inuits qui ne parlent pas très bien anglais. Je ai eu l'un d'eux il en tant que traducteur, ou deux chanteurs de gorge de l'aéroport de Yellowknife, en direction de l'hôpital pour leur nouveau-né.

Un soir, à quarante-ci-dessous, un beau couple tous les jours appelé un taxi pour rentrer à la maison en attendant l'extérieur au bar à l'heure de fermeture. Ils n'étaient pas habillés pour la météo et le temps d'attente.

Avec quelques autres, ils ont partagé parfois le transport pour un meilleur prix ainsi, se faire des amis sur le chemin. Voici maintenant, je ai tiré sur, puis légèrement klaxonna que le couple se dirigea vers la porte de derrière. Ils ont ouvert pour me dire leur nom, et j'ai dit oui pour confirmer. Alors que le mari de la gentille dame ouvrit la porte pour qu'elle puisse monter dans un ivrogne qui était en grande hâte, a couru sur déclarant que c'était son taxi comme il l'avait appelé un de trop. "Vérification avec le pilote," dit-il et je hochai la tête pour dire oui, allons-y.

Comme ils ont fait valoir avec la porte ouverte, et tous deux se dirigeaient façons distinctes, ils ont commencé à avoir une bagarre sans raison du tout. La femme me demande d'appeler la police que son mari est se battre mal quand tout d'un coup un autre taxi se arrête derrière moi. Le scrapper parcourt rapidement saute dans la voiture, et ils s'en vont. Je saute de la voiture et aider l'homme à se asseoir à l'arrière et maintenant nous nous dirigeons vers urgence. Je leur ai donné le numéro de la voiture de l'autre gars à appeler la GRC et leur faire prendre à partir de là. C'est quelque chose qu'ils ont fait souvent prendre soin de vous ... chargé dans la tour de cellule de dégrisement.

MÂS'KÉG MIKE barbote en Actions (K)

Je ai rendu visite à mon ami de longue date Skinny Ace, collègues de taxi / crèche concurrent pour de nombreuses années, qui était marié à une belle dame philippine avec deux grands garçons maintenant à Whitehorse du Yukon. Je ai pu voir les garçons grandissent pour être maintenant dans la musique, le sport et dans les lieux de travail eux-mêmes. Mes escales tout en visitant le Top of the World Highway était un aller-retour étonnant, dans et hors des États-Unis au Canada. Nous l'avons fait en voiture pas en train, cela vous donne plus de temps pour prendre des photos, pêcher un peu, et de rencontrer de belles Américains.

Je avais utilisé mes cinq dollars licence de prospecteur à Whitehorse pour aider un autre ami au début d'une mine de cuivre au sud de Whitehorse, non loin de l'endroit où je avais une cabane près de Marsh Lake, une cinquantaine de miles de la frontière Skagway américain que je avais fait le tour à quelques reprises. Une fois en particulier, je ramené une énorme défense de mammouth pour un copain de la sculpture du nôtre à Yellowknife; c'est l'un d'eux, je suis tenue sur la couverture de mon livre. J'ai reçu un collier en retour pour aider à ramener.

Nous sommes rentrés à Yellowknife ce jour-là pour vérifier avec les animaux, mon chauffeur de taxi collègue, à ma vieille maison de la remorque près de la centrale à béton. Je ai fait une escale, bien sûr, pour une bière froide et d'appeler le bureau principal de l'offre de travail que je avais été volé dans des. Moins de deux minutes au téléphone à propos de ce contrat pour MÂS'KÉG MIKE.

La ruée vers le diamant qui se passe réellement avec mon permis de prospection obtenir une certaine utilisation ici maintenant. Je me suis envolé de Whitehorse retour à Yellowknife pour remplacer mon bon ami, le Newfie, alors qu'il se rendait pour se marier. Volé de Yellowknife peu de temps après.

Belle été est plus longue »parce que vous êtes dans la Terre du soleil de minuit, donc beaucoup de lumière, c'est une bonne chose. Plus d'heures pour la pêche et la croisière sur les quatre roues, en appréciant les vues et la tranquillité de tout cela. Il est une sorte de thérapie de trois semaines Grizzly Adams / séance zen payé.

Ici, nous sommes au Lac du Savage Alias lac de saucisse. Quel bel endroit à l'autre bout du lac de Gras, où le droit à l'intérieur du corridor de l'espoir, comme ils l'appelaient, était une zone où le potentiel pour les diamants est augmentée par le fait simple où il est l'un, il ya une chance probable de plus. Ici, je fais un tronçon de cinq mois. A mi-chemin, ils me ont demandé de regarder le camp alors qu'ils étaient absents pour quelques semaines. Le bruit courait un grand grizzly était dans la région, et avec tout l'équipement pendant la haute saison, il serait prudent d'avoir un gardien. MÂS'KÉG était armé jusqu'aux dents avec un gros cul, couteau Dundee, un demi-bas de spray au poivre, un défenseur de calibre douze avec Buck coup, certains limaces, et porter des crocs. La première semaine de l'ours est entrée dans les fûts de déchets, oh oui, et une corne de l'air comme ils ont des matchs de football fustigé. Cela leur fait peur parfois.

Je me apprêtais à aller à la pêche, mais voulais voir l'ours locale d'abord et lui donner une bonne frousse, alors il resterait loin du camp pendant un certain temps. Ce jour est venu où sur le bord de notre camp majestueux, il est là, Jack l'ours lui-même, reniflant et planifier une approche au canon de brûlure. Habituellement au camp, ils brûlent les ordures et les envoient dans le reste de la ville. Eh bien, M. Ours fait sa descente vers le canon comme je faisais une ruche pour la dépendance, environ un millier de pieds de la dernière tente. J'attendais jusqu'à ce qu'il se serait assez proche et déclencher un couple de coups de feu - qui devrait faire Alors qu'il se approchait du canon, il y avait encore une bonne distance entre nous, et je me suis penché le défenseur contre la dépendance et avait une belle pisse. Ici nous allons, la loi de Murphy à nouveau, avec la chance moins susceptible de quelque chose qui se passe ... en ce moment même quelque chose arrive !!!! Une rafale de vent jette la porte ouverte, provoquant le fusil de glisser loin de moi dans la direction opposée et il tire sur le terrain, frappant le canon inférieur d'une pile de barils de quarante-cinq gallons, trois de profondeur / quatre haut. Comme des dominos, ils commencent à rouler dans tous les sens. Eh bien, j'ai failli chier dans mes culote et l'ours était flat-out déplacer dans l'autre sens. Je ai passé la plus grande partie de la journée êtes-empiler les barils.

Maintenant, pour aller à la pêche, je allais à contourner le lac avec l'utilisation d'un kicker Zodiac 9.9, avec GPS et une carte pour trouver l'entrée de la rivière mine de cuivre. Weehoo! Prenez un peu de grisling, droit savoureux petit poisson. Mais je ai eu une idée de piéger abord la cuisine. Je ai utilisé ma main intégré contreplaqué fumeur sur cette savoureuse brochet truite ou ombre, et je ai eu un peu de masse pulvérisation autour d'elle avec un peu de poivre de Cayenne pour une sauvegarde contre un grizzly alors que je ne étais pas là.

Je ai placé un couple de cornes de l'air; une sur les marches repliées sous un morceau de contreplaqué, et un autre à l'entrée, avec un couple de boîtes de masse ours enfilées sur un rouleau de bandage de tension de la trousse de premiers soins. Dois-je le tester pour voir si cela fonctionne? Yep, je ai fait mon nœud coulant et la referma sur le levier d'une boîte, qui vidé très proche de moi. Man oh man, est-ce que des choses piqûre, brûler, et irriter tout à la fois. Il est méchant et putride. Ne vais pas essayer cet animal. Critters que vous visitez sont souvent un sujet à notre table de dîner. Si on est venu pour une visite que nous aurions à dire l'autre, que ce soit un renard, une loutre ou un carcajou - ils ont tous des façons différentes de faire les choses. Eh bien, je leur ai parlé de mon histoire de l'ours, qui était arrivé quand ils étaient tout loin pour un couple de semaines.

Ce était surtout pour cette nouvelle géologue de la Tchécoslovaquie qui avait installé sa tente juste à côté de notre corps de brûler les ordures externe sur un promontoire rocheux avec une vue magnifique.

DEUX VOLEURS RENARD 1991 (L)

Il était quatre heures et demie du matin de Pâques et j'avais pris une belle jambe de jambon pour aller avec gratin dauphinois, les pois et les carottes. Il était assis dehors sur le dessus d'une boîte de bois pour une quinzaine de minutes pendant que je préparais le café et a obtenu le spectacle sur la route. J'ai entendu une sorte de bruit, mais avec tout le grondement du générateur et l'agitation dans la cuisine, je n'ai pas fait attention. Quand je suis sorti pour attraper la jambe de jambon, il avait disparu, Saint Hanna, hein! Mais d'abord, je ai pensé que l'un des boursiers peut-être caché sur moi, et je ai commencé à chercher, mais qu'aucun cas de peste à voir. Les gars ont commencé à s'accumuler dans la cuisine pour le petit déjeuner et personne n'avait vu le jambon. Enfin, en vinrent les contremaîtres et a annoncé que quelques ennemis arctiques ont été aux prises avec quelque chose de grand dans le dos. Tout le monde se mit à rire. "Avez-vous une autre?» At-il demandé. Je ai deviné ce mystère a été résolu.

Curiosité a obtenu le meilleur de moi et j'ai couru à l'arrière et j'ai vu deux renards blancs à mâcher sur la jambe de jambon. Ils avaient roulé et a tiré, il vingtaine de mètres. Ils n'auraient pas la chance de terminer leur repas. Comme j'approchais de la paire sournoise qu'il détala, grondant et hurlant comme ils ont disparu dans la toundra enneigée.

J'ai sorti une dinde et j'étais plus prudent à l'avenir.

GRANDE MAMA D'OURS 1992 (M)

Parmi les nombreux sites MÂS'KÉG MIKE avait été à ours étaient toujours là, je étais sur une vidéo à Whitehorse du Yukon avec quelques autres disent certains de mes pour les vrais histoires vraies d'ours. Voici un!

Ok, on y va - l'ancienne mine appeler Thompson Lumber, trente mille certains impairs-est de Yellowknife, et un projet de six semaines pour réévaluer les échantillons de carottes existantes et mettre en œuvre un programme de forage de suivi. Le cuisinier était un de mes amis nommé Frankie, qui économise pour s'acheter un camion. Cette fois, j'aidais Rick, le géologue, comme son assistant, brisant des échantillons de roche en deux avec deux livres de massue sur un engin de bicycle a gaz. Ensachage et des échantillons de marquage, et empiler les boîtes de carottes dans l'ordre, sur le rack qui étaient à l'extérieur de la tente. Je suppose que le cours du prospecteur je ai pris allait enfin payer, hahaha. Il est bon de savoir le type de travail des hommes, car il affecte les opérations au jour le jour. Quoi qu'il en soit, nous avions été en proie à une mère et ses deux oursons au cours des six semaines, nous étions là, mais aucune ne rencontre rapprochée. Oh parfois les petits ours accouraient de la brousse et de continuer. La mère avait été aperçue, mais n'est jamais venu au camp, le bruit et l'activité génératrice simplement les tenus à l'écart.

Ce était le dernier jour et tout le monde se dirigeait sur. Juste le géologue et je restais attends Buffalo Joe avec le dernier chargement de plan que qu›ils seraient de retour dans quelques heures. Donc, pas de nourriture et pas d›armes, juste l›ATV-quatre roues à mettre sur le plan d›une part, plus de place. Je me suis assis sur le quai en attendant l›avion. Rick était dans l›un des bâtiments abandonnés avec un livre et une barre de chocolat. Pas une heure après le Twin Otter avait décollé, en vient la maman ours. Elle doit avoir pensé que nous étions tous partis, je suppose! Et elle doit avoir senti la barre de chocolat le géologue mangeait, parce que c'est là où elle est allée ... les escaliers. C'est alors que j'ai entendu les cris. Rick jeta la barre de chocolat et faisait son évasion d›une fenêtre de deux étages. En se dirigeant vers le quai criait l›ours est ici comme il se est caché derrière les hangars en bois, donc tout de suite MÂS›KÉG MIKE tiré au-dessus des quatre roues et klaxonna nous avions tout en ayant un oeil pour un bon bâton de taille avec quelques rochers de laisser lui faire savoir que nous ne voulions pas être son déjeuner.

Effectivement, il était alors le 600 livres dandiner femme sortir de l'immeuble, donc je rapidement réuni des rochers à la hâte, puis monter sur le support de tuyau de vapeur de dix pieds qui serpente dans un camp dans le cadre du système de chauffage. Puis je ai regardé pour mon copain et lui ai dit que l'ours était encore dans la cabine et il pourrait faire dash pour cela, sur un toit voisin. Je lui ai dit que je avais des rochers et je aimerais la coincer dans comme il a fait son chemin à la sécurité sur un toit. Quand elle est sortie, je ai crié et jeté quelques rochers et elle a fait son chemin dans la brousse, de ne jamais être revu. Dieu merci que nous avons ri, nous étions sûrs heureux. Roches gardés jusqu'à son avion sont venus et nous étions sur notre chemin du retour après six semaines raconter notre histoire au pilote. Rire loin il nous a dit qu'il avait entendu beaucoup au fil des ans. haha

CHAPITRE 15

La Chemise Chanceuse A Larry "S 1994-1995

Maintenant, voici ce était 1994, et je me suis arrêté plus à la maison de mon ami pour lui demander comment les choses étaient. Je lui ai dit que je allais revenir pour une visite plus longue que la dernière fois, cela nous donne plus de temps pour se détendre et écouter comment sa famille a été fait, avec sa femme une partie de la sécurité routière de travail de l'autoroute coeur de Prince George, en Colombie-Britannique. Rattraper vieux temps que nous étions assis à l'extérieur de a un jour ensoleiller a nos jour d armee, nous avons pris le bon vieux temps.

Étant juste un peu plus que vingt ans? Cas alors, 1975 a bautre bout du Canada eh bien.

Sur une bière froide ou deux, je ai dit à mon copain d;armee l'histoire de comment je suis arrivé en premier lieu, à lui rendre visite tout le chemin de Yellowknife, NT en 1983, après avoir été volé à un site de la mine isolée qu'ils appelaient Salamita mine. Je avais été embauché par Crawley et McCracken, traiteurs du camp de brousse qui m'avait offert un bon salaire au téléphone. Chef / position, qui a été étonnamment martelé jusqu'à un taureau cuire position pendant la moitié du salaire à mon arrivée cuire. J'étais là la plupart du temps pour couvrir la position du cuisinier réelle comme il était sur un jour férié. Tant pis! Est-ce que un tronçon de cinq semaines sans soucis. Ensuite, je ai parlé au téléphone avec le patron, et juste bien leur ai demandé de me garder à l'esprit pour la prochaine offre, jusqu'à ce qu'un cuisinier remplacement de Bull a finalement fait son chemin dans. Au moins c'était un bon travail avec chèque de paie, à un avenir potentiel.

Nous, avec quelques autres, avions sauté sur l'avion de Buffalo Joe pour le vol de retour vers le couteau d'une heure et je ai obtenu de se asseoir à côté d'un Néo-Brunswickois français appelé Ben, qui était un mineur de fond lui-même à ce site Salamita. Il venait de terminer un tronçon de cinq mois dans un premier retardateur, et avait obtenu de faire l'expérience du Grand Nord cette année. "Saint fume, doit un fait un gros chèque de paie, avec la compétence de la vôtre," je ai dit.

"Oui, avec le bonus et même toutes les taxes."

Il m'a dit qu'il ne avait jamais été à Yellowknife avant, seulement sur le vol grâce à venir, donc ce est là que je lui ai offert une visite pendant la nuit avec une bière froide, et a suggéré que se il a fait les grands mâles, il pourrait vouloir vivre ici pour un peu, et que ce était la peine de vérifier. Il a dit qu'il aimait la musique country, et je lui ai dirigé vers la Gold Range bar pour prendre une chambre à l'étage, seuil eu de la chance, et si ne pas venir sur le dos pour saisir le canapé à 40 Fin parc de roulottes de Trail.

Eh bien tout d'abord, je lui ai dit de mon ami mignon de fille qui vivait dans End Trail avec moi. Elle était la nièce de Boom Boom Geoffrion. Il pourrait tout simplement prendre le canapé pour un jour ou deux, puis nous regarder autour de son propre hôtel ou une cabane. Elle parfois joué de la guitare comme un emploi à temps partiel dans certains des endroits les plus calmes de les tavernes Yellowknife, et il a obtenu de la rencontrer.

Nous avions notre propre liberté dans cette vie quarte dans le respect des uns des autres choix en tout temps. Oui, avec son être de la région de Québec, nous avions visité quelques-uns des pubs sur les visites familiales d'été.

Le lendemain, après une nuit de bar dans les pubs locaux de la ville minière, il était sûr impressionné au moins avec la chaîne d'or, un western conjointe bar / de la bande de pays, qui a fait mémorable. Petit déjeuner et café le lendemain matin assis à ma maison de la remorque au Trails End. Avec un nouveau jeu de cartes sur la table, j'ai offert Ben le défi d'un jeu de crèche pour 100 $ de son argent durement gagné, avec un chasseur de bière froide.

Pas m'étreignent et se embrassent à cette fille de mes amis que nous avions rencontré à une position tôt le matin se déplacer. Voici maintenant, Ben avait toute la journée pour faire quelques appels, a suivi avec une bière barbecue froid pendant 24 heures de la lumière du soleil à la fin de la journée.

Eh bien Ben et je ai joué quelques jeux, buvaient une bière ou deux, et ont pris une pause avec un tour de la ville, appelant à mon copain de taxi désigné pour la tournée autour. Être une journée de travail lente que nous avons eu une offre d'une tournée de deux heures de l'homme grec, qui sourit comme il nous l'a rattrapé sur les événements locaux. Nous avons parlé entreprise de taxi, et il a déclaré qu'il était un mineur lui-même, et nous sommes allés surtout pour passer le temps et économiser de l'argent pour sa retraite comme une douzaine d'autres pirates de Yellowknife. Il a donné quelques conseils sur Ben les emplois miniers à rechercher si elle fait appel à lui plus tard. Il nous a emmenés sur le circuit de l'aéroport de montrer Ben camping abordable qui était populaire auprès des visiteurs et les nouveaux arrivants. Bien sûr, il a suivi avec les deux sites miniers locaux; l'un étant la mine Giant et les autres mines Con étant. Il a mentionné qu'il avait des frères dans la région de Stewart, BC également chercher du travail.

Puis en route pour conduire autour de certains des lacs et des systèmes fluviaux qui accrochés jusqu'à le Grand lac des Esclaves, et nous avons parlé quelques histoires de pêche. Comment chaque année, les visiteurs et les musiciens à nos festivals, ainsi que d'autres gens célèbres, pêché sur le Grand lac des Esclaves pour leur plus grosse prise jamais, et comment la plupart d'entre eux ont obtenu il?

"Eh bien MÂS'KÉG MIKE, vous avez conduit du taxi et fait un peu d'argent, pourquoi ne pas acheter une voiture pour la route?"

"Est-ce une offre?" Je lui ai dit avec un peu d'un sourire.

"Bien sûr," dit-il. "Pourquoi pas? Donnez-moi cinq mille et tu auras un droit d'accord avec cette voiture. "

Ben bien pensé, Yellowknife est là que je me déplace pour sûr.

Donc, quelques heures plus tard, à notre retour, nous nous sommes serré la main et je possédais ma première City Cab # 8, un kilométrage élevé, jaune Dodge qui passer une vérification mécanique au bureau principal sur le lundi matin suivant. Nous avons payé notre tarif que nous a déposés dans le centre-ville et nous nous sommes dirigés pour le déjeuner dans le meilleur restaurant canadien / chinois. Il était occupé et avait de bons plats du jour. Attrapé un dîner pour ma petite amie à rentrer à la maison ce jour-là.

Tir la brise avec quelques rires, parler de ce qui se était passé, Ben m'a demandé, "Que faire si je reçois ma classe" "licence et un partenariat avec vous sur ce taxi?" F Eh bien, nous avons discuté exigences globale; premier avant tout d'être un bon pilote, et une vérification des antécédents criminels pour obtenir votre permis, puis il ya eu un examen. Sur son visage, il était certainement faisable si elle obtient okayed au bureau, un partenariat serait la peine d'essayer. Eh bien Ben aimait comment tout a retenti, alors il a commencé à magasiner et planifier à l'avance. Il reste nécessaire pour obtenir sa place avant la fin du mois, et il a fait quelques appels pour aligner un appartement ou une chambre d'hôtel dans l'intervalle. Donc, avec le canapé disponible, Ben faisait tout cela.

Ce soir-là, nous avons parlé ensemble de cette occasion planifiée aura lieu.

Mettons le conduire en attente, il a suggéré. Déménagement en ce domaine, il avait un bateau, une voiture, et des produits à la place de son frère dans Stewart, Colombie-Britannique, où un site de la mine avait cessé leurs activités comme ils le font tous. C'est ainsi qu'il a fini par ici et il était sûr heureux d'au moins lui donner un essai.

Il a été définitivement déplace ici, donc il a dû revenir en arrière et obtenir ses objets personnels dans une charge.

Man oh man, je ai dit à ma petite amie Chantal avec un baiser et gros câlin ce que nous étions jusqu'à, alors nous allons. Nous avons tous deux partis de YK à Prince George, BC pour ramasser sa voiture, ce est l'aéroport le plus proche, puis conduit sur plus de Stewart. Je lui avais dit que un vieux copain de l'armée de la mine a vécu ici à Prince George et a demandé se-il minded une escale tout en ville. Effectivement, il est tard dans l'après-midi je ai eu la chance de faire quelques appels. Bon sang, mon pote de l'armée Pvt. Stack a été marié et a deux garçons adolescents. Il m'a donné son adresse avec une offre nuit d'une bière froide et parler du bon vieux temps dans nos vies.

Nous avons fini par décoller le lendemain, faire des plans pour faire un retour stop-over de la région côtière de Stewart avec au moins un poisson ou deux. Ben dit qu'il allait me emmener sur un voyage de pêche du crabe royal d'Alaska je ne oublierai jamais. Nous avons partagé le conduire tout le chemin vers la droite à l'ouest près de la frontière de l'Alaska, et a dit d'attendre et de voir. Effectivement nous sommes arrivés après un long, dix heures, courbé entraînement de montagne de la route, avec un arrêt de gaz.

Nous avons passé deux bonnes semaines à la pêche incroyable, et rempli deux sacs poubelles oranges pleins de crabe royal d'Alaska. Ils disaient que je ne pouvais pas quitter la ville jusqu'à ce qu'ils me ont fait traverser l'américain Borders pub local, la poignée de l'Alaska Pan, de me faire Hyderized.

Êtes-vous sérieux? Bon, nous sommes ici au Glacier Inn à un comptoir de vingt pieds, avec une grande bouteille d'Everclear et un petit verre de deux onces, avec un autre verre rempli d'eau. Ben dit de ne pas sentir ou goûter - il fallait descendre en une seule fois et si j'ai vomi, cela me coûterait un tour. Donc j'ai fait, sans poser de questions. Barman renversé le verre sur le comptoir et il a glissé sur de l'allumer avec son briquet Bic. M'a donné une carte comme il m'a dit que je viens de recevoir Hyderized. Alors je lui ai demandé gentiment avec un sourire pour m'obtenir une bouteille pleine alors.

Avec un bar rayé quelques de ce canal Portland côté incroyable de Hyder, nous avons eu un grand temps rendre visite à ses deux frères et de leur dire sur le potentiel minier de Yellowknife pour le travail. Les deux semaines ont passé si vite et ici nous étaient maintenant avec un bateau accroché derrière Chevy Camaro de Ben.

J'ai pêché le fleuve Frasé que nous avons visité autour de la collectivité de Prince George, en Colombie-Britannique. Quelque chose sur la région avait une attraction qui m'a incité à rester. Avec les encouragements de leurs fonctionnaires de conservation de l'habitat, chaque année, le public dépose des sacs de ménés de diverses espèces à divers endroits de la rivière. Cela vous permet de connaître leurs préoccupations d'environnement sont réels. Les enfants sont encouragés à participer cette semaine, aussi bien. Les extérieur, montagneux et accidenté, ainsi que les bons lieux de pêche du saumon quinnat donne beaucoup de choix pour les sorties de fin de semaine. Je avais entendu parler de la riche histoire de l'industrie des pâtes et papiers, qui a impliqué un mélange diversifié de personnes, y compris de petits groupes d'Autochtones, Français, Anglais, européenne, et la population de l'Asie dans divers domaines. Nous sommes arrivés à passer du temps avec mon pote de l'armée Pvt. Empilez de rencontrer son épouse et deux fils adultes pleins qui m'ont le golf. Le temps est passé par à la prochaine génération dans certains des aspects extérieurs de la vie quotidienne en Colombie-Britannique. Quelle agréable surprise, une chance de parler des bons jours passés. Mon ami m'a dit qu'il allait me mettre en place pendant un certain temps si je avais une notion pour chercher du travail et de rester pour un certain temps.

Eh bien nous avons eu une invitation à une danse et c'est là que j'ai rencontré Larry et Beth, qui m'a présenté à une gentille dame pour une danse. Nous sommes sortis un peu et ses parents m'ont demandé de faire une série complète de tests de travail de sang avant d'avoir des rapports sexuels. Pas de problème, je ai toute confiance l'a fait! Pendant son séjour à la danse au Club des aînés de l'autoroute Coeur tard dans la soirée, Larry m'a présenté à un monsieur qui avait contribué au lancement de l'un des premiers Tim Hortons au Canada. Il est sûr que certains l'histoire derrière cela. Il a dit qu'il avait entendu dire que j'étais de la région de North Bay, c'est l'un d'eux que j'aider à démarrer il ya quelques années. Nous devons l'avons vu l'autre à celui sur Cassel Street. Petit monde tel que nous vous avons apprécié les choix de Tim Horton. Le monde est petit, oui. Eh bien, bon sang que se avérait être amusant endroit idéal, pour être.

Ayant perdu quelques kilos, et maintenant dans ses années quatre-vingt, Larry me avait offert une belle chemise blanche propre à porter comme une sorte de cadeau de bienvenue à la ville qui vous avait l'air bien sur moi. Je l'ai porté à la collecte des prochains aînés.

La satisfaction de faire du bénévolat est grande et bénéfique pour tout le monde, et il est agréable de le faire. Parfois, les récompenses sont lentes à venir, mais l'expérience est toujours avec vous. D'autres fois, il revient d'une façon surprenante que paie le double ou vous emmène endroits que vous voulez moins attendre et vous permet de rencontrer des gens formidables tout en visitant des endroits que vous ne auriez pas normalement allé ou être autorisé. Quand on m'a proposé le poste de chef de cet établissement, l'affaire était que vous aviez à faire du bénévolat le samedi pour la grande danse. Cela comprenait la préparation d'un déjeuner léger et dansant avec des gens qui ont apprécié une soirée de socialisation et de la danse, après les repas.

CHAPITRE 16

Mâs'kég Et Makwa Koonse

Voyageur Days 2012 on a hand-built birch bark canoe, Mattawa, ON

Ma mère aimante me avait prêté cinq «grand» en 1999, de prendre ces six mois de cours de soutien personnels qui est en grande demande. Bien sûr, il était bien nécessaire dans la ville de retraite de North Bay. Elle savait que trop bien, comme elle l'avait fait elle-même depuis plus de vingt ans, et elle a entraîné pendant et Don'ts dès le début. En appliquant être un PSW, un examen médical complet est, pour commencer.

Comme c'est une récente vérification des antécédents criminels, dans le cadre de mes aînés soins formation au cours du dernier mois a été dépensée dans les maisons de quelques personnes âgées pour une offre d'emploi potentiel. Mes jours de l'armée Boot Camp en tant que diplômé ramenés souvenirs de s'habiller propre pour porter un équipement approprié pour les occasions nécessaires. Mon premier don de tout de sang dans les Forces armées canadiennes a été dit que mon type de sang "A" négative RH était rare dans le taux de 6 pour cent. Le code vestimentaire est venu sans dire, des gants de protection et l'usure quotidienne de votre choix vêtements propres est venu en trois différentes couleurs; l'un était bleu foncé, l'autre vert, et il y avait un vin rouge. L'importance suggéré de le faire était de mettre un costume de rechange comme une sauvegarde au cas où, avec un bloc-notes. La formation a été axée sur les aînés / personnes âgées, et les gens de tous les groupes d'âge handicapées de chaque catégorie.- Tous de cette formation a été mis en place afin que ceux qui auraient plaisir à le faire dans le lieu de travail, pourrait le faire efficacement. Apprendre tous les aspects du commerce couverts, les bases dans l'ensemble, pour assurer les travaux futurs pour ceux qui prennent ce cours. Il y avait des possibilités de se déplacer dans le domaine médical ou être un pilote Para-bus. Cette ambition était le mien, que ma classe 4 / F était en place en tant que pilote de cinq étoiles sûr de prendre les gens à leur destination.

Il n'y avait pas pénurie d'étudiants dans cette classe, il était plein de dames prêtes à apprendre tous les aspects des soins, et a été un court déplacement jusqu'à infirmiers si la motivation est tombée en place. Fierté avec bravoure que le défi est tombé en place MÂS'KÉG MIKE était le seul homme dans cette classe. À l'arrivée à la classe on nous a dit de trouver un siège pour un peu de temps et d'apprendre à se connaître les uns les autres, car il y avait un style en tête-à-une équipe pour la fierté de soignant que nous étions assis par paires à une table Étant le seul l'homme dans cette classe, je ne étais pas difficile, comme beaucoup de ces dames étaient déjà mariés. Donc, tout d'un coup, avec un sourire, celui-ci était assis par une dame d'un côté les autres. Nous avions nom cartes sur la table mettre en face de nous-mêmes pour les enseignants à voir. Cette dame et moi nous introduites comme nous nous sommes assis par chaque autres poser des questions concernant l'éducation et les lieux de vie actuels, que nous avons rencontré un de l'autre tout au long de la journée. Eh bien, Good Golly, quelle coïncidence que nous avons découvert que nous avions été voisins de palier dans le passé. Elle avait vécu à Bonfield Ontario sur notre terre agricole quand elle était de cinq ans c'est lorsque nous avons rencontré. Avec sa description de la zone que nous avons parlé de nos vies, lui bien sûr semblait familier avoir rencontré ses parents Quelle agréable surprise en constatant que ce était vrai. Je savais que ses parents, et d'être le seul homme dans un groupe de vingt femmes, c'est sûr payé pour être avec quelqu'un qui me connaissait. Son nom était D raccourci à pas ce faire mentionné dans le livre.

Elle était mariée à un mari aimant avec deux jeunes enfants et vit actuellement sur une zone agricole et de suivre ce cours pour payer les factures et ajouter un revenu pour le soutien et l'éducation de leurs enfants. Pour crier nous avons eu quelques bons rires que d'autres ont entendu que nous nous connaissions depuis un certain temps vivre à la campagne sur une ville agricole. Là où beaucoup de nos grands-parents et membres de la famille sont maintenant vieillissent eux-mêmes et peut-être aller vivre dans une maison de soins infirmiers dans cette collectivité du Nord de l'Ontario.

Dans l'ensemble, les compétences de PSW étant en grande demande ne nous a vraiment permettent l'occasion de faire partie de la vie dans une très belle façon, rencontrer les gens de descente de l'équipe médicale tout en étant l'une des branches nous-mêmes. Je ai été invité à rencontrer son mari, un camionneur français de la région que je ai été à l'école avec au Algonquin haut. Actuellement ils ont vécu et apprécié salon de style campagnard avec leurs enfants comme ils passaient sur les rassemblements comme nous avions été élevés nous-mêmes. Je avais hâte de rencontrer son mari Makwa Kolts et les enfants dans leur communauté de cour de ferme où je venais d'acheter récemment cinquante acres moi à seulement dix minutes en voiture. Nom de famille à celle de l'homme, la sœur de mon père avait épousé signifiait que nous étions les cousins ainsi qui était juste un bonus. MÂS'KÉG MIKE et Makwa Kolts sont près de leur famille, nous avons construit canot d'écorce.

Alors que sa femme, ma petite cousine on se prépare à prendre ce court ici pour notre future.

Eh bien avec la classe que nous allons commencer, Salut on se serre la main pour répondre un a l'autre, puis tous nos livres ont été mis en place pour chaque un le bon début. Nous avons fait la connaissance sur le chemin de nos trois grands maîtres. Chef de notre classe était une infirmière autorisée indiquant qu'elle allait couvrir tous les aspects nouveaux pour nous soignants, de fauteuils roulants aux dispositifs utilisés dans le lavage des patients blessés, paralysés, ou inconscients dans un hôpital où vos compétences pourraient être utilisées à bon escient de levage.

Termes médicaux étaient hauts de la liste, à long et court forme, avec la connaissance de la façon de fournir des soins adéquats pour les besoins d'un individu. Nutrition, les médicaments, et de l'oxygène ont été couverts avec tous les équipements pour les groupes de soins de tous les âges, y compris le nouveau-né. Certaines des compétences ont été brièvement évoquées, comme plus tard sur votre choix de l'installation serait apporté vos compétences à un niveau supérieur.

Être le seul homme dans cette classe, une question qui pourrait être mieux répondu par moi-même a été remis directement à moi comme un avantage. C'était comme un rêve de la popularité masculine devenu réalité. L'un de mes nombreux habiller ou se déshabiller était de prétendre a être un patient sous une couverture, des vêtements à une robe, sans voir réellement le patient totalement nue, en vue de rayons X ou de tout autre processus médical. C'était un outil formidable pour passer mon cour au coup de $ 5000.00 dollar Niveau un et deux de ses cours de premiers soins que je avais pris au fil des ans que m'ont aidé avec la familiarisation des termes médicaux.

Laver un patient pendant encore au lit faisait partie de notre formation par un personnel très qualifié et courtois, qui a couvert tous les aspects de cette manière efficace. J'ai certainement appris beaucoup de choses de première main pour dire le moins. Il a estimé que bien et il n'y avait pas de plaintes sur ma fin du tout, en fait, on m'a demandé de faire semblant d'une douleur ou d'autres questions tout en obtenant soignés. Surveiller avec précision avec une utilisation stéthoscope, tout en mesurant les lectures de la pression artérielle et la fréquence cardiaque à un moment calme, puis la prise de notes en abrégé. Il y avait la formation et test utilisé sur l'autre demandant au sujet des médicaments, dernière ils ont vu un médecin si cela pour de vrai sur un patient. Comme le seul homme que j'ai demandé de se déshabiller à mes sous-vêtements au lit semblant d'être inconscient et le deuil. Nous avons souvent eu une visite autour comme nous avons visité les maisons de soins infirmiers, les hôpitaux locaux, les cliniques et les foyers de groupe. C'est sûr que vaut chaque centime, la formation pour assurer une note de passage de quatre-vingts pour cent.

Après avoir mis dans mon temps, avec la possibilité de suivre des cours de premiers secours au cours des années, depuis mon temps dans l'armée, j'ai appris que suivre les changements récents était un grand avantage dans notre société aujourd'hui. Travailler dans l'industrie minière comme un chef avec un supplément de rémunération comme un niveau deux secouriste de cours que j'avais pris auparavant, me avait aidé à faire partie de sauver des vies alors que dans l'isolement. Vous l'appelez, tout d'ours mord à des fractures, l'amputation d'un doigt ou des lacérations profondes du corps. Ce sont quelques composants très dignes à tous de cette nouvelle compétence que je attendais avec impatience la réalisation, et bientôt à l'aide dans le public comme un Travailleur de Soutien Personnel. De faire partie de l'équipe médicale.

Nous avons appris à travailler sous pression dans de nombreux aspects des soins de santé, suivant les règles et de garder la porte ouverte après les six mois, avec une possibilité d'utiliser ces compétences dans la main-d'œuvre. En prendre soin des autres correctement, il était important de le faire pour vous-même tous les jours, être à l'heure, manger correctement, le contrôle de votre poids, faire face à des niveaux de stress. En effet, la devise d'être un bon auditeur faisait partie du processus de communication avec une; à savoir sans interruption, critiquer, ou d'offrir des conseils. W fièrement suivi toutes les règles et règlements de la mode équipe de style dédié. Correspondant à nos progrès quotidienne comme en équipe de prendre des notes, et oui l'identification et l'acceptation des différences pour éviter les conflits que nous construisons une base solide dans notre milieu de travail. Se il ya des problèmes, ils qu'ils seraient résolus par les échelons supérieurs. Ma mère m'a prêté sa camionnette de prendre mon beau-père Cookie, une 88 année ancien combattant de la guerre sur les visites de week-end. En fait en utilisant les compétences de la formation, m'a aidé à construire ma confiance de grands espoirs pour mon avenir,

Sur mon cinquième mois, avec une teneur de 80% et faire très bien. J'avais presque traversé la plupart des cours de manière lisse avec quelques divergences mineures, c'est avec le seul homme-là. Être un Français né et a grandi et l'apprentissage de la version anglaise de termes médicaux dans un court peu de temps avait été difficile en soi. Mais dans l'ensemble, le cours a été une réalisation merveilleuse, éducative, impressionnante, et digne. Je me suis senti fier de mes cinq étoiles compétences de conduite arrière-plan comme un bus de Para possibilité de conducteur ou Ambulance dur, car c'était encore un autre cours plus tard. Je avais reçu des offres d'un organisme à Yellowknife avec l'Association pour l'intégration communautaire comme un pilote / animateur travaillant avec les personnes handicapées, mon Dieu. Mes deux grands-mères aimantes de la mine étaient aux maisons de soins infirmiers locaux, l'un d'eux où j'ai mis dans un total de trois semaines de formation. Il avait l'air bien sûr ainsi quand je ai pu rencontrer une belle tante de la nôtre qui était 99 années d'âge, alléluia. Je me sentais bien tout ce que j'avais appris pour mon avenir en passant ce cours, et je étais maintenant sur le cinquième mois, avec moins de quatre semaines pour aller, pour mon certificat de réussite le meilleur jamais pour ma nouvelle carrière.

Tout d'un coup, sur un milieu de semaine le matin, ce sourire face professeur de dame / conseiller, pas un RN local. Est approché de moi avec une attitude émotionnelle. Ayant tout juste d'arriver au parking en milieu de travail beaucoup sur un lundi matin au début de notre journée. Elle m'a demandé si j'étais celui qui avait altéré sa voiture que le capot de celui-ci avait levé sur elle alors qu'elle était au volant ici sur l'autoroute Trans-Canada quelques miles de là. Moins d'une heure avant! Honnêtement, n'étant pas le seul qui n'a pas particulière- ment soin de cette dame sauvage, je n'aurais jamais même pensé faire quelque chose comme le mal que cela. Elle m'a accusé devant quelques autres étudiants plutôt que la discussion de bureau avec le conseil d'administration, qui est comment nous le faisons dans une société civilisée, au Canada. J'ai dit quelque chose n'ayant même pas le trans- port pour moi-même en premier lieu où à ce moment exact vivre avec sa famille. En tant que pilote de cinq étoiles je tenais pour la sécurité d'autrui sur la route une grande partie de ma vie à travailler dans les transports publics.

Ce était ça, je ai arrêté de droite sur la place juste marcher loin de l'accusation de ce mal dame, en connaissance de cause que notre Seigneur a travaillé de façon mystérieuse. Avec mon accréditation cinq mois et 80% notes de passage bien donné à moi au bureau principal de ce collège, je ai de nouveau dit que ce n'était sûrement pas ce qu'ils me avaient enseigné. Native Éducation Training College a accepté mes heures de confirmation pour terminer l'examen avec le temps d'un autre mois à deux maisons de soins infirmiers locaux pour finalement conduire un para- Bus à la maison de proximité haut sur une base à temps partiel à la fin.

Grâce à la bibliothèque locale, par le bouche à oreille nous mettons nos efforts ensemble pour notre recherche de la lignée de la validité de notre ADN pour notre carte Traité Algonquin. Rencontrer d'autres familles, nous avions découvert que le temps passait dans notre généalogie que nous étions les cousins dès le début de nos douze générations entières. Avec une différence de quelques années de l'âge de son mari, Makwa Kolts, m'a dit que son deuxième nom, est du mot algonquin qui signifie ours. Avec un sourire, il est un cousin éloigné lui-même comme la sœur de mon père avait épousé une de ses chers oncles. Nous avions gardé nos relations entre les uns des autres jusqu'à maintenant. Je lui ai dit le nom de mon bushman depuis les années 1980 étant MÂS'KÉG MIKE qui ne signifie marais Man. Eh bien, il se mit à rire comme son épouse et les enfants.

«Où avez-vous pris ce nom la?»

Je l'ai utilisé dans de nombreux endroits, car il y avait au moins cinq autres avec le même nom et le prénom de cette m'a été donné sur à un camp de brousse isolé près Pickel lac Ontario.

Avec le nombre d'entre nous au Canada et aux États-Unis qui ont le même prénom et, ce surnom tactique minimise le processus d'identification. Ayant travaillé dans les régions isolées du Canada depuis de nombreuses années, et souvent embauchés par téléphone ou à la radio, ils savaient qui ils parlaient.

Comme nous nous sommes assis autour de la table, il me parlait de notre lignée et comment en raison de la Traité algonquin qui tombait toujours dans -Place, il a été accepté comme un Métis dans les provinces du Québec et de la Nouvelle-Écosse. ADN avec la preuve de la lignée a joué un grand rôle aujourd'hui, de même que l'utilisation de nos noms de famille faisant partie du règlement du traité il ya un peu plus de 240 années. Les règlements de l'Ontario étaient que vous deviez être de sang Première nation pure pour les cinq dernières générations ou vous avez perdu votre droit d'être appelé Métis ou même un autochtone. Accords de chaque traité dès le début nous que tous les chefs, les épouses, et Braves avec leurs enfants seraient pris en charge comme ils étaient une grande partie de la population qui avaient été encouragés à mélanger avec d'autres ethnies avaient gardé major Canada dans la croissance. Juste pour dire que 240 années à l'avance, la langue fourchue de beaucoup avait fait des promesses politiques qui étaient discutables. Sang mêlé était la peine d'essayer, et était au moins de mieux que de tuer une autre sur le grand espace du Canada. Ce, - était trop évident pour beaucoup. Métis Louis Riel avait frappé son prime time être un non-discriminante, spirituel et dirigeant politique avance sur son temps.

Quoi qu'il en soit, les mariages, les naissances et les décès, ainsi que d'autres enregistrements de la plupart des Canadiens ont été conservés dans l'ordre par les églises, les hôpitaux, les maisons funéraires, bibliothécaire de journaux, et pour ne en nommer que quelques-uns. Plus important encore, dans l'ensemble la lignée directe du jour vous êtes né à celle de vos relations des Premières nations Algonquin, qu'il se agisse de cinq générations à douze le traité de démarrage de 240 avance, couverte que l'espace à partir de maintenant jusqu'en 2014 de son règlement. Une des meilleures preuves de la documentation était les certificats de mariage à votre église locale, ou de communiquer avec d'autres qui avaient certains sont déjà en place. Assez agréablement, beaucoup d'entre nous étaient liés à d'autres qui sont passés d'une petite communauté à l'autre au fil du temps.

L'information en ligne était utile pour trouver autant que vous pourriez en même temps. Après notre discussion pour trouver notre lignée directe, il est devenu l'un de nos projets et nous communiquait avec la North Bay bibliothécaire M. Boisvert, qui nous a montré le chemin à travers les nombreux livres à lire. Ressources de, les familles de la généalogie de René Jette du Québec, L'abbé C. Tanguay des familles canadiennes, Dictionnaire des Pionniers, les Archives nationales du Québec.

Les immigrants qui sont arrivés au Canada, pionniers de la US / Captifs, français et autochtones d'Amérique des Nord mariages 1600- 1800. Pour n'en nommer que quelques-uns qui couvrent tous les nôtres. Les fondations catholiques gardé la trace raisonnablement bien, même si parfois les églises brûlées ou ont été reconstruits, quand nous avons demandé notre nom de famille des deux côtés, nous avions alors à la recherche parfois par des mariages deuxième ou troisième dans une liste de livre de l'ordre alphabétique. Nous avons cherché des endroits de l'église ou de la communauté, l'examen de différentes régions afin de voir qui est les grands-parents étaient et ainsi de suite il est allé. Catholiques en gardant beaucoup de disques. Eh bien, après avoir mis ensemble avec quelques-uns à gauche pour aller. Je ai dit à mon ami que Yellowknife avait beaucoup à offrir de cette façon car il y avait Ouellette avec la même lignée que la mienne, alors peut-être qu'ils me aideraient à faire partie du groupe des Métis et me donner une idée. Douze générations de recherche était un grand projet pour les débutants. Dire au revoir à rembourser mes prêts, je avais rencontré un Aîné Algonquin tout à Yellowknife. Il pourrait m'aider à en savoir plus sur tout cela.

DÉFINITION DE WIKIPEDIA DES TRAITÉS:

Peuvent être traités de manière lâche par rapport à des contrats; les deux sont des moyens de parties consentantes supposant obligations entre eux, et un parti qui ne soit à la hauteur de leurs obligations peut être tenu responsable en vertu du droit international. Le contrat qui est toujours en existence du passé.

Un traité est un fonctionnaire, expressément accord écrit qui stipule utilisé pour se lier légalement. Un traité est le document officiel. Qui exprime cet accord dans les mots; et c'est aussi le résultat objectif d'une occasion solennelle qui reconnaît les parties et leurs relations définies.

Peu de temps après, dans la position vers le Grand Nord de Yellowknife, je avais encore ma classe quatre chauffeur de taxi, un permis de chauffeur qui a toujours vint à payer mes factures et me aligné avec le travail brousse. Fait quelques étirements entre les deux. Vous avez de rencontrer de nouvelles personnes qui vivaient dans une communauté de l'industrie minière, étant comme une version miniature de Toronto. L'Alliance Métisse North Slave m'avait accepté comme Métis me permettant à celui vécu la vie d'une manière amusante pour dire le moins. Ne souhaitez-vous pas le savoir, j'ai passé du temps en demandant autour et j'ai fait faire une idée dans ma recherche. Alors bien sûr, de retour au travail dans le camp de brousse où j'ai rencontré une ligne coupe Métis de St-Pierre Ville, au Manitoba qui m'a dit que sa tante était un spécialiste généalogique avec la Société historique de Saint-Boniface, au Manitoba. Sans blague, donnez-moi vos noms de famille des deux côtés, elle le fera pour vous, pour un coût. Comme je lui ai donné le nom de mes grands-parents, l'un étant un Saint-Pierre, il a dit qu'il était lié comme il était un saint Pierre lui-même. Wow, quelle coïncidence.

Par l'utilisation de tact et de fermeté à surmonter les obstacles que je ai fait des progrès continus avec l'aide de ma femme, de la famille, membres de l'église et Mars of Dimes atteindre méticuleusement ambitions au début de chaque jour, à la prochaine. Prenez des notes, ne manquez pas de prendre des pilules, manger une alimentation saine à l'exercice. Comme un fier membre de la Légion à l'appui de nos troupes que je ai la permission de notre chef et capitaine de l'Algonquin Régiment de North Bay à porter mon béret et des plumes lors d'un rassemblement de pow-wow.

CHAPITRE 17

DEUX DEVIENE UN AOÛT 2006 - NORTH BAY, ONTARIO

Avec l'espoir de perpétuer la lignée de mes ancêtres, j'ai décidé d'aller sur une recherche pour trouver dérouler le mystère de qui était destiné à être mon autre moitié. Depuis que je n' étais pas actif sur la datation scène je pensais vérifier en ligne sera un bon début. Une des suggestions de Google était Cherry Blossoms et là je signals pour un abonnement d'un mois. 30 jours sont venus et rien d'excitant qui se est passé. Tout comme j'étais prêt à abandonner et arrêter mon adhésion, un email a trouvé son chemin dans ma boîte aux lettres. Après avoir lu ce qu'elle a dit dans son profil, cette jeune fille à la peau brune grattés ma corde sensible et a joué la plus belle musique que je ai jamais entendu.

«Je vais aux Philippines," j'ai informé mes parents.

Ils étaient vraiment surpris.

«Êtes-vous fou?

Vous ne avez vu que cette personne par l'ordinateur et vous pensez que vous êtes dans l'amour?

Vous n'avez jamais rencontrée! »S'écrièrent-ils.

"Et ce est la raison pour laquelle je vais là-bas pour elle et sa famille rencontrer."

"Eh bien, si ce est ce que vous avez décidé, il suffit de rester en sécurité."

Voilà que chère maman me donne un jonc de mariage et sourit disant fait attention a toi.

Mon père me donne un coup de main et me dit, » envoyé dit ça par-là « .

Treize mois de courriels quotidiens, de longues conversations au téléphone, animés lettres manuscrites et des cartes de vœux pour toutes les occasions, et les messages de texte ont été les principaux ingrédients de cette histoire d'amour cybernétique.

Voici quelques-unes à Noël

C'était bon d'entendre votre voix le jour de Noël.

Salut chérie

Tout d'abord, je vous souhaite un très joyeux Noël! C'est aujourd'hui le jour de Noël, non? Deuxièmement, je suis content que vous ayez obtenu votre permis. Voilà de bonnes nouvelles en effet Félicitation.

Tout mon amour

Salut Iris ma Cherie

Merci pour votre compréhension et de patience avec l'aide de Dieu notre foi, la relation se renforce tout le temps, je penserai à vous tous les jours que vous appelez le dimanche 9 heures de mon temps, mais si je reçois un autre emploi dans le Nord, je ne peux pas être en mesure de appeler tout de suite. Ne vous inquiétez pas, je vais obtenir une prise de vous être vie heureuse est bon Dieu est grand.

AIMEZ-VOUS MICHAEL SEPTEMBRE 2007 - MANILLE, PHILIPPINES

J'ai informé ma chérie que je vais voler à son beau pays, aux Philippines, à elle et à sa famille rencontrer. C'était quelque chose que j'ai vraiment regardé avec impatience mais je ne pouvais pas nier que j'avais quelques réserves. Soudain, j'ai été assailli par des pensées et des questions douteuses qui ne pouvaient être répondu une fois que je suis en face d'elle. Je croyais honnêtement tout ce qu'elle dit, mais que l'incertitude lancinante de «si» ne cessait de nouveau dans mes pensées.

"Une fois que vous la voyez, assurez-vous que cet est une dame réelle et non pas un homme prétendant être une femme," dit mon voisin asiatique sur le plan à la dernière étape de mon vol pour Manille. Eh bien, tant d'espoirs et de croire. J'étais plus déterminé que jamais à rencontrer avec elle et se mettre au travail, ha-ha! «Je ai entendu quelques histoires tristes et tordus des hommes dans des situations similaires que vous soyez donc très prudent," at-il ajouté. «Mesdames et messieurs, bienvenue à l'aéroport international Ninoy Aquino à Manille. L'heure locale est quatre heures du matin. Pour votre sécurité et le confort se il vous plaît rester assis jusqu'à la ceinture de sécurité signe est éteint ... "Enfin, le plus long vol je étais jamais sur a pris fin, je ai pensé. 14 heures, l'homme, qui était brutal! J'ai grand besoin d'une bonne douche chaude et un bon sommeil pour me faire croire droite.

Je me suis levé d'où je étais assis et mes jambes exiguës sentais soulagé. Dès que je suis descendu de l'avion dans le pont de jet, la ruée d'air chaud et humide m'a frappé au visage. Whoa! Je ai su alors ce que je me embarquais dans cette partie du monde. Si vous êtes un voyageur fréquent internationale, vous êtes familier avec le processus de passer par les douanes et l'immigration. Comme c'était mon premier, c'était une bonne raison de voyager léger. Pas de files d'attente dans le carrousel d'attente pour vos bagages et les transferts sans tracas. J'ai réalisé que mon vol est arrivé une heure plus tôt que prévu. Ma chérie a été surprise quand elle a reçu un appel téléphonique de moi comme ils étaient justes à pied depuis l'aire de stationnement vers la zone d'arrivée. Je me suis approché un gars philippine et demandé si je pouvais utiliser son téléphone et je lui tendis $ 20 dollars canadiens plus tard. Ma chérie me dit plus tard qu'elle ne ferait croire que je étais réelle une fois qu'elle me voir en personne. Donc ici, je me tenais par le café que j'ai dit et là elle me tenait à la recherche franche et belle, tout comme dans les photographies qu'elle m'a envoyées. Puis il y avait un un bref moment délicat que nous sorte de dit bonjour pas sûr de ce qu'il faut faire ensuite. Alors je lui ai balayé dans mes bras et lui a donné une serrure de la lèvre. Elle m'a présenté à sa sœur, Madonna, et Boyet, son frère-frère, qui faisait partie de la fête de bienvenue.

Le trajet de l'aéroport à notre suite d'hôtel à Makati City a pris environ 15 minutes et j'étais prêt à frapper la douche. "Je ne ai pas fait tout ce chemin du Canada juste pour lui serrer la main," je ai dit à Madonna et Boyet. Ils me ont donné regards complices et un sourire narquois nous donc laissés à nous-mêmes. Depuis le temps, j'ai tenu ma chérie dans mes bras, je savais qu'elle n'était pas un faux et je n'ai jamais lâchée depuis. Je me suis réveillé à une lueur orange dans la fenêtre. C'était le coucher du soleil et j'ai réalisé que je dormais la journée loin. Comme nous avons quitté notre hôtel, nous avons été accueillis par un jeune homme qui a essayé de me vendre des bibelots, des cigarettes, des préservatifs et de ce pas. C'est différent, j'ai pensé. Nous marchions dans la rue et sommes tombés sur un panier alimentaire éclairée. Dîner composée de hot-dogs et de porc au barbecue, un aliment courant dans les rues de Manille, et probablement le reste du pays. Ma chérie m'a demandé si je voulais essayer le "balut" «Ce est l'œuf de canard avec un poussin en développement à l'intérieur", me dit-elle. Je me suis dégonflé après qu'elle m'a dit ce que c'était. «Je crois que je ai goûté qu'avant au Yukon au cours d'une visite à l'un de mes amis philippins. Mais je ne suis pas un fan de ce bien. "Je l'ai dit.

Ma chérie et moi sommes retournés à notre chambre d'hôtel après sauter le dernier morceau du souper dans ma bouche et sont passés par notre liste de choses à faire pour le lendemain. Nous étions prêts à attaquer le lendemain un petit déjeuner copieux. Avant de quitter l'hôtel, je me suis excité jusqu'à la bataille de la chaleur à l'extérieur. La première étape était l'ambassade du Canada situé dans l'avenue Ayala. Ma chérie essayait de son mieux pour nous trouver un taxi, mais nous nous sommes refusés à chaque fois. Pourquoi? La plupart des chauffeurs de taxi nous ferait payer un taux forfaitaire au lieu d'utiliser leur compteur. Ma chérie savait l'ambassade ne était que de plusieurs pâtés de maisons, mais parce que la chaleur serait trop pour moi, un taxi est le mode le plus commode de transport. Mais être prêt à marchander ou vous pouvez finir par payer plus. Je suis content que ma chérie fût avec moi. Elle a fait valoir que les tarifs qu'ils Cab Drivers demandaient étaient juste trop juste parce qu'elle était avec un gars blanc. Être dans un sol étranger, je laisse faire la conversation et la négociation. Enfin, un chauffeur de taxi-type cœur s'est arrêté pour nous et convenu que nous payons par le compteur. Il vous obtenu un bon pourboire.

L'ambassade du Canada a été regorge de personnes avant même l'ouverture des portes. Tout ce que je vraiment besoin il y avait un document attestant la capacité juridique de se marier aux Philippines avant que nous puissions faire une demande de licence de mariage. Pendant que nous attendions pour que mon nom soit appelé, un homme assis au coin parlait avec sa fiancée avec un fort accent. Je ne pouvais pas me en empêcher alors je me approchai de lui et d'une voix amicale lui ai demandé: «Monsieur, si je peux demander, localisation sont vous?" "Je suis originaire de la Grèce, mais maintenant un citoyen canadien. Je suis ici pour épouser cette dame », dit-il en désignant une jeune femme qui sourit timidement à moi. "Ce est mon troisième mariage et je suis âgé de 80 ans. Dieu merci pour le Viagra! »Il hurla. "Bravo!" Répondis-je.

L'attente n'était pas aussi longtemps. J'ai entendu mon nom appelé et nous avons marché à la fenêtre où j'ai posé quelques questions de Vérification. Alors l'officier m'a remis mon certificat officiellement estampillé et signé. Boyet et Peter, le petit ami de Madonna, sont venus nous chercher à l'ambassade et ils nous ont emmenés à la plus grande et l'une des 10 plus grands centres commerciaux du monde, le centre commercial SM de l'Asie Philippines. Je ai eu une fête des yeux, mais le shopping ne ai jamais été ma tasse de thé. Je étais plus à la dégustation des spécialités philippines alors nous sommes allés à la zone de cour de nourriture et je ai essayé presque tout ce qui avait l'air bizarre, inhabi-tuel et tout chatouillé mon imagination. Quelle bonne surprise!

Après deux jours de tournée la capitale du pays, nous avons pris l'avion pour Cagayan de Oro, une des grandes villes de Mindanao. De l'aéroport, nous avons décidé de passer la nuit car il se faisait tard et j'ai préféré voyager pendant la journée pour des raisons de sécurité. Et parce que je ai voyagé la lumière, je courais bas des vêtements propres. Je ai demandé où était la laverie la plus proche. Heureusement il y avait un à la fin du centre commercial idéalement interconnecté avec notre hôtel. Malheureusement, nous avons ramassé notre linge et ma nou-velle paire de jeans a changé avec une vieille paire. C'était une longue journée et j'étais prêt pour le lit. Notre chambre était propre et le lit était confortable. J'ai ramassé une carte d'appel sur notre chemin pour que je puisse appeler mes gens à la maison au Canada. Pour sûr papa et le reste serait demandais comment je allais. Nous avons loué un taxi pour les deux et un tour demi-heure dans la ville natale de ma chérie dans la province de Bukidnon.

J'ai marier ma femme au philippine en 2007. voici un bamboo!

BUKIDNON MON (NOUVEAU) ACCUEIL

La famille de Ma chérie avec ce bon monde-là et je suis tellement chanceux d'être partie avec eux. Ils m'ont donné un accueil chaleureux et tout le monde était heureux de me rencontrer. M'étant le premier étranger marié dans cette famille, je me suis senti honoré. Une façon philippine de faire un client de se sentir à la maison est de partager une bouteille ou deux de Tanduay l'aide d'un seul verre passé autour jusqu'à ce qu'il bouteille est vide ou jusqu'à ce que la fête est finie. Tanduay est, comme ils le prétendent, une icône nationale entre le marché des spiritueux. Une agrafe lors d'occasions spéciales. Je n'ai pas perdu de temps. Je ai fait face les parents de ma chérie et formellement demandé de se marier leur fille. Puis je suis tombé sur mon genou et présenté la bague à ma chérie devant ses parents et sauté la question en Tagalog qui je ai répété pendant des mois. "Pakasalan mo ba ako, mahal ko?" Elle pensait que ce était ringard mais a dit oui, bien sûr. Pour le reste de mon séjour à Bukidnon. Nous avons réservé un chalet d'une chambre minuscule au Edlimar Spring Resort qui était à cinq minutes à pied de la maison des parents de ma chérie. Edlimar, comme il est communément appelé, est la première station de printemps dans Bukidnon détenue et gérée par un couple très charmant, M. Ed Marquez et son épouse, Lilia. Ils sont de très bons amis de la famille de la famille de ma chérie et quelle meilleure façon de montrer notre appréciation pour leur hospitalité et l'amitié que de leur demander de se présenter comme nos sponsors mariage en circulation? Le mariage

Ma femme et moi nous sommes mariés deux fois - une fois avec le juge et le second dans l'Église catholique. Le plan devait être marié deux fois en une seule journée. Pourquoi deux? Il n'y avait aucune certitude que nous aurions une date réservée à l'église que la finalisation des plans n'est que quelques semaines avant. Donc, nous nous sommes assurés que nous avions réservé avec le juge juste au cas où. Nous avons dû adapter tous cette excitation dans les trois semaines de vacances. Ce était en effet une romance éclair pour le mariage se produise dans un délai aussi court. Les invitations ont été limitées à plus proches amis de la famille immédiate et ma chérie. Je ne avais pas la représentation de mon côté de la famille donc je ai fait sûr que quelqu'un prenait une vidéo du mariage à l'église. Cette vidéo vous a été ramenée pour mes amis et la famille pour voir la suite. Ma chérie était magnifique dans sa robe de mariée. Je ai regardé fringant dans mon costume. Nous avons surmonté le trac et avait une belle cérémonie. La réception a eu lieu dans une salle assez grande pour nous loger dans le même hôtel, nous étions à. Le "lechon" ou le porc rôti fait une pièce maîtresse délectable. Je peux honnêtement dire que tout le monde avait un bon temps à chanter loin avec la machine de karaoké et de boire du punch aux fruits, je me suis préparé. Il avait de la bière grande pour les grands garçons, bien sûr. Après tous les invités ont disparu, nos ventres plein et nos cœurs chanter, je portais ma nouvelle mariée dans mes bras l'intérieur de notre maison pour une nuit de noces intime. Le mariage civil avec le juge a eu lieu le jour avant le mariage de l'église. Il a été prévu pour une heure l'après-midi. Il y avait une brève entrevue avec le juge avant le mariage. A l'époque je pensais que c'était une violation de ma vie privée. Le juge dame interrogé mes intentions d'épouser une femme philippine. Il m'a poussé au point que je voulais sur le mariage. Trop? Eh bien, je me suis senti insulté avec le ton de son questionnement. Plus tard, j'ai réalisé que le juge ne faisait que son travail. Cependant, la cérémonie à l'église le lendemain m'a fait oublier cette rencontre inhabituelle.

Canada - Nouveau Homne Sweet Homne

Mes vacances était terminée aussi vite qu'elle a commencé. J'étais de retour au travail avec le Commissionnaires et le dos à ma routine habituelle. Je ai alors commencé le processus de parrainer ma femme de venir au Canada avec l'aide de quelques amis. En attendant, je me suis gardé occupé par la conduite de taxi à temps partiel dans les soirées et à un moment je me suis inscrit dans le cours des affaires à l'Academy of Learning. (Académie d'apprendre) Huit mois plus tard en Août 2008, mon épouse a atterri dans le sol canadien. Je ai dit à ma femme que je vais la rencontrer à l'aéroport international d'Edmonton lui porter le chapeau de cow-boy qui m'a été donnée par son père. Deux très bons amis à moi m'accompagneront. Mon ami, Joe, est venu avec un drôle d'idée qu'il aimerait porter le chapeau de cow-boy à la place. Voici ma chérie descendre les escaliers ses yeux à récurer la foule pour le chapeau de cow-boy. «Je vois le chapeau, mais comment se fait-il est porté par quelqu'un que je ne sais pas?" Demandait-elle. Derrière mon ami, je ai essayé de cacher pendant que nous approchons lentement son. Le quand elle a obtenu assez proche, je suis sorti de derrière Joe, l'enveloppa dans mes bras et je ai planté un gros baiser sur ses lèvres. Nous avons tous eu un grand rire. Les quatre d'entre nous sommes sortis pour dîner après quoi Joe et sa femme, Barb, nous ont conduit à l'Nisku Inn où je ai réservé une suite de lune de miel. Comme nous sommes entrés dans notre chambre, nous avons été accueillis avec une bouteille de champagne assis dans un seau de glaçons et une douzaine de roses rouges pour ma chérie. Nous nous sommes reposés dans le jacuzzi tout en sirotant du champagne. Le lendemain, nous avons pris l'avion pour North Bay pour que ma famille puisse rencontrer ma chérie. Comme promis, je ai pris ma chérie à Niagara Falls pour une escapade de lune de miel et eu beaucoup d'expériences mémorables pour nous durer toute une vie. Nous avons visité la famille et les amis ce moment mémorable dans notre vie.

Louange à notre Seigneur.

Ma femme et moi a Joint Task Force North headquarters de Yellowknife ou je suis un Commissionaire de securite 2007 a 2009.

DÉDICACE

A La Galette

Un homme d'une grande sagesse et le patriotisme

Anciens combattants – Passer et a Présent

Vétéran Autochtone, Ce travail ici est en l'honneur de vous.

Vos actes héroïques ne seront jamais oubliés.

Dieu et le soldat nous adorons aussi bien, en cas de danger pas avant!

Le danger passé et tous les conflits redressés, Dieu est oublié le soldat est méprisé !   Par Rudyard Kipling   et Pour toutes nos familles.

Place des traités dans la hiérarchie des normes

Peuvent être traités de manière lâche par rapport à des contrats; les deux sont des moyens de parties consentantes supposant obligations entre eux, et un parti qui ne soit à la hauteur de leurs obligations peut être tenu responsable en vertu du droit international. Le contrat qui est toujours en existence du passé. Un traité est un fonctionnaire, expressément accord écrit qui stipule utilisé pour se lier légalement. Un traité est le document officiel. Qui exprime cet accord dans les mots; et cet aussi le résultat objectif d'une occasion solennelle qui reconnaît les parties et leurs relations définies.

Peu de temps après, dans la position vers le Grand Nord de Yellowknife, j'avais encore ma classe quatre /F est un permis de chauffeur qui a toujours vint à payer mes factures et me aligné avec le travail brousse. Fait quelques étirements entre les deux. Vous avez de rencontrer de nouvelles personnes qui vivaient dans une communauté de l'industrie minière, étant comme une version miniature de Toronto. L'Alliance Métisse North Slave m'avait accepté comme Métis me permettant à celui vécu la vie d'une manière amusante pour dire le moins. Ne souhaitez-vous pas le savoir, j'ai passé du temps en demandant autour et j'ai fait faire une idée dans ma recherche. Alors bien sûr, de retour au travail dans le camp de brousse où j'ai rencontré une ligne coupe Métis de St-Pierre Ville, au Manitoba qui m'a dit que sa tante était un spécialiste généalogique avec la Société historique de Saint-Boniface, au Manitoba. Sans blague, donnez-moi vos noms de famille des deux côtés, elle le fera pour vous, pour un coût. Comme je lui ai donné le nom de mes grands-parents, l'un étant un Saint-Pierre, il a dit qu'il était lié comme il était un saint Pierre lui-même. Wow, quelle coïncidence.

Par l'utilisation de tact et de fermeté à surmonter les obstacles que je ai fait des progrès continus avec l'aide de ma femme, de la famille, membres de l'église et organisation de Marche of Dimes atteindre méticuleusement ambitions au début de chaque jour, à la prochaine. Prenez des notes, ne manquez pas de prendre des pilules, manger une alimentation saine à l'exercice. Comme un fier membre de la Légion à l'appui de nos troupes. J'ai la permission de notre Chef et le Capitaine du Régiment des Algonquin de North Bay Ontario à porter mon béret et avec ma plumes lors d'un rassemblement a des pow-wow et de aussi faire partie a suivre le garde des drapeaux.

LES ÉVÉNEMENTS DE POW-WOW VOICI LA SOURCE

Généralement, l'ouverture d'un pow-wow s'effectue chaque jour avec le premier chant inaugural devant la Grande Entrée. Les danseurs en costume entrent dans le cercle par l'est, près des tambours et de l'estrade de l'annonceur. Il s'agit d'une tradition attribuée aux spectacles de Sundance et du Wild West. À la tête des danseurs, une procession colorée de vétérans autochtones portant le bâton à exploits, ainsi que les drapeaux canadien et américain. Ils entonnent le chant du drapeau, le chant des vétérans et le chant du traqueur (une chanson de guerriers). Les chants sont dirigés par le groupe de tambours hôte. Un autre groupe de tambours peut être invité à chanter le chant inaugural ou le chant de clôture, lorsque les couleurs sont retirées de la ronde à la fin de la journée ou de l'événement. Source

La princesse du pow-wow, qui représente les vertus du peuple, mène d'autres vétérans et anciens dans l'aire de danse. Ils sont suivis du danseur principal qui dirige quant à lui les autres danseurs mâles traditionnels. Ensuite, la danseuse principale mène les autres danseuses. Finalement, les hommes de la danse libre précèdent les femmes de la danse du châle, puis arrivent les jeunes (ou les enfants). Selon la nature ou l'emplacement du pow-wow, les danseurs principaux entrent parfois ensemble. Les autres événements peuvent varier, selon le type de pow-wow ou la région géographique.

DANS LE CADRE D'UN ARTICLE ENREGISTRÉ 35, SIGNÉ PAR LA REINE

Recherche de nombreux ouvrages dans les bibliothèques en ligne de mot de cours de bouche vous dit que la vérité. La Constitution Canadienne (1982) reconnaît l'existence de trois principaux groupes autochtones du Canada: les Premières nations, les Inuits et les Métis. Depuis les années 1970, les Canadiens ont utilisé l'expression Premières nations pour désigner les peuples déjà connus comme des «Indiens d'Amérique du Nord», ce est tout, les peuples indigènes qui ne sont ni Inuits ni Métis. Aujourd'hui, les peuples autochtones du Canada parlent une cinquantaine de langues différentes, dont la plupart sont parlées nulle part ailleurs dans le monde. Le projet de loi C-21- Les traités numérotés (ou traités après la Confédération) sont une série de onze traités signés entre les peuples autochtones au Canada (ou Premières nations)

Population du Canada étant d'environ 11 millions. Un million servi dans l'armée en (1939 -1945) Population de l'Ontario, Canada 1941 était 3787, 655 aujourd'hui 13,5 millions 38,4% L'histoire de l'Algonquin

Régiment de 1939 - 1945 appeler «WARPATH» par GL Cassidy. Le nom de famille de son beau-père était dans les livres suivants de la North Bay, ON. Bibliothèque publique. Plusieurs livre démontre la façon de vive des dernier 400 ans Canadien. Écrit par Auteur, Edwin Higgins était "1982 Whitfishlake Réserve Indienne, N0. 6 " Premières Nations Anishnawbeck Atikameksheng. Auteur, Wayne F. Lebel de West Nipissing Ouest. Famille et la foi ont rejoint les peuples par les rivières et les lacs à tous de notre société Canadienne et Américaine d'aujourd'hui. Liste de recensement Canadien combien de personnes étaient ici pour la première diviser nos frontières actuelles. Population de un demi-million durant la "guerre de 1812" est une grande partie de ce que comprend le Canada d'aujourd'hui.

Honneur à tous les anciens combattants passé et présent pour notre liberté La Déclaration universelle des droits de l'homme »(DUDH) Déclaration de l'Assemblée générale des Nations unies du 10 Décembre 1948 à Paris, affirme que, après la Seconde Guerre mondiale, il est une expression globale pour tous les êtres humains. Selon notre recensement, la population du Canada avec les Autochtones de la 1700e à 1800e avait augmenté à près de cent mille, pour dire que la sécurité en nombre que ne se applique. La diffusion de l'Homme Rouge a joué un grand rôle dans le soutien à la liberté de la vie comme bon nombre de leurs épouses maintenant serait un mélange d'origine européenne à devenir Métis. Dames autochtones qui mariés ou avaient des enfants avec un homme blanc, ont perdu leurs droits sans dire. Toutes les dames ont joué un grand rôle dans sa réalisation à l'endroit où nous nous trouvons aujourd'hui. Alors que les frontières entre le Canada et les États-Unis avaient maintenant tombée lentement en place, les mêmes gens faisaient partie de cette finalisation pour leurs propres avantages que les Canadiens et leurs futures familles avaient combattu au cours des mêmes valeurs juste avant tout cela. En particulier avec la guerre de Sept Ans de 1812 pour la finale de frontière Canada / États-Unis résultats Canada. Donc la population de chez nous qui a maintenant a beaucoup plus d'intérêts de ces jour la a réellement le droit de mettre en place l'accord d'hier a nous qui l'on tous amener ici.

Tout le galimatias de travail de papier éparpillés pour les dits accords politiques qui avaient fait y arriver, lançaient des gens de différentes parties du monde pour un nouveau départ dans une certaine terre libre. Voici maintenant où la population de 1850 avait augmenté de plus de deux millions avec la porte ouverte pour être libre, à la propriété à la disposition de tous les nouveaux arrivants. Simultanément, la mise en place finale quelques-uns des accords de réserve autochtones pour accueillir commerce de la fourrure, le bois, la récolte, la chasse et l'exploitation minière, à savoir pour l'avenir de toutes les familles de ceux qui avaient combattu.

Malgré «le traité de l'Algonquin qui n'avait pas encore été signé pour diverses raisons à l'époque, il n'y avait pas les autoroutes principales, l'aviation ou les systèmes ferroviaires en place de A à B. C'était encore la plupart des sentiers équestres et les voies navigables. Le Parc Algonquin existant d'aujourd'hui en lui-même fait partie de la raison pour laquelle il n'a pas été rapidement signé pour une petite superficie à l'époque. Voici l'histoire de ma famille avec les faits historiques de nombreux autres Canadiens pour la fierté de notre existence jusqu'à maintenant. Une histoire vraie, qui est encore dit-il y a longtemps. Les ventes de terres de la Couronne auraient dû avoir lieu hors jusqu'à ce que tous les traités ont été réglés assez en premier.

Européens ont tenté d'imposer leur propre langue sur les nombreux peuples autochtones du Canada et des Etat Unis. Langue étant bien sûr les grands moyens de communication, notre histoire suggère souvent différente des langues tordu beaucoup de ses mots à une nouvelle définition ou une traduction qui a été souvent mal compris. Parmi les nombreuses langues connues pour avoir existé, beaucoup sont maintenant éteintes et cela laisse que quelques orateurs de la gauche de l'un. Bien que la langue des signes ne soit pas une partie de l'un de nos langues existantes d'aujourd'hui, nous utilisons tous chaque jour. Avoir cinq années sous ma ceinture comme PSW certifié- Je ai appris que beaucoup d'entre nous utilisent déjà la langue des signes. Partout dans le monde, il a été transmis à tous les âges. Traités avaient un but valable pour tous au fil du temps comme un manque d'éducation ne leur donnait pas d'autre choix que de suivre le chemin d'une signature sur un accord. Respecté chefs autochtones avec des noms bien connus utilise un traducteur qui était alors échangé plus tard, par un mariage. Le bilinguisme, ainsi que des compétences d'écriture pour certains est venu avec l'éducation répercuté sur eux par le bouche à oreille. Certains ont signé leurs noms avec une image de leur clan étant parfois, "Ours -Bear" - "Loup -Wolf" - "Oiseau - Bird" ou juste un nombre. Dans leur propre langue, ils souvent juste utilisé des noms qui ont été proposés ou signés avec un X. Inclus noms ont été adoptées.

Les noms de famille des Premières nations du Canada et les États-Unis ont été bien utilisés à des fins d'identification, faisant partie des accords écrits entre ces nations dans la consolidation des liens établis dans les traités. Comme la transition des Européens d'un nom de famille quand amené au Canada et aux États-Unis pendant de très bonnes raisons que beaucoup ont toujours les mêmes noms et prénoms. Aimé ou détesté par l'Autochtone dialecte, noms était souvent une donnée par choix comme un titre du commerce comme un nom de famille ou de leur localisation aime juste rues obtenir un de leurs noms. Le nom Ouellette est utilisé pour indiquer qu'ils vivent par zone d'eau claire par exemple dit Auclair en Français. Les dirigeants se sont identifiés afin d'être référencés dans les documents pour les nombreuses fins de registre.

Le manque d'éducation ou de faute d'orthographe humour souvent entraîné dans son utilisation historique, à parfois être demandé où votre nom vient. Généalogie et l'ADN se avère tout à partir d'un petit groupe.

CHAPITRE 18
Dédicace A Galette

Cookie avait vécu dans les maisons et les cœurs de nombreuses personnes jusqu'à ses 99 années de la vie, comme il le faisait dans notre famille pendant une brève période d'environ six ans. Il était encore alerte à ce dernier jour. A été visité par de nombreux amis à ses funérailles.

Ma chère mère de notre famille de tenir le drapeau avec beaucoup de lui rendaient visite quand il est décédé, avec deux rassemblements distincts à la Maison funérailles a McGuinty de North Bay ON. Dames auxiliaires de notre filiale de la Légion branche # 23 de North Bay ON a été informés de son décès, ou les détails ont été mis en place pour payer une cérémonie relativement traditionnelle à un de nos ancien combattant WW II Ernest Cook. Pleine maison ce jour-là que chaque ligne d'hommage a été fait et bien équité pour toutes les personnes présentes. Militaire code vestimentaire de porter fièrement tous là médailles, traditionnellement honoré et dirigée par le camarade en charge. Plomb du Groupe à placer de pavot sur lui avec un drapeau, suivie par tous les autres camarades à le cercueil pour rendre hommage, dire au revoir à Cookie. Dans le cadre de la cérémonie, le Sargent d'Arme se dirigea vers eux salué comme il a placé son coquelicot puis son poste à la fin de la cassette. Silence dans l'acte du Souvenir suivie par la prière qu'ils payaient rapport à nous qui se leva et cria. Invitation à la légion locale juste une courte distance de marche en cette froide journée de Novembre pour passer du temps ensemble en grâce après cette cérémonie impressionnante à l'enterrement de Ernest Cook.

J'ai écrit mon histoire de vie avec une dédicace à lui, mon beau-père Ernest Cook Coucroche dit Commanda, qui avait rejoint les Forces d'Armées Canadiennes à Sudbury à l'âge de 35 ans il était un bon fusilleur des Force Canadienne. Il avait été envoyé à Wentworth Régiment de faire partie de la Royal Hamilton Light Infanterie (RHLI) en 1939.

Pvt. Ernest Coucroche a été transféré RCASC, membre de voir l'action atterrissage à Brest en Juin 1940, dans le cadre de la 1ère brigade du Canada pour aider la France contre l'Allemand Blitz-Krieg. Le Royal Hamilton Light Infanterie Héritage Museum a une bataille d'affichage annuel de Dieppe France.

Survivant en 1942, il a ensuite été envoyé à Borden, Ontario avec une défense médaille d'étoiles de l'Italie, la France et l'Allemagne. Le nom de son Batallion etais bien connue dans la region.

Les Rilleys, "Always Ready" bataillon - honorablement déchargé, après une amputation du pouce le 2 octobre 1945.Je lui ai officiellement inscrit en ligne avec la «Hommage aux anciens combattants honneur Liste autochtone» et geneanet.org.

Les nouveaux ans de 2000 à Ernest connut du nom Cookie en Francais La Gallette, et moi on est allé à la Bibliothèque de North Bay où nous avions trouvé le registre de son premier mariage. Registre par Hubert Houle, Northern District branche de ON- 1984 / Volume 6 publication # 59: Ernest Courocha avait épousé Lillian Turner, GS JE 08-07 1947 à Beaucage, ON-témoin de cet événement était la suivante qui devint plus tard un parent adoptif sous le nom de Angus n'a prouvé en conséquence. Présent a ce mariage la étais son dit père et sa tante de Bocage Ontario.

Noms sur la listé au mariage, Angus Coucroche et Louisa Commanda - Alexander Turner et Sara Rivet, de Field ON. Avec beaucoup d'autres recherches des livres, que nous nous sommes encouragés et a trouvé plus de lecture pour moi de vérifier. C'est en train de faire son chemin à l'année 2004. Cookie m'a remercié pour passer du temps dans la recherche sur son nom. L'originalité de son nom de famille était sûr un bon rire comme il m'a dit sa première femme ne aimait pas le nom trop, c'est alors qu'il l'on raccourcit a Cook.

Par auteur bien connu William A. Read, l'un des noms de la famille de son livre appeler.

"Louisiane Place des Nom d'Origine Indienne"

D'un établissement français de la Basse-Louisiane, aux États-Unis, la tribu Indienne qui cultive ce légume très apprécié appelé la citrouille de pommes de terre est ce que le nom de famille de mon beau-père est venu. De producteurs américains d'un type de citrouille en forme de corne appelée en français "ginaumont," Englais Cushaw." Plus tard changé a "Coucroche -Coutordue" Quarante ans plus tard, lors de son mariage ou il a été raccourci à Cook faisant partie du changement a la langue Francaise et Englaise surtou car n'etais pas aimer en particulier.

D'une bien connu chanson Canadienne - appelée Maringouin aka "Le moustique." Si le moustique vous réveille avec son chant, ou chatouille l'oreille avec son dard. Eh bien Voyageur d'apprendre que c'est le signe du diable qu'il chante autour de votre corps pour obtenir votre âme.

Ceintures des wampum avec des histoires ont été transmises, et nous avons appris à propos de l'importance de noms de famille à assurer le suivi jusqu'à maintenant

Cette alors on continue no recherche ou ça nous a amené à notre parente de chez nous les voici.

Droits d'auteur 1990 de l'Association du Régiment Algonquin (Nouvelle édition seconde impression 2003) Algonquin Seconde Guerre mondiale vétérinaires de guerre, ma famille sont répertoriés dans un livre récent intitulé "**Warpath**" 1939 -1945.

Publié sous la direction Association vétéran Algonquin Régiment, Major CL Cassidy, D.S.O.

COOKIE n'était pas dans ce livre, cependant quelques-uns de mes oncles Ouellette avait été inscrits dans la liste nominative du premier bataillon, Algonquin Régiment 1940- 46 de North Bay Ontario Canada.

Plus tard à notre recherche

Nous avons reçu deux invitations par e-mail du Chef une dame à la Réserve de Whitefish Lake, près de Sudbury et Naughton Ontario. On amène avec nous tous ce que l'on a de cas avec des photos avec toutes les informations d'identité ci-dessus pour une réunion de déjeuner mémorable. Cette invitation de rassemblement des Ainé suivante a été remplie avec des informations directement du passé avec un beau sourire et il vient de s'amuser à centre rencontre.

On nous dit que des vieux livres qu'ils avaient directement de l'information étaient une bonne preuve. Mes recherches à plus tard sur l'ordinateur j'avais reçue du Chef de la réserve

"Cookie" un vétéran autochtone

25 mai 2004 (email deuxième rassemblement offre)

Cette femme Chef aimerait savoir si vous et Ernest seriez intéressés à venir à un petit déjeuner ici aux arrangements Réserve de Whitefish Lake peut être fait avec l'autre Aîné de mettre en place une date et l'heure à votre convenance. S'il vous plaît laissez-nous savoir dès que possible, de sorte que des arrangements peuvent être pris avec les anciens de Whitefish Lake. Le mercredi ici à la Première nation, nous détenons des déjeuners et la majorité des personnes âgées de la communauté assiste. Si vous êtes intéressé et que vous avez une date à l'esprit, se il vous plaît sentir libre pour me envoyer un courriel de retour.

Le mercredi suivant, Cookie et MÂS'KÉG MIKE deux assisté à ce déjeuner mémorable avec une belle dame, un aîné du nom de Nora King de presque le même âge, avec qui Cookie avait été voisins au cours de ses premières années. C'était comme si on était la hier grandi près de l'autre au début des années 1910, côte à côte et chacun parlant leur langue maternelle Ojibway. Leurs familles de la région à la réserve de Whitefish Lake de l'Ontario a ce temps-là. Elle faisait partie d'un livre elle-même, qui décrit plusieurs de ces merveilleux moments par écrit et elle nous a dit où que nous pouvions trouver à la bibliothèque. Ils se sont assis ensemble au café et parler de ces jours, et elle nous a montré des photos où ils avaient une cabane à proximité à proximité 90 années auparavant. Ca alors, une journée spécial que l'on oubliera jamais surtout dans mon livre.

Nous avons découvert la date de naissance de Cookie était cinq ans plus tôt que ce qu'il pensait, il est né en 1905. Utilisation de registres ainsi que l'information verbale sur les mariages dans la confirmation avec une pièce d'identité et les photos que nous avons appris que la mère d'Ernest était vraiment la fille d'un Commnada et a eu un oncle juste à côté de la Réserve Beaucage de North Bay en Ontario. Oncle Gabriel Commanda qui avait été la Première Guerre mondiale vétérinaire avec

Grey Owl, le mari d'Anahareo au moment de vie autour de la Temagami Ontario faisant un peu de piégeage faisant partie de l'industrie minière pour la région. Il avait rejoint l'armée ainsi se est marié à North Bay ON seulement 60 miles au sud de Temagami. Je ai le certificat militaire de prouver la recherche qui se fait dans vraiment précis.

Ernest et moi invite au Lac Whitefish Reserve chez Nora King. 2004

Nora nous a indiqué ce jour sur le site de l'enterrement de la mère a Cookie Katline Commanda. Ernest et moi ou il nous a rappelé son enseignement par la prière et une plume dans la main de son éducation Ojibway. Il m'a dit de son prénom, "Gayaashk wag», le «Seagull». Nous nous tenions par son site d'enfouissement avec une chanson à l'égard de communiquer avec notre Créateur pour l'orientation et la sagesse de nous avoir amené ici.

Après nos deux visites, elle nous avions prêté ce livre informatif de 1982. Essentiellement bien appelé, «Whitefish Lake Ojibway Souvenirs, No 06" par l'écrivain Edwin Higgins. Disponible a la bibliothèque de North Bay, ON, ainsi. AMICUS - Canadienne, en ligne. Des recherches plus poussées en ce qui concerne l'histoire de la famille a Ernest Cook a également été donnée à nous à ce grand rassemblement. MÂS'KÉG

MIKE a commencé à mettre tous les faits ensemble. Ce livre a été basé sur le règlement du traité de 1850, avec des informations très exactes.

Pages Réservez 76 et 77, Nora, qui elle-même étais dans ce livre, la dame aine à qui nous avons parlé à Nora King nous dit que sur la Rivière La Vase où ils vivaient, puis à la page 195 et 196, Annexe VII ont la «Liste des Membres du groupe «membres de la famille avec deux des enfants sur le bon ordre" Liste B, Nom 1891 "de règlement de traité de membres de la bande dernières à la page 196. Nom de famille Coucroche fait également partie de la proximité a Mississauga Réserve n ° 8 de Ontario, Joseph peut-être frère d'Ozawance la fille Rose Coucroche est John Ball en 1917, l'église Sainte-Famille de Blind River Algoma, ON.

Beau-pere Ernest Cook souvent appeler Cookie, 2004, Legion branch #23.

Omiscosance, Angus (veuve) Band n ° 42 D.O.B. O05 / 09/1877 (OEA)

Nom du père, Ozawance, liste annexe VII de Membres du groupe 1850, à 1891, et 1979.

Liste "A" 1850 Ozawance Coucroche avec trois enfants. # Liste des six membres de la bande dernières Traité Robinson rentes Whitefish Lake Band on payer.

Liste "B": Inscrite en 1891 Septembre 01, 1891 Coucroche, Angus / Paishiguin- Coucroche / Papakina Isabelle. Le nom Commandant est avec la sœur d'Angus ainsi, cette dame nommée Isabelle Coucroche était marié à François Xavier Commandant. Leur fils Abraham commandant né 31-08-1903, puis baptisé à Naughton, ON. Cette dame tante Isabelle épousa le frère de Kathline, Francis commandant. Demi-frère aîné Angus Coucroche et femme Cookie Catherine Masinigijig où au baptême de ce neveu en 1903, dans la cathédrale du Précieux-Sang de Sault Ste. Marie ON. Angus tard changé ou mal orthographié son nom en 1936 à la cathédrale de Précieux Sang, probablement une faute d'orthographe en raison de manque d'éducation. Cookie m'a dit qu'il pouvait compter assez bien cependant, il a eu un problème d'alcool où il a lentement perdu la vue à l'âge mûr. Comme le père de Cookie avaient disparu. Angus son demi-frère est maintenant devenu son beau-père. Le nom de famille de Masinigijig est également dans l'annexe du règlement. Épeautre Mazenejkijik -Mahzenekezhik.

1. Enregistrez Indien inscrit -

2. Trouvé et montré à nous à leur bureau, tous cette information, puis envoyé à moi par courriel

3. C'est le document que nous avons reçu à notre réunion ce jour-là, bien sûr, avec la preuve ID dans la confirmation En retour, nous a donné les copies en chef de toutes ses affectations militaires avec des images.

4. 18 mai 2004 e-mail

5. RE: Ernest Coucroche

6. Recensement

7. Angus Omiscosance numéro de bande était le # 42 ou # 40 peut être.

8. Recensement 1919 - Angus était de 46, 13 Ernest

9. Recensement 1914 - Février 1913 femme est mort

10. Recensement de 1906 Ernest né le 26 Juin, 1905

11. 1901 Recensement deux Angus et la femme sont catholique romaine

Self-31, la femme (21 à 65 inclus) pas sûr de la date de naissance estimée cela montre simplement un âge approximatif, car peut-être les gens à cette époque n'étaient pas là où ils vivaient sur les terres. Si vous êtes piégeage ou vivant des deux côtés de la frontière de la rivière Ottawa ON et QC.

1. Enregistre Indienne

2. Omiscosance, Angus (veuve), Band n ° 42

3. D.O.B. 09/05/1877

4. (OEA) Nom du père - Ozawance - Coucroche,

5. Recensement

Recensement ne dit jamais le nom de l'épouse. Selon E-mail de chef, son nom était, Katline Commanda. Angus et belle-sœur Louisa Commanda sont tous deux classés au mariage d'Ernest dans le district de Sudbury, elle est de la réserve de l'Ontario Beuacage est également sur le recensement.

Aucune Commanda est enregistrée, ni son âge est révélé. Aucune sœur ou un autre enfant est reflété dans les enregistrements. Tous les documents indiquent qu'Ernest était illégal. De cela, nous sommes sans aucune information.

Pour rechercher l'histoire de famille, vous voudrez peut-être: Oui, nous avons pris contact avec tous les numéros de téléphone.

Écrire au diocèse de Sault Ste. Marie, que les dossiers de recensement indiquent que les deux étaient catholiques. Le diocèse se conserve relativement bons dossiers de tous les baptêmes.

Communiquez avec le ministère des Affaires indiennes et du Nord Canada à http://www.inac.gc.ca, et demande traité documents avant 1901-1850 (1850 est lorsque le Traité Robinson-Huron a été signé). Nous avons des copies de ceux-ci, mais sont difficiles à lire que la photocopie était primitive.

Archives nationales du Canada ou de la Bibliothèque nationale du Canada http://www.collectionscanada.ca/02/020202_e.html, ce qui a un lien pour les Autochtones à la recherche historique.

Posez Ernest où sa mère était originaire de, puis communiquer avec cette Première nation de regarder dans leurs dossiers de recensement (Terres et administrateur fiduciaire pourrait la recherche) .AAND 1 800 567 9604. Une personne aimable, avec la chance d'avoir beaucoup d'amis et la famille élargie par des mariages.

Chef de ménages et Strays- Recensement de 1871 du Canada, ancestry.com

Enfant de Louis Shawankesi commandant et Mani (Mari) Ann Kijikawokwe Dit Johnson: énumérés Canada, Mari Catrin commandant ménages Femme Année de naissance 1880 Lieu de naissance QC / ON Religion Catholique Source d'information: recensement sur le lieu Baskatong et Lytton et Sicotte, territoire non organisé, Ottawa, Famille du Québec Histoire Cinémathèque 1375861 NA Nombre Film C-13225 District 97 Sous-district TT

DIVISION 4 NOMBRE DE PAGE 9 NUMÉRO DU MÉNAGE 62

Cookie et moi en 2004, enregistrer sur la list Honour des Vetrans Autochtone

Sauver le meilleur pour la fin, comme Ernest Cook / Coucroche Commada faisait partie de notre famille, un vétéran de la Seconde Guerre mondiale qui a vécu jusqu'à près de cent ans d'âge, est une valeur sûre de la mention. Ma grâce et un dévouement à la Ojibway / Algonquins et son cousin aîné William Commanda. Nous avons également eu la confirmation verbale de son éducation de Nora King du même groupe d'âge qui nous l'a dit par le bouche à oreille faits et je suis en mesure de le mettre par écrit en leur nom avec la permission que nous avons visité la réserve pour une visite mémoire de piste de nous avons fait le tour. Plus tard ce jour-là au lieu de sépulture de sa mère, il m'a appris une prière. Et avec une plume à la main, il m'a dit de son éducation Ojibway et son prénom "Gayaashk wag." La "Mouette". Comme nous nous tenions par son site d'enfouissement avec une chanson en ce qui concerne la communication avec notre Créateur pour l'orientation et de la sagesse. Prière à notre Seigneur que nous jeter sur les genoux de la création dans l'esprit de notre corps par un feu sacré dans la collecte d'éloges au cercle de la vie, à l'autre dans la préservation de la terre.

Quel bel après-midi que nous avons fait le tour, se arrêtant dans les zones plus au bord du lac où il avait vécu comme un enfant. Combiné avec les histoires dans notre discussion, nous avions vu des photos de la rencontre du matin de ce jour-là. Il a été question de sa mère étant Commanda de la Réserve Beaucage de l'Ontario, qui ne était pas si loin près de la voie de la rivière La Vase.

Dans notre discussion de mon livre en cours, Ernest a dit qu'il aimait comment je ai fait mes recherches et m'a dit qu'il avait quelques photos de ses jours de l'armée. Puis il m'a bien demandé de l'inclure dans mon livre si je n'ai pas eu l'esprit ou de séjour, bien. Surprenant pour moi, sa recherche a été faite directement avec les gens de son âge qui ont offert de nous dire directement, et soutenu avec la paperasse qu'ils ont donnée à nous. Mon père Percival m'a demandé comment tout se est passé, comme il ne avait pas assisté, joliment lui a montré quelques photos de lui faire savoir qu'il était mentionné dans la publication de mon livre. Mon père était très impressionné comme il avait rencontré cet ancien combattant lui-même, toujours souri à un autre avec une poignée de main.

Cookie est décédé en Novembre 2004, à North Bay. Hôpital avec un grand enterrement digne de style militaire peu après. La cérémonie militaire de son cercueil a été suivie par la famille et les amis proches avec un rassemblement Légion suite comme il l'avait fait pour d'autres enterré près de sa première épouse aimante de cinquante ans. Ernest Cook, m'avait donné un béret tous ses nombreux certificats de réussite pour leur utilisation sur le chemin de faire partie d'un chapitre. Né en 1905 à Bocage, l'Ontario et nommé Ernest Commanda, puis adopté par la famille Coucroche orthographié Coucrocha. Dans le premier registre des mariages à la Bibliothèque de l'Août 08, 1947, un impressionnant nom de famille a été changé pour Cuire au 20 octobre 1950. Il a été fait à la Cour suprême du district de Sudbury, en Ontario, puis a été publié dans la Gazette locale par l'avocat.

Travailleur de Soutien certificate en 2006.

Nous voici donc à la table de petit déjeuner à une section privée de la demeure de ma sœur, me disait Ernest maintenant l'histoire de sa vie et me montrant certains de ses documents, comme je lui ai dit brièvement de l'écrire l'histoire de ma vie. Alors, voici quelques informations pour me inclure dans là aussi. Je savais que ma mère avait été une femme soignante pour une grande partie de sa vie et avais pris soin de ces quatre-vingt-huit ans vétéran de la guerre nommé Ernest Cook, alias Cookie, avec son épouse Elvira pour une bonne période de huit ans. Malheureusement quand la femme de Cookie décédé il était frappé par la douleur de la perte de son épouse aimant de cinquante ans. Bon Dieu, elle avait passé devant lui. Cookie avait terminée à l'hôpital pendant plus d'une semaine, à des enjeux majeurs de dépression plus de la mort de son épouse. SSPT était un de ses difficultés majeures avant les derniers jours de son épouse. Tout au long de visites durant ces tristes moments, et plus tard, lorsque la famille a exprimé ses condoléances à son enterrement, il a assisté à l'église encore pendant son temps de récupération. Maintenant, passe sa deuxième semaine, il voulait juste rentrer chez eux et poursuivre sa vie en tant que veuf, comme il savait que ce ne serait plus la même chose pour lui. Bien sûr, ma mère avait été pour des visites tout au long.

Règles et règlements racontent l'histoire de la façon dont il s'est ici maintenant allé sur sa première année, vivre avec ma mère. En raison du processus légalité et surtout en raison de son état, il ne pouvait qu'être libéré à un proche parent, oui un membre de la famille. Cependant Cookie voulait juste à retrouver son indépendance et faire face à son chagrin dans le confort de sa propre maison. C'était à l'appartement des aînés qu'il avait partagé avec son conjoint et bien sûr ma mère les avait pris soin au deux pour ces instant quelques bon nombre d'années. Tandis que ma mère lui rendre visite à l'hôpital pendant sa convalescence il lui dire qu'il voulait juste pour obtenir l'enfer hors de cet hôpital mais ils ne seraient pas le laisser partir.

Personne d'autre ne semblait s'en soucier comme il était là-haut dans l'âge, et être informé qu'il peut simplement être transféré dans une maison de soins infirmières local dans un court peu de temps. Selon les politiques de l'hôpital, le temps était proche pour lui d'être signé sous, dans le soin d'un membre de la famille ce tout. Avec pas beaucoup de membres de la famille à choisir de North Bay, où il a toujours pas sûr préféré habiter, il avait été bien pris en charge par cette belle dame jusqu'à maintenant. Depuis ma mère était le plus proche de lui, il était sûr heureux de la voir tous les jours sur ses visites.

Quelques-uns de ses amis de la Légion locaux étaient venus le voir ainsi au cours de cette période difficile de son épouse était décédée. Il a parlé à quelques-uns de ses vieux copains de l'armée alors qu'ils sont venus pour les visites sur le résultat de notre système gouvernemental qui faisait partie de notre vie. Vous aimez votre soignante, savez qu'elle est digne de confiance. Elle s'assure que vous prenez vos médicaments dans la vie quotidienne, et vous connaît mieux que tous les autres. Elle sait comment gérer votre dramatique syndrome de stress post mieux que quiconque. Eh bien il suffit de demander à votre fournisseur de soins de vous marier, avant qu'ils ne vous collent dans une maison de soins infirmiers contre votre volonté par Dieu.

Ca alors ça fait du bon sens, puis de continuer à recevoir des soins adéquats qui étaient la meilleure idée que jamais. C'est alors que tout a eu lieu. L'esprit d'Ernest était encore assez fort à faire des choix pour lui-même, l'un d'eux a été d'être capable de continuer à aller à la Légion locale à jouer crèche, et d'être autour de certains de ses copains de longue date des anciens combattants de la guerre, et profiter de la vie. Avec de la famille amener à l'enterrement de son épouse, il a vu tout pris en charge à l'église et les visites après, avec les cartes et les condoléances de beaucoup de gens qui les connaissaient au fil des ans, et que lui quelque calmé. Il leur disait du plan, il a été de choisir et honnêtement, il a estimé qu'il était pour le mieux.

À la fin de la semaine dernière à l'hôpital, en grande partie en raison de ses médicaments, pas ne importe qui pourrait facilement s'occuper de lui. Donc, c'est alors que Cookie appelé ma mère et il lui a demandé de l'épouser, et s'occuper de lui comme elle l'avait fait pour eux dans le passé parce qu'il n'y avait pas moyen qu'il allait à une maison de soins infirmiers. A 88 années d'âge, Ernest La Galette avait encore une compréhension très claire de ce qui allait avoir lieu et lui arriver s'il ne fait pas quelque chose bientôt. Ma mère pensait que ce cours et en a discuté avec la famille, et elle se sentait bien à le faire. Devant des amis et des témoins, au large de l'église ils sont allés à la fois. Cookie est venu pour être soigné et vivre avec notre famille, dans une maison près de l'église afin qu'il puisse vivre avec une certaine indépendance partielle, de jouir raisonnablement transport et les soins de santé à la maison maintenant. Donc ici, je suis, comme je continue a te raconter mon histoire, est ce que cet assez bon pour ton livre. Certainement sans hésitation je lui réponds de ma part. Je vais dit envoyer ca par la du mieux que je peux. Sur une de nos promenades du dimanche, il eut la chance à rencontrer mon propre père qui vivait encore à la proximité d'une gentille dame. Surement mon père a su par après comment tous se passait.

Maintenant vivre dans cette maison, Ernest a passer du temps avec notre famille, et de voir nos jeunes neveux croître vivre et de faire partie de tous les anniversaires, Noël, Merci Donnant et jusqu'à la nouvelle année, pour un total de six ans qu'il a vraiment apprécié. De passer à l'église et au cimetière ou sa femme étais enterrer qui étais la pour lui à sa mort, il pleurait a tous coup. Une unité de semi-privée de la maison lui a donné sa vie privée, pour des moments quand il a pensé de son passé, écouter de la musique de pays ou d'une vieille cassette de lui jouer le chant du violon avec Elvira et chum lors d'événements à Sudbury, plus de quarante ans plus tôt.

Sa circulation devenait mauvaise, un massage au début de sa journée avec le dispositif de massage d'une petite Dr. Scholl a certes aidé. Ma mère fait en sorte qu'il a eu ses trois repas sains ainsi que des visites régulières chez le médecin au besoin lui fournissant une visite à la Légion à proximité. De ses médicaments quotidiens, l'un était d'où il avait subi une crise cardiaque légère avec un peu de questions angine, et il était également le régime de diabétique, prendre sept autres pilules tous les jours? Ce médicament a fait le garder en assez bonne santé. Il a dû manger un régime faible en gras, avec de petites portions, et maintenant encore il aimait à tricher à une escale pour une boule de crème glacée. Il a été facile à vivre pour une promenade sur ses bons jours.

Après avoir servi son pays dans la Seconde Guerre mondiale et maintenant un vétéran qui jouissait encore d'aller à notre Légion locale, il a assisté à des rassemblements militaires en hommage à nos soldats canadiens qui ont servi notre pays et continuer à le faire. Souffrant de les tourments de SSPT, certains de ses jours ont été consacrés à droite dans le lit ou tranquillement en regardant ses albums pendant des heures à la mémoire des beaux jours de ses 50 années de mariage, jouer de la musique, et la chasse à ce qu'il avait fait pendant de nombreuses années . Sourds d'un côté plus que l'autre réglage et batterie nécessaire pour assurer qu'il pourrait effectivement vous entendre non seulement sourire ou en hochant la tête en accord.

En dépit de son syndrome de stress post-traumatique, il jouissait maintenant et encore nous dire quelques histoires de ces jours oubliés, tandis que d'autres vétérinaires, parfois, que je suis allé avec lui à notre filiale # 23 de la Légion de North Bay Ontario. Quelques gens l'appelaient Cookies puis un jour il me disait combien ce nom était entré en jeu, en grande partie en raison de son nom de famille d'origine c'était aimé. Après ma visite, je ai pu passer beaucoup de temps avec Cookie à donner ma mère une pause pour aller jouer son jeu favori des BINGO, elle était sûre très chanceux que d'autres chuchotaient comme elle marchait. Il est un joueur de bingo chanceux de cette région, elle a remporté la prise pot plusieurs fois alors essayez et de se asseoir près d'elle, elle pourrait vous apporter un peu de chance. C'est pourquoi elle venait toujours à la dernière minute.

Sachant que je avais passé du temps dans l'armée elle me demander de rester plus avec Ernest pour un tel jour à voir et à découvrir son comportement Stress post-dramatique, et le regarder. Confidentialité d'un appartement de deux chambres avec un peu regardant pour lui en tout temps il a vraiment aimé vivre où il était dans cette partie de sa vie nous dit notre Seigneur veillait sur lui. Avec un cours de soutien personnels sur le lieu de ma mère a déclaré, fils vous ne savez pas encore votre note douze vous devriez prendre ce cours six mois pour assurer la demande de travail à l'avenir. Avec le temps et visite au cours de la famille de tomber en place avec un prêt à venir mon chemin dans la confiance que je ai en faire la demande avec l'encouragement droite a travers. Une expérience directe avec la conduite d'Ernest aider ma mère véhicule, bien sûr je ai marché à rester en bonne santé était sûr heureux d'avoir rencontré des cousins en classe pour passer du temps avec les familles locales dans la recherche de ma lignée autochtone. Cette journée tôt le matin de Cookie commencer tout dans son esprit avec un regard vide, maintenant comme se il était dans la Seconde Guerre mondiale assis derrière une souche de bois sur le bateau à la défense du littoral. Temps se est arrêté, comme si dans une autre partie du monde, ou était-il juste hors de son esprit que ce était tout ce qui se passe encore à droite ce moment-là alors qu'il était assis dans son lit, et je ai été assis sur une chaise en regardant de manière qu'il n'a pas tombé. Il a été expliqué à moi au fil du temps cette partie de la défense côtière était sur la ligne de rivage de la plage Juno - au cours du raid de Dieppe, France attendait à une attaque et les soldats attendaient patiemment dans la préparation par la prière à notre Seigneur. À me parler comme si nous étions tous les deux-là ce jour-là.

Private Ernest Coucroche RHLT-B.38181 Wentworth Regiment

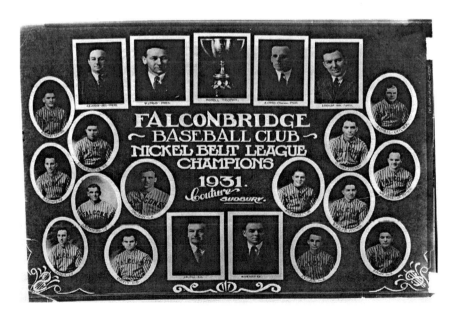

Cookie a Nickel Belt League equipe basebal 1931 Sudbury, gauche en haut

Ayant été au Camp -X ce domaine de grand secret de l'Ontario au cours des rappels WW II dans ses histoires. Il me disait, quand il serait à court des balles de fusil ou entre eux avaient dans une zone dangereuse, qu'il utiliserait un signal de la main pour trouver quelqu'un pour lui lancer certains, alors qu'ils se faisaient tirer dessus. Soldats qu'il venait de rencontrer, devenue morts proximité à ce moment. Avec une larme à l'œil en disant qu'il était sûr heureux d'être ici aujourd'hui. Après un repos, il m'a montré ses albums, avec plus me disant militaire de ses histoires de la Seconde Guerre mondiale. Alors que dans les sections de base de l'Ontario, il avait suivi une formation de Sharp Shooter pour la défense de son pays, il serait montré comme si vous teniez un fusil dans ses mains. En ce qui concerne tous les autres qui étaient la formation, il avait vraiment apprécié service de son pays. Ernest aimait à porter son uniforme militaire, arborant et fièrement ces médailles lors d'événements a des cérémonies, que j'ai eu à participer avec lui à quelques reprises. Assis à côté de lui était un moment de fierté honnête pour moi. Mercie a maman de ça.

Partagé avec les autres comme ils ont dit qu'il n'y histoires un peu plus tard alors qu'il était assis à une table dans la Légion que si l'un des copains là-bas de l'armée se apprête à tout faire à travers la journée.

Vous étiez dans la même armée, hein!

Oui, je lui ai dit, MÂS'KÉG MIKE était mon surnom ha, ha!

Sur mon temps libre, après avoir pris Ernest Cook visiter quelques amis de longue date à leur domicile ou à l'une des nombreuses légions en Ontario, il était un homme chanceux la plupart du temps. Arrêt dans un magasin qu'il aimerait acheter tombola ou billets à gratter, et il y avait de très bonnes chances qu'il allait gagner un peu d'argent. Quand je l'ai pris à un de ses sports favoris, les matchs de hockey, il serait sourire et me dire qu'il se sentait chanceux.

«Va mis mon nom sur les prix de vous!»

Il me poser, donc je ai fait. La chance est une partie mystérieuse de la vie à mon avis, comme je ai pu en faire l'expérience de ma mère maintenant de Cookie me dire directement de se sentir un tel moment. Effectivement, que la première période a commencé, ils ont appelé son nom. Depuis qu'il avait enlevé son appareil auditif, je lui ai dit qu'ils avaient appelé son nom, alors je suis allé ramasser le maillot de l'équipe de hockey North Bay ON. Bataillon de chez nous, il venait de gagner et il sourit avec un high five, détenant la chemise que il me l'a donné. "Tenez votre esprit à rouler avec des pensées chanceux dans la vie quotidienne," at-il dit.

Cookie Très bien, je vais essayer.

Un autre après-midi, ma mère et mon bon vieux Cookie assis à une table de déjeuner en prenant un café et en discutant avec le propriétaire du café, une belle dame que je connaissais de notre Centre d'amitié indien local. En me regardant avec un grand sourire, elle nous a dit le panier était presque hors de billets mais ce qu'il pourrait y avoir un bon toujours là. "Voici vingt dollars", a déclaré Cookie. "Prenez ce qui reste d'apporter à la table quelque chose à faire en prenant un café. Comme ils ont ouvert les billets ma mère montre une victoire de $ 100.oo, en disant qu'elle nous achète tout le déjeuner. Cookie avait encore un peu gauche regarder lentement pendant un match, quand tout d'un coup, il tuyaux et dit il ne y a aucun moyen ma mère payait pour le déjeuner parce qu'il venait de gagner$ 1000.oo. Même le propriétaire est venu d'avoir un regard sur le billet gagnant du dernier peu qui avait été laissé dans le canon. Nous avons tous ri à se préparer pour un déjeuner de bannique spéciale ce jour-là. Bannique est un petit pain pas élever cuit au four ou dans le feu sur un bâton de bois.

A mi-chemin à travers ma formation Travailleur des Soutien personnel, sur un longue fin de semaine de l'année 2000 ma mère avait besoin d'un petit temps a elle-même. J'ai vécu moi-même dans un logement locatif à cinq minutes à pied de sa maison. Avec une formation militaire moi ce était une expérience pratique dans les soins d'un vétérinaire de guerre qui était une valeur sûre mes efforts. Le bonus histoire de vie est d'autant plus amusant. Avec un véhicule de tout son appareil médical, et les compétences de conduite sécuritaire de la nouvelle MÂS'KÉG MIKE, nous étions en route pour visiter des amis de longue temps dans la zone minière de Sudbury. C'est là qu'il avait été élevé et il y avait vécu la moitié de sa vie, travaillant dans les scieries de nombreuses années et aussi dans l'industrie minière s'est juste avant son temps Seconde Guerre mondiale. Quelle belle expérience pour prendre Cookie de visiter d'autres Légions de la région avec quelques amis de vétérans de guerre de sa part de certains sites miniers, qui nous ont dit les histoires de comment il avait obtenu-il. Il avait reçu une invitation des propriétaires miniers Falcon Bridge, comme il a été l'un de leurs plus anciens employés qui étaient encore en vie. Avec mon téléphone cellulaire, un bloc-notes et un carnet d'adresses d'emplacements, sur la route nous allons. Ces ici qu'il me conte ses histoire de vie que pas beaucoup autre monde voulait entendre.

Tous les deux nous aimions l'histoire de la famille autochtone ou il a fièrement compté l'histoire de son éducation a la Réserve Ojibway à Whitefish Lake, juste autour du coin de Naughton, en Ontario. Il me dit que sa mère était à l'origine de la partie de Beaucage Réserve de la région de North Bay sur le Lac Nipissing. Le nom de famille d'Ernest Cook avait été auparavant Coucroche en Englais Crooked-neck, initialement baptisé avec le nom Commada. Nom de jeune fille de la mère de mon beau-père qui était Commanda, ce nom la venait d'un Autochtone Canadien Français devenue un Commandant militaire, originalement du quebec devenu un chef de la région du Nipissing Ontario. Elever et amener sa familier ayant conduit sa tribu dans le règlement de guerre canadien de 1812 au sud du Canada. Le transport était par pirogues Algonquin bien connu, les chiens et les traîneaux avec chevaux quand autorisés de se temps-là. Fermier par apres qui faisait encore partie d'élever une famille pour ceux avec ce nom dans cette période de temps. Chasse et piégeage pour la fourrure de chaque côté de quarante mile le étendue de la rivière était maintenant partie du mariage, et bien sûr l'éducation des enfants par la suite. Il avait apporté sa famille du côté québécois de la rivière des Outaouais dans les régions de Nipissing de l'Ontario juste sur l'autre bord.

Grand-père de beaucoup de ces Algonquin bien connu nommé MKISHINAATIK, chef Francis Commandant (Rotten Wood) (Bois Pourris) avait occupé la zone de chasse et de piégeage retour aux années 1830. De ses nombreux petits-enfants, un par le nom du Chef Semo Commanda avait une communauté qui porte son nom, avec un lac voisin juste à côté de routes rurales de l'autoroute 522. Ligne de l'Ontario, oui de bouche à oreille, mais surtout avec les registres précis de la famille l'histoire dans les bibliothèques locales, j'ai été encouragé par Ernest faire plus de recherches pour le livre. Bien sûr, sa famille avait vécu tout au long de Nipissing, le partage de la grande masse de la terre pour un temps. Coté sur le recensement de 1871 de l'Ontario comme un «Voyageur», Louis Shawanakesi commandant, marié à Anne Mani Kijikawokwe Johnson, avait une fille nommée Marie Catrin commandant. Né en 1892 sur la rivière des Outaouais. Cookie dit La galette et moi avons échangé des histoires sur nos lecteurs dans l'année 2000, il m'a dit maintenant qu'il avait quitté la maison un petit jour d'été, quand il avait environ treize ans. Avec une poignée d'arachides dans ses poches et pas de chaussures aux pieds. Sa vitesse a été emballée sur un morceau sec de bois appelé «Bindlestiff" (un bâton) attacher avec son mouchoir rouge et blanc au bout du bâton, qui était sa trousse. Voyage à transporter à peu près aussi il a fait son chemin sur la route de l'inconnu pour trouver une nouvelle voie dans sa vie. Une fois de plus la foi n'a sourire sur Ernest alors qu'il se tenait à l'extérieur, près d'un droit de scierie par une cabane alimentation a une petite communauté appelée Benny, en Ontario. Plus que rien d'autre ce jour-là à la recherche d'une bouchée à manger, des environ 1918, ce est ce qu'il m'a déclaré.

L'épouse du propriétaire appeler monsieur Cécile avait pris en tant qu'aide de sa cuisine pour répondre à elle la. Débardage d'équipe de vingt, qui transporté à cheval, pour une bonne usine de taille qui était en grande demande pour l'époque. Dans l'année de sa prochaine étape consistait à être formés dans le cadre de l'équipage de l'usine, le regroupement des piquets tout le chemin à travers cette opération de l'usine occupée et à bâtir des maisons dans le future des mines la bas. Cookie est devenu étroitement partie de la grande famille des Cecil comme un neveu, un oncle ou un frère pour tous les jeunes enfants, ce qui est la façon dont ils se réfèrent toujours à lui aujourd'hui avec gentillesse et respect. Avec l'un de nos escales de cette ancienne zone du site de l'usine ne est plus en fonctionnement, quelques personnes vivent encore par là-bas qui le connaissaient effectivement de ces jours. Comme nous sommes arrivés pour les directions à un dépanneur local, bien sûr, nous avons rencontré un de ses amis de l'usine.

Au fil des ans, Cookie avait construit un camp de pêche sur le Lac Onaping entre Sault Ste. Marie, ON et Sudbury comme il aimait la pêche dans des endroits isolés. C'était un bateau d'une heure à partir de la ligne de rivage de cette île et le camp il a construit un peu à la fois avec son épouse depuis cinquante ans. Maintenant de la guerre ou il avait souffert de troubles de stress post-traumatique, même maintenant alors qu'il médication quotidienne pour quelques questions un d'entre eux étant la maladie d'Alzheimer. Il avait appareils auditifs réglable dans les deux oreilles. Comme il a souvent assis dans le siège du passager, avec un sourire, je lui demanderais maintenant et puis se il pouvait bien ici, surtout quand il a été surpris par un bruit provenant d'une source secondaire. Faire sur qu'il avait le volume un tout petit peu là où on arrêtait. Je l'ai vu leur arrêt d'un côté ou les deux. Il rappelle à un signe ou d'un bâtiment par une zone du lac pour me faire savoir qu'il avait pêché ou chassé de ce côté de l'usine quelques années avant. Il avait monté sur le dessus d'un immense traîneau d'hiver tiré par deux chevaux forts, dont il m'a fait remarquer dans une de ses photos. Ils tiraient une grande charge de grumes, et se dirigeant vers le moulin.

«C'est moi sur le haut de la pile il." Revivre sa vie sur un lecteur d'été autour de l'endroit où il utiliser pour aller avec d'autres faites-vous ces moments de sa grande narration comme si nous étions là. Il me demander quand mon prochain temps libre pour notre prochain disque out était. Ce même jour, nous nous sommes dirigés au centre-ville de Sudbury près de la filiale de la Légion Royale Canadienne # 564 de l'Ontario et nous sommes allés dans une petite pause de toilettes pour parler à quelques membres sur certains de ses proches compagnons de guerre de la famille, comme il les appelait. Se adressant à une gentille dame à la filiale de la Légion, nous avons acheté un café avec quelques billets et il lui a demandé ce que de mon frère Weldon Cécile ou mon beau-frère Clifford Montgomery. Eh bien, elle sourit déclarant que l'un de ses parents vétérans Seconde Guerre mondiale était au domicile de personnes âgées juste sur la route, et elle nous a donné l'adresse.

Merci beaucoup Madame, nous sommes hors et loin de visiter quelques gens de mes relations - avoir une belle journée. Je suis toujours à cote de lui car il y a des moments surement besoin. Effectivement avec l'adresse qui nous est donnée, nous sommes arrivés à cette maison de soins infirmiers dans le Gros Cinq Sou - Big Nickel et nous sommes bourdonnaient à la porte principale, mentionné ce que nous cherchions, et montré notre carte d'identité. Avoir un siège à la porte d'entrée, et elle a appelé l'un des soignants pour une mise à jour, à la main, puis nous un peu de nom de tag visiteur de pin-sûr que nous avons été pris dans la chambre de Clifford dans cet endroit très chic. Les vétérinaires rencontrés à la porte, oui, ils n'avaient pas vu l'autre dans un temps long. Nous nous sommes offert une boisson à un coin salon à une table. Cet endroit avait des dortoirs avec une petite cuisine et salle de bain, et ils mangèrent à l'entrée principale avec une vue magnifique de l'extérieur dans ce domaine basse-ville. Comme ils parlaient, je me suis assis à leur écoute parler ensemble et de boire un peu d'eau. C'est un long week-end, on m'a demandé si je voulais conduire tout le chemin à Chapleau, ON, où Ernest avait une maison construite camp de chasse, juste à côté d'un lac au milieu de nul part.- C'est est un domaine de chasse à l'orignal isolée et vous êtes sûr d'obtenir une chaque année. Eh bien nous approchons de déjeuner alors nous nous sommes offert un repas que les vétérinaires ont poursuivi leur discussion sur les jours en arrière quand. Ils se sont déplacés autour de certains, et je fais en sorte Ernest a pris tout son médicament à l'heure des repas.

Nous avons terminé notre repas, se apprête à dire adieu à ce long week-end samedi, et serrant la main avec un grand sourire, Ernest m'a demandé si je étais jusqu'à l'autoroute 101 de conduite de l'emmener tout le chemin à Chapleau, ON pour le souper, de visiter l'un des neveux Cécile-famille de son. Il n'avait pas vu depuis de nombreuses années. Eh bien tiens, je vais appeler maman afin que nous puissions à la fois lui parler pour lui faire savoir ce que dans le goudron de la nation que nous faisons aujourd'hui, en route pour une période de cinq heures de route, chemin loin vers le nord que je avais prévu pour.

Effectivement, avec un couple d'appels que nous avions la permission de le faire de tout le monde. C'est alors que les cookies me ont demandé, êtes-vous prêts pour le lecteur à Chapleau? Nous avons un endroit pour passer la nuit pour un repos agréable avec un bon repas fait maison. Bon alors, on y va avec adieux et poignées de main en essayant d'y arriver avant la nuit sur cette route avec beaucoup de gibier sauvage; un grand temps à chasser l'emplacement, à la recherche de visiter un autre membre proche de la famille, il ne avait pas vu depuis quelques années. Diablement à sonner la cloches nous avons finalement font en un seul morceau avec quelques pauses toilettes entre les deux. Nous attendons dans le livre de téléphone pour l'adresse de conduire comme une visite surprise, et frapper à la porte. D'abord nous allons aller au coin de cette petite route de gravier pendant qu'il est encore la lumière pour voir son camp de chasse, -sleeping quarts, juste à côté du pont de la rue Lisgar.

Surement, il est toujours là, avec la cachette clé dans le même endroit, aller juste à l'intérieur pour un coup d'œil autour. C'était juste un petit lac qui fait partie d'un spot de chasse du système de la rivière. Nous avons eu un autre petit buisson visite des toilettes de style pour revenir à cette ville ici Chapleau. Sur le chemin du retour, je ai eu un petit arrêt sur le côté de la route par une pancarte qui disait réserve de la Première nation de Brunswick près d'une station de gaz pour nous de faire le plein au. J'ai vu un homme avec un orignal à l'arrière de son camion venant par les pompes, alors je ai attrapé mon appareil photo, Ernest m'a demandé où j'allais.

Je vais tirer un orignal,

"Je lui ai dit, a alors sorti l'appareil photo de derrière mon dos.

«Êtes tu sérieux?» Il a demandé, comme il marchait par le camion qui avait l'orignal.

"Oui!" J'ai dit.- « On va l'avoir cet orignal avec mon appareil de camera photo, hahaha!"

Comme il marche par moi le propriétaire attrape mon appareil photo disant qu'il allait nous prendre en photo ensemble.

Droit sur vous remercié, ici, c'est un pour le livre hein!

Gazés jusqu'à nous venir frapper à la porte d'un fils du de Cécile depuis les jours de l'usine. Nous avions une belle visite avec un bon souper, et ils nous ont offert une suite de sous-sol pour aller pour un sommeil. Laisser les autres être de parler du bon vieux temps, je suis allé pour un bon repos à se réveiller plus tard comme Ernest m'a dit que nous avions un bon endroit pour dormir dans un motel local pour un départ tôt demain retour à Sudbury si je étais d'accord avec cela, avec un sommeil plus à la nièce de M. Cécile qu'il avait maintenant une adresse pour nous visiter. Tout bon, pas de problème. Effectivement, le jour suivant, mais rien de beau temps venir à notre rencontre, que nous avons sauté la ville sur le dos à la ceinture Big Nickel de l'Ontario. Nous nous attendions après notre trajet de cinq heures à la maison de cette charmante dame qui vivait dans un appartement du quatrième étage.

Nous avons roulé à côté de la réserve du lac Whitefish qu'il a été élevé sur lui-même.

"Eh bien a tu envie de faire un petit arrêt ici et la

Comme tu veux Cookie

Alors que nous sommes près, pour voir où j'ai grandi?"

"Bien sûr, sonne bien pour moi. Laissez-nous tirer là pour une visite ".

Cookie connaissait ma capacité d'être en toute sécurité sur la route ayant entraînées de 3000 miles à Yellowknife en quatre à cinq jours plus d'une fois. Il demandait si je me sentais bien et je dirais ne pas se inquiéter, je prenais plaisir à tous cela. Chauffer du taxi de sept jours au volant par semaine, entre met pistes des bois isolée c'était facile avec grand plaisir.

"Je essaie juste de vous assurer d'obtenir un peu de repos et de se déplacer comme nous nous arrêtons pour les pauses.

"Je l'ai dit."

Nous avons le report sur les toilettes à l'arrière de la camionnette devrait vous en avez besoin." Comme nous nous sommes arrêtés sur au la Réserve du Lac Whitefish pour une visite rapide, j'ai demandé un piéton où le bureau du chef était. Nous nous sommes arrêtés pour obtenir la permission de faire un petit tour. Nous avions apporté ses documents militaires avec nous, avec un registre de mariage pour montrer la famille un peu de la recherche que j'avais fait à notre biblio-thèque de Nord Bay.

Je lui ai promis que je ferais un dévouement et qu'il serait dans un chapitre de mon livre comme

WWII vétéran, beau-père Ernest Cook/ Coucroche / Commanda. D'accord, envoyé dit ça. Présentement a la chasse d'information on parle a du monde que connaisse ça très bien.

Voilà qu'on arrive à une des offices, ou ils ont un livre a nous montre plein de notre recherche. Surement cet ici ou je prends des note et on parle a beaucoup de monde de tous âge.

Il était comme beaucoup d'autres à la fois de l'Algonquin et de la lignée Ojibway comme ils ont grandi à côté de l'autre. Cathrine / Katline Commanda, dit d'etre né en 1880 de les passes de suite en 1913 et a vécu sur # 10 Première nation de Nipissing de l'Ontario, la Réserve

Beaucage et était l'un des nombreux enfants de parents Algonquin. La mère d'Ernest Cathline avait épousé un homme Ojibway de la proximité réserve de Whitefish Lake, par le nom de Ozawance Coucroche aussi appeler Crookedneck, qui avait vécu sur le système de la Rivière Francaise faisant partie de la Rivière Lavasse autrement dit le Portage qui était historiquement un lieu de rencontre pour beaucoup au cours de la route de canot, pour les Voyageur des Jour juste avant le règlement de 1850, il dispose d'un marquage en place monument de pierre qui a été construit par le Landry est un cousin du mien dans le 1980's.

Un de nos lecteurs était à cette région du sud de l'Ontario que Cookie avait apparemment voyagé en canot tout le chemin de la réserve de Whitefish Lake avec son père, Angus Coucroche. Nous avons pris environ deux heures et demie - conduire à Parry Sound, ce week-end, pour qu'il puisse me montrer une partie des itinéraires de canotage qu'il avait prises comme un jeune homme de réserve de Whitefish Lake, grâce à Killarney Park, tout le chemin à la ligne de rivage du lac Michigan.

Ma mère a notre famille de tenir le drapeau avec beaucoup de lui rendaient visite quand il est décédé, avec deux rassemblements distincts à la Maison funéraire McGuinty de North Bay ON. Dames auxiliaires de notre filiale de la Légion # 23 ont été informés de son décès, que les détails ont été mis en place pour une cérémonie traditionnelle de payer relativement à un ancien combattant WW II Ernest Cook. Full house ce jour-là que chaque ligne d'hommage a été fait en toute équité pour toutes les personnes présentes. Militaire code vestimentaire de porter fièrement tous là médailles, traditionnellement honoré et dirigée par le camarade en charge. Plomb du Groupe à placer de pavot sur lui avec un drapeau, suivie par tous les autres camarades à le cercueil pour rendre hommage, dire au revoir à Cookie. Dans le cadre de la cérémonie, les -Arms Sargent-AT se dirigea vers saluer comme il a placé son coquelicot puis son poste à la fin de la cassette. Silence dans l'acte du Souvenir suivie par la prière qu'ils payaient rapport à nous qui se leva et cria. Invitation à la légion locale juste une courte distance de marche en cette froide journée en Novembre pour passer du temps ensemble en grâce après cette cérémonie impressionnante à l'enterrement de Cookie.

Je ai écrit mon histoire de vie avec une dédicace à mon beau-père Ernest Cuisinier / Coucroche dit Commanda, qui avait rejoint les Forces armées canadiennes à Sudbury à 35 années de l'âge il était une fusillade carabinier forte. Il a été envoyé à Wentworth Régiment de faire partie de la Royal Hamilton Light Infanterie (RHLI) en 1939. Pvt. Ernest Coucroche a été transféré RCASC, membre de voir l'action atterrissage à Brest en Juin 1940, dans le cadre de la 1ère brigade du Canada pour aider la France contre l'Allemand Blitz-Krieg. Le Royal Hamilton Light Infanterie Héritage Museum a une bataille d'affichage annuel de Dieppe France.

Il est un survivant 1942, il a ensuite été envoyé à Borden, ON avec une défense médaille d'étoiles de l'Italie, la France et l'Allemagne. Les Rilleys, "Always Ready" bataillon - honorablement déchargé, après une amputation du pouce le 02 octobre 1945. Les Gas a Rilley's Son Toujours Prêt. Je lui ai officiellement inscrit en ligne avec la «Hommage aux anciens combattants honneur Liste autochtone» et geneanet.org.

Voici de l'information que l'on a eue de sa parenté.

Chef a déménages et Strays dit Parasite - Recensement de 1871 du Canada, ancestry.com

Enfant de Louis Shawankesi Commandant et Mani (Mari) Ann Kijikawokwe Dit Johnson: énumérés Canada. Femme, Mari Catrin Commandant ménages

Année de naissance 1880, Lieu de naissance QC / ON Religion Catholique.

Source d'information: recensement sur le lieu Baskatong et Lytton et Sicotte, territoire non organisé, Ottawa, famille du Québec Histoire Cinémathèque 1375861 NA Nombre Film C-13225 District 97 Sous-district TT Division 4, Nombre de Page 9, Numéro du ménage 62

Sauver le meilleur pour la fin, comme Ernest Cook/ Coucroche Commada faisait partie de notre famille, un vétéran de la Seconde Guerre mondiale qui a vécu jusqu'à près de cent ans d'âge, est une valeur sûre de mention. Ma grâce et un dévouement à les Ojibway / Algonquins et son cousin aîné William Commanda. Nous avons également-ment eu la confirmation verbale de son élevage de Nora King du même groupe d'âge qui nous l'a dit par le bouche à oreille faits et je suis en mesure de le mettre par écrit en leur nom avec la permission que nous avons visité la réserve pour une visite mémoire de piste de nous avons fait le tour. Plus tard ce jour-là au lieu de sépulture de sa mère, il m'a appris une prière. Et avec une plume à la main, il m'a dit de son éducation Ojibway et son prénom "Gayaashk wag." "Mouette". Comme nous nous tenions par son site d'enfouissement avec une chanson en ce qui concerne la communication avec notre Créateur pour l'orientation et de la sagesse. Prière à notre Seigneur qui nous mes sur les genoux de la création dans l'esprit de notre corps par un feu sacré dans la collecte d'éloges au cercle de la vie, à l'autre dans la préservation de la terre.

Quel bel après-midi que nous avons fait le tour, se arrêtant dans les zones plus au bord du lac où il avait vécu comme un enfant. Combiné avec les histoires dans notre discussion, nous avions vu des photos de la rencontre du matin de ce jour-là. Il a été question de sa mère étant Commanda de la Réserve Beaucage de l'Ontario, qui ne était pas si loin près de la voie de la rivière La Vase. Dans notre discussion de mon livre en cours, Ernest a dit qu'il aimait comment je ai fait mes recherches et m'a dit qu'il avait quelques photos de ses jours de l'armée. Puis il m'a bien demandé de l'inclure dans mon livre si je n'ai pas eu l'esprit ou de séjour, bien. Surprenant pour moi, sa recherche a été faite directement avec les gens de son âge qui ont offert de nous dire directement, et soutenu avec la paperasse qu'ils ont donnée à nous. Mon père Percival m'a demandé comment tout se est passé, comme il ne avait pas assisté, joliment lui a montré quelques photos de lui faire savoir qu'il était mentionné dans la publication de mon livre. Mon père était très impressionné comme il avait rencontré cet ancien combattant lui-même, toujours souri à un autre avec une poignée de main.

Cookie est décédé en Novembre 2004, à North Bay ON. à l'Hôpital au dernier jour, avec un grand enterrement digne de style militaire peu après. La cérémonie militaire de son cercueil a été suivie par la famille et les amis proches avec un rassemblement à la Légion suite comme il l'avait fait pour d'autres enterré près de sa première épouse aimante de cinquante ans. Ernest Cook, m'avait donné son béret tous ses nombreux certificats de réussite pour leur utilisation sur le chemin de faire partie d'un de mes chapitres. Né en 1905 à Bocage, Ontario et nommé Ernest Commanda, puis adopté par la famille des Coucroche orthographié Coucrocha. Dans le premier registre des mariages à la

Bibliothèque de l'Août 08, 1947, un impressionnant nom de famille a été changé légalement le 20 octobre 1950. Il a été fait à la Cour suprême du district de Sudbury, en Ontario, puis a été publié dans la Gazette locale par l'avocat.

Aîné William Commanda chez eux a Maniwaki, Quebec. 2010

Aîné William Commanda avais invitante ma femme et moi et durant notre journée de visite chez eux en 2010 à Maniwaki, QC., à leur maison qui étais très bien connue a des rencontre de chaque a année. Aîné William Commanda et sa très bonne amie, nous ont promenés dehors dans la zone de rassemblement de sa cour à profiter de cette merveilleuse vue. L'aîné avec sa belle amie de femme, nous ont fièrement montré à ma femme et moi, la zone pour les rencontres annuelles pour la culture de la paix qui faisaient partie de sa cour. Ensuite, prendre un bon café avec le but d'une collation, il nous a montré sa ceinture wampum de la tradition orale, avec ses nombreux prix écrites d'aujourd'hui. L'un d'eux était la "Clé D'or - Gold Key" qu'il avait reçue avec fierté d'Ottawa, qui reconnaît les chemins aux côtés de l'un à l'autre des Premières nations dans le cercle de guérison pour la protection de notre Mère la Terre, comme elle l'avait été pendant de nombreuses générations. Lui a montré ma carte de traité et il remplit quelques-uns des blancs pour nous, que nous posions des questions sur mon beau- père Ernest.

Ca alors voici maintenant 2010, MÂS'KÉG MIKE avec sa chérie d'amour ayant fait un peu de recherche pour le livre avait une invitation à visiter se bien connu Aîné William Commada de Maniwaki Québec. Etre du même âge près que Cookie qui avait maintenant passé loin en 2004, lui montrant des photos qu'ils se ressemblaient comme frères, il se mit à rire, et nous a serré la main comme il a déclaré que nous étions cousins. Il nous a expliqué que sa belle tante Katline Commanda la mère d'Ernest et une de ces sœurs où, prenais soin de l'enfant alentour de la Reserve de Bocage ON. Ils seraient là où elles on rencontrer un homme eu même pour avoir des enfants sur le bord de la Rivière des Français qui était un moyen de Voyage en pour eux de ces jour-là. Surement avec beaucoup de canots d'écorce ou de bouleau aussi le cours de plus gros bateaux comme celui appeler "Chief Commanda".

Cousin William m'a dit, je le sais seulement ainsi que j'ai construit quelques-uns de ces canoé moi-même similaire à celui que tu a bâtis avec Makwa Kolts lors du rassemblement à Mattawa 2006. Autoroute ferroviaire a fait 17 coûtent de l'argent était encore nouveau avec beaucoup de route de gravier qui ont rendu difficile de se déplacer sans voiture à l'époque. Cet après-midi nous les remercions pour cette grande visite.

Cookie avec le Royal Hamilton Light Infantry Wentworth Regiment

Notre crête du Regiment Algonquin, de North Bay, ON

MEEGWETCH MERCI

L'inspection finale
Le soldat se est levé et a fait face à Dieu,
Qui doit toujours se passer
Il espérait que ses chaussures étaient brillantes,
Juste aussi brillamment que son laiton.
"Avancez maintenant, vous soldat,
Comment vais-je traiter avec vous?
Avez-vous toujours tendu l'autre joue?
Pour mon Église avez-vous été vrai? "
Le soldat redressa les épaules et dit:
"Non, Seigneur, je crois que je ne est pas.
Parce que ceux d'entre nous qui portent des armes,
Ne peuvent pas toujours être un saint. "
«Je ai eu à travailler presque tous les dimanches,
Et parfois, mon discours était difficile.
Et parfois, j'ai été violent,
Parce que le monde est terriblement difficile.
Mais, je n'ai jamais pris un centime,
Ce n'est pas à moi de garder.
Bien que j'ai travaillé beaucoup d'heures supplémentaires,
Quand les factures se sont tout simplement trop fortes.
Et je n'ai jamais passé un appel au secours,
Bien que parfois j'ai serré par la peur.
Et parfois, Dieu, pardonnez-moi,
J'ai pleuré des larmes efféminées.
Je sais que je ne mérite pas une place,
Parmi les gens d'ici.

Ils n'ont jamais voulu me autour,
Sauf pour calmer leurs craintes.
Si vous avez une place pour moi ici, Seigneur,
Il ne doit pas être si grand.
Je ne ai jamais attendu ou eu trop,
Mais si vous ne le faites pas, je comprendrai.
Il y avait un silence tout autour du trône,
Où les saints ont souvent foulé.
Comme le soldat attendit tranquillement,
Pour le jugement de son Dieu.
Avancez maintenant, vous soldat,
Vous avez ainsi la charge vos fardeaux.
Avancer sereinement dans les rues du ciel,
Vous avez fait votre temps en enfer ".

Auteur inconnu ~

Cookie avec le Royal Hamilton Light Infantry Wentworth Regiment

Notre crête du Regiment Algonquin, de North Bay, ON

CHRONOLOGIE
Aventures de MÂS'KÉG MIKE

Pendant la fièvre d'hiver au coût du bois, je suis devenu un Guérillero Artisan maintenant mettre mes compétences à l'ordinateur tranquillement pas trop vite à bon escient grâce à FriesenPress!

````Un jeune garçon de l'agriculture avec un esprit audacieux, comment il est arrivé ici il y a un mystère même pour lui. MÂS'KÉG MIKE avait bravé les déserts avec un couteau dans une main et une hache dans l'autre; il a mâché du terra snuff pour du divertissement pur. Temps n'était pas très différente de retour à la maison, ou ce qu'il pensait! Ce n'est que là où il a d'abord connu de ces nombreux caractère au froid à Yellowknife, N -W. Oui l'hiver de 1979 at-il d'accord qu'il pourrait y avoir aucune place de travail plus froid que celle-là, et pourtant dans le Nord, il a été encore plus isolé. Les terres arides semblaient cruelles, mais il était plein de la faune, et la beauté intacte d'été ici au Canada, de sure! Oui pour un bon salaire, comme quelques autres avant et après de nombreux dans la chaleur désespoir, MÂS'KÉG fait ce qu'il y avait à faire, du mieux qu'il pouvait. Entrainement de l'Armée des Force Canadienne Chef-cuisinier par métier, il a souvent été mis sur l'obligation automatique à protéger contre les ours où personne n'a jamais eu faim. École Algonquin de North Bay ON lui avait donné l'habileté à manier un marteau, et de construire un bateau ou un abri en particulier. Percival mon chère papa d'amour avait des gants de travail et pour la roulotte de ciment embout de sécurité pour ses garçons. Viny oncle m'avait donné l'entraînement de compétences a Toronto a chauffer les auto sur le 401, pour par après les pirater sur la glace noire à quarante ci-dessous dans le grand Nord.
````

Si vous n'êtes pas de ce coin la du soleil de minuit, vous n'avez aucune idée de la vie dans les zones reculées, sûrement autour de "Couteau Jaune", où MÂS'KÉG a passé la moitié de sa vie. J'ai vécu dans la «Vieille Ville» région du bas a Yellowknife, dans des cabines pas chère de loyer qui était juste autour du coin du chemin appeler Rue Du Trou de Cu - Ragged Ass RD.

Autrement dit, chemin au Mal du Fessier. Meilleur que jamais vécu dans un lieu a une des maisons de six chambre en ville à Yellowknife appelé le "DOG HOUSE" Maison Des Chien!

Gagné l'acceptation par les Métis de Yellowknife pour faire partie des événements autochtones, j'ai vécu le mode de vie culturel des Dénées a de nombreuses générations d'abord transmis. Ayant très bien connue quelques belle dames Dénées locales à celui qui au moins une m'a dit que nous avions eu un enfant ensemble et ne pas s'inquiéter du tout. J'ai utilisé mon cour de Bouderie a coupe de la viande en compétence d'un couteau bien aiguisé faisant partie de la récolte annuelle. Pour le dépouillement du gibier sauvage d'un piège en ligne à proximité de quelques-uns, puis au magasin de fumée préparer les viandes comme ils l'ont fait pendant de nombreuses générations. Yellowknife Campus d'école promu ma richesse de la connaissance comme instructeur à notre Dénées locale la Cuisson - Camp Cooking. Par après un autre cours mémorable à la montée de l'étudiant Inuits à Kugluktuk a Nunavut. Plus tard, a l'Académie d'Apprendre qui m'a enseigné un Cour d' Entreprises pour apprendre l'ordinateur.

Il y a des histoires et des contes grands véridiques de la vie vécue avec les Autochtones du Nord, et aussi plusieurs Canadiens du commerce minier de diverses parties de notre monde. Avec une bonne petite bière ou ce monde la discute un à l'autre des autour où est la prochaine mine se fais répondre peut après toute ces questions en demande ce jour-là.

Parfois embauché dans un pub local pour un travail dans un endroit isolé, à une heure intrépide soyez prêt à voler avec Buffalo Joe, avec la parole de mon patron de, "Vous verrez quand vous y arrivez" d'apprendre peut-être de nouvelles compétences.

Les manœuvres, en ville ou sur, sont encore grandement en grande demande comme l'exige isolée des régions minière du Nord a Canada. De ces jour ici, avec le diamant précipitent sont toujours en place, des chances formidable d'apprendre beaucoup de mains sur les métiers dans l'utilisation de l'équipement, de la saleté, la graisse, le gaz et pétrole chassé avec une barre de savon. Un puissant petit pourcentage de la population vit dans la région du Nord, mais j'ai fait quelques bons amis sur les longues journées d'été dans cette Terre du soleil de minuit.

Malheureusement, plus d'une douzaine de mon grand chum de ce travail en demande sont décédés soit de mauvaise santé, de blessure ou de suicide. Il était temps du gros mérite à une visite à la maison pour voir ma famille de temps en temps, pour apaiser mon esprit. Mes deux frères et bien sûr ma très jolie sœur ne rendent là pour quelques années eux même. Plusieurs autres visite durant l'été, mais malheureusement beaucoup se font partir quand les températures en dessous de zéro qui frappe quarante en bas de zéro. Si vous être vu par l'oscillation de cette température dans les rues en particulier à 40 ci-dessous, ils auraient tout simplement bien vous amène à la cellule de dégrisement pour une nuit avec le café du matin, oui, je étais là une fois.

Et bien vous être encore ici?

Quelques-uns ne restent intrépides et façonnent leur vie pour passer assez de temps comme l'un des vrais habitants du Nord eux-mêmes ou leurs enfants soulevé là pour les générations de ce jour. Une grande joie pour beaucoup de temps était d'avoir un bon jour froid, puis danser à la chaîne étrange bar toute la nuit. Oui, il y avait trois grands bars qui avaient chanteurs célèbres provenant de nombreuses parties viennent en été. Il y a des grands festivals pour l'été, carnavals d'hiver, et les événements mensuels pour tous les groupes d'âge qui aide a s'aimer l'un et l'autre.

Parfois, tout en parlant à quelqu'un en ce qui concerne les possibilités de travailler, obtenir le courage d'essayer quelque chose de nouveau ou de différent, car cela peut devenir votre ligne de d'emploie à votre avenir. Seulement si vous êtes à la hauteur des risques-sage, il ne ya aucune garantie qu'ils vous disent cependant ouvertures sont toujours disponibles en raison de l'absence de personnes qui sont assez courageux pour donner un bon coup de feu. Il ya surement de l'air des Voyageur aux lieux de travail isolés de la région minière.

J'ai voyagé ici et là depuis plus de vingt-cinq ans sur notre bouclier précambrien pour faire du pain à plus d'une manière. Il y a des histoires vraies sur la recherche et trouver de l'or, argent, diamants, pétrole et du gaz. J'ai nourri de nos équipages avec du poisson frais et la chasse de bestiaux, entre les deux, tout en travaillant avec quelques dame et monsieur de tous race d'un océan à l'autre de ici et là. Secouriste du Niveau Deux, je rafistolé quelques bouchées d'ours, avec des blessures en milieu de travail pour ces travailleurs aventureux de ma journée comme un processus nécessaire de l'exploitation minière en exploration. Du début ligne en entaille de conduite que m'aidait à payer pour mon éducation digne de me permettant à rencontrer beaucoup de gens bien connus comme nos vrais Coureur de Bois. Elle qui venait de Yellowknife l'actrice Margo Kidder, des musiciens, plusieurs connue des politiques, filles sportives et des hommes comme David Suzuki, et le Pape Jean-Paul II alors qu'il embrassait l'aéroport tarmac de Yellowknife en 1984. Pendant que je chauffais du taxi a Yellowknife je rencontrer de ce monde-là.

J'ai travaillé avec Buffalo Joe et a retenu ses services de pilotes a glace 911, un autre a travaillé avec, Cowboy Joe local Dene très bien connu de Yellowknife. Vécu quelques années dans le Yukon, où MÂS'KÉG possédait une cabine près de la Rivière du Yukon dans le communauté a Tagish Yukon, Étas Unis juste au sud de Whitehorse où j'ai fait parie, filmé à raconter mes histoires d'ours à leur festival annuel. Super bon et encore nouveau je suis arrivés à monter et faire des amis avec quelques un des fameux (coureur a chien) autrement dit les mushers rencontré la première dame Américaine qui a remporté la course gangnante. Un de mes Chum du Saskatchewan un Métis et MÂS'KÉG avions fait un incroyable deux semaines en promenade du Haut Des Voiture de l'Autoroute Mondiale. Et j'ai pu entendre la musique de Stompin Tom Conner trois fois ici et là.

Fiere membre inscrit de la Première Nation de Mattawa / North Bay Algonquin, en participant a des pow-wow mémorable durant 2006. Ou j'ai pu rencontrer l'Aîné William Commanda a la Célébration – du 100e anniversaire a Anahareo et Grey Owl, partie d'un film ces deux auteurs eux meme bien connus. Une partie de ce moment génial était l'événement journée annuelle des Voyageur ou MÂS'KÉG et Makwa Kolts affiche dans un canot d'écorce bâtis a main que nous venions de construire à partir de zéro. Nous avons pris des photos lors de notre réunion de tipi, et de la famille et les amis signé notre pagaie de canoës, juste à côté de la statue fait en pin de seize pieds grand du légendaire Big Joe Mufferaw, avec une vue splendide sur le système des rivières aux Outaouais a Matawa Ontario. Comme plusieurs autres Chef et leur famille le petit-fils a Anahereo et Grey Owl mon encouragé finir d'écrire mon livre.

Avec moi l'image de la pagaie à la main pour prouver, qui est ici pour vous de lire.

L'Esprit de Vérité dans la prière fermement m'a aidé à finir Les Aventures de MÂS'KÉG MIKE.

L'anticipation de sa publication de se livre qui a finalement lieu ma donne de l'espoir.

Une petite goutte de pluie
Pas plus grand qu'une déchirure
Peut faire une flaque large
Se il pleut ici et près de
Une petite flaque d'eau ici
Qui se trouve dans un petit plongeon
A été faite pour les bottes brillantes
Avec une poignée en caoutchouc de fantaisie
Beaucoup de petites gouttes
Pleuvoir et à proximité
Peut faire un son énervant et bizarre
Il suffit d'écouter et vous entendrez
Une paire de bottes brillantes
Pour patauger dans les flaques d'eau larges
Son appel à vous
Vous allez manquer le plaisir intérieur
Disons en tapant chaque flaque d'eau par le biais
Venez, venez jouer dehors
Le soleil a disparu
C'est une sorte de pluie de la journée
Une Ode à tous les chats
Il est un chat appelé Bjarne
Qui figure-t-il est une armée d'un chat
Mais en vérité, il en est juste un seul
Pas bon petit félin et pourrie
Qui, quand les jeux sont faits

Ferait son départ d'un guépard
Pour robe moelleux de sa maîtresse
Et puis faire comme il possédait la ville
Ensuite, il ya une Ginger Séville
Qui agit comme se il pouvait tuer?
Parce qu'il aime sentir le frisson
De harcèlement que Bjarn chat
À travers le plancher du salon
Puis grogne comme une batte de banchée
Et provoquer Bjarn chat à s'envoler
Dans l'air et demander plus, plus ....
Mais un chat est un chat pour tout cela
Vous pouvez les aimer, et même caresser
Et ils auraient même assis
À votre tour tout doux et Purry
Si vous ne savez pas dans leur esprit
Vous regarderez comme le scorbut contagieux
Lorsqu'ils méditent pensées de leur genre
En se égarer montrant leur moelleux derrière

Michael Mann 28th Novembre, 2001

CPSIA information can be obtained at www.ICGtesting.com
Printed in the USA
LVOW07s0536030715

444865LV00001B/7/P